纺织服装高等教育"十三五"部委级规划教材

东华大学服装设计专业核心系列教材

服装学概论

修订本

刘晓刚　主编

顾　雯　杨蓉媚　编著

东华大学出版社

·上海·

图书在版编目（CIP）数据

服装学概论／刘晓刚主编；顾雯，杨蓉媚编著. —
修订本. —上海：东华大学出版社,2016.5
ISBN 978 - 7 - 5669 - 1025 - 7

Ⅰ.①服… Ⅱ.①刘…②顾…③杨… Ⅲ.①服装学
—概论 Ⅳ.①TS941.1

中国版本图书馆 CIP 数据核字（2016）第 055035 号

责任编辑 徐建红
封面设计 高秀静

服装学概论（修订本）
FUZHUANGXUE GAILUN

刘晓刚 主编
顾 雯 杨蓉媚 编著

出 版：东华大学出版社（地址：上海市延安西路1882号 邮政编码：200051）
本 社 网 址：http://www.dhupress.net
天猫旗舰店：http://dhdx.tmall.com
营 销 中 心：021—62193056 62373056 62379558
印 刷：苏州工业园区美柯乐制版印务有限责任公司
开 本：787mm×1092mm 1/16
印 张：17.25
字 数：490 千字
版 次：2016 年 5 月第 2 版 2023 年 6 月第 5 次印刷
书 号：ISBN 978—7—5669—1025—7
定 价：59.90 元

目　录

第一章　关于服装学　　　　　　　　　　　　　　　　1
　第一节　服装学学科概述　　　　　　　　　　　　　2
　第二节　服装学研究领域　　　　　　　　　　　　　3
　第三节　服装学周边学科　　　　　　　　　　　　　5
　第四节　服装学专业范畴与课程　　　　　　　　　　7
　第五节　服装教育　　　　　　　　　　　　　　　　8

第二章　服装简史　　　　　　　　　　　　　　　　13
　第一节　服装的起源　　　　　　　　　　　　　　　14
　第二节　服装的历史　　　　　　　　　　　　　　　20
　第三节　服装的未来　　　　　　　　　　　　　　　35

第三章　服装演化　　　　　　　　　　　　　　　　37
　第一节　服装演化的概念　　　　　　　　　　　　　38
　第二节　服装演化的意义　　　　　　　　　　　　　39
　第三节　服装演化的条件　　　　　　　　　　　　　41
　第四节　服装演化的形式　　　　　　　　　　　　　45

第四章　服装审美　　　　　　　　　　　　　　　　49
　第一节　服装的功能美　　　　　　　　　　　　　　50
　第二节　服装的视觉美　　　　　　　　　　　　　　52
　第三节　服装的触觉美　　　　　　　　　　　　　　56
　第四节　服装的技术美　　　　　　　　　　　　　　58
　第五节　服装的象征美　　　　　　　　　　　　　　60

第五章　服装企业　　　　　　　　　　　　　　　　65
　第一节　服装企业的概念　　　　　　　　　　　　　66
　第二节　服装企业的分类　　　　　　　　　　　　　67
　第三节　服装企业的特点　　　　　　　　　　　　　70
　第四节　服装企业的发展　　　　　　　　　　　　　72

第六章　服装商品　　　77

第一节　服装商品的概念　　78

第二节　服装商品的分类　　79

第三节　服装商品的策划　　83

第四节　服装商品的价格　　93

第五节　服装商品的保养　　95

第七章　服装设计　　　99

第一节　服装设计概述　　100

第二节　服装设计的原理与原则　　102

第三节　服装设计的程序　　108

第四节　服装设计的思维　　111

第五节　服装设计的内容　　115

第六节　服装设计的表现　　119

第八章　服装材料　　　127

第一节　服装材料概述　　128

第二节　服装材料的分类　　129

第三节　服装材料的性能　　133

第四节　服装材料的使用与再设计　　138

第九章　服装结构　　　141

第一节　关于服装结构　　142

第二节　服装结构的分类　　143

第三节　服装结构设计的要素　　150

第四节　服装结构设计的方法　　156

第十章　服装工艺　　　161

第一节　服装工艺的概念　　162

第二节　服装工艺的分类　　164

第三节　服装工艺的设计　　177

第四节　服装工艺的流程　　180

第十一章　服装生产　　　183

第一节　服装生产的概念　　184

第二节 服装生产的流程 186
第三节 服装生产的设备 189
第四节 服装生产的计划 194
第五节 服装生产的管理 197

第十二章 服装市场 201
第一节 服装市场概述 202
第二节 服装市场细分 203
第三节 服装市场调研 205
第四节 服装市场的选择 209
第五节 服装市场竞争与开拓 210

第十三章 服装营销 213
第一节 服装营销的策划 214
第二节 服装营销的程序 216
第三节 服装营销的战略 219
第四节 服装营销的结构 228

第十四章 服装品牌 231
第一节 服装品牌概述 232
第二节 服装品牌的分类 233
第三节 服装品牌文化与定位 241

第十五章 服装流行 247
第一节 服装流行概述 248
第二节 服装流行的产生 251
第三节 服装流行信息 253
第四节 服装流行的预测 255
第五节 服装流行与市场 258

参考文献 262

参考网站 266

关于服装学 | 第一章

第一节　服装学学科概述

一、学科性质

服装自诞生以来,已经有了上万年的历史,从史前时代披挂式的兽皮到后来的缝衣制袍再到现在各种风格、各种品类的时装,服装的历史可以说是源远流长,精深博大。但了解、深入服装学科并不仅仅局限于对服装历史的研究,近现代服装以及服装产业迅速发展起来后,服装学不仅仅涉及到选择和设计的问题,它还与孕育服装产生的社会、经济、政治、科技状况相关,与人们的消费喜好、风俗民情相联系,并且要受服装流通领域的各种因素的影响。因此,服装学是一门以服装这一客观事物为主线而展开的系统知识。从学科的角度来看,服装学是一门以服装及其关联现象为研究对象,结合工程学、材料学、营销学、社会学、经济学、信息学等多学科领域知识进行交叉研究的综合性学科。

广义上看,服装学的研究内容主要有三个方面,即服装构成、服装穿着和服装流通。首先是服装构成。它是从自然科学的角度对服装的物理属性进行的研究,它包括了与服装相关的面料构成、色彩搭配、款式设计、细节装饰、工艺手段和生产方式等多个方面,并需要对服装的历史进行深入研究。其次是服装穿着。穿着虽然是属于个人的穿着和消费行为,但服装的选择和穿着搭配,既涉及卫生、生理、气候等自然环境方面的科学,又和社会、心理、民俗等社会环境方面的科学相关。如何穿着服装,如何穿好服装,需要多方面的相关知识的综合。最后是服装的流通。服装要成为一种商品,必须在社会上流通,这样就会涉及到计划、供应、交易、保管等多方面的知识。现代营销理念、方式以及流通渠道不断地扩展,使得针对服装流通的研究会更加广泛。

为了对人类的衣生活状态进行更加系统地研究,人们将这些分散于各边缘学科中的研究方向以及研究方法综合起来,加以补充、整理和深化,总结出统一的原理性认识,发现和构筑其内在规律和结构关系,形成一个相对独立的体系,从而最终建立起一门新的学科——服装学。

二、学科变迁

服装学作为一门单独的学科进行大范围传播和研究是近几十年才出现的。服装在很长一段时期内都处于自给自足的状态中,人们自己种植棉花、亚麻,养桑蚕、牛羊以获取制作服装的原材料,亲自纺纱织布、裁剪缝衣,然后供自己穿着。后来随着社会进一步分工以及供需需求的存在,服装作为一种商品,成为了市场流通的一部分。这时的服装才不得不与其他领域有了广泛的接触,并进一步迫使人们提高生产效率、发明更先进的制作工具、创造更丰富的风格、款式和装饰手法,以满足人们日益提高的需求。对于我国来说,到了20世纪80年代,才越来越重视服装产业各个环节的需求,并出现相关的培训和教育机构。这其中,服装工业化生产的突飞猛进是促进服装学科成立的催化剂。

现在,原本裁剪与缝制服装的很多传统手工操作项目已经被专用服装工业机械所替代,而这些现代化工业机械的操作和应用以及对生产流程的设计和管理,都不是只有传统缝纫技艺的人员可以胜任的,这就迫使社会和产业成立相关的教育机构并进行一系列专业知识培训。这也是欧美、日本等国家尤其重视服装技术教育和职业教育培训的原因,在高等服装院校进行高端服装人才培养和科学研究的同时,至今仍设有众多的服装职业学校、技工学校、中等专业学校、成人补习学校等以培养一般服装专业技术人才为目标的学校或培训机构,为服装行业输送了大批人才。发展到后来,在服装本领域发生的技术进步已经不再能满足社会日益增长的多元化消费需求,服装外领域最新成果也带动了服装产业的发展,比如,传感领域的科技成果孕育了保健服装的诞生、ERP 技术的加盟彻底改变了服装产业链管理的状况。因此,除了传统意义上的工艺和加工手段的研究外,此时的服装教学和研究已经涵盖了设计、审美、营销、传媒、心理等一系列体系化的理论与实践内容,甚至跨越服装产业领域,真正建立了服装学科的体系。

第二节　服装学研究领域

一、服装学的本体研究领域

(一) 服装与人类学

人类学是从生物和文化的角度对人类的发生、发展进行全面研究的一门综合性学科。主要包括体质人类学、文化人类学和语言人类学三类。对人类学的研究能够帮助服装研究者更加了解人体的结构、人们的习俗和喜好,以提供更符合人们需求的服装。

(二) 服装与设计学

设计学是专门研究设计的性质、理论、方法、发展及其关系的工程技术类学科。其研究可分为设计历史、设计理论和设计批评三支。设计学是与艺术和科学保持着密切关系的领域,对设计的对象、方法、技术等方面有着系统的归类和探讨。设计学为服装设计提供了理论依据,设计学下的其他分支也为服装学提供了灵感和启发。

(三) 服装与工程学

根据国际人类工效学协会会章中的定义,"工程学是研究人在工作环境中生理、心理等诸方面的因素,研究系统中各组成部分的交互作用(效率、健康、安全、舒适等),研究在工作和家庭中、在休假的环境里,如何实现人—机—环境最优化的学科"。工程学在服装中的作用在于平衡人与服装、人与环境、人与人之间的关系,令服装的各个指标与人体要求相适应,并使得形式美和功能美在服装产品中达到和谐统一。

(四) 服装与材料学

顾名思义,材料学即研究材料的一门学科。在所有材料的分支学科中,它内涵最少但外延最广。内涵最少是指其研究对象直接而明确,外延最广是指其在其他领域的应用最为广泛。服装与材料学的关系十分密切,材料学为服装设计提供了产品制作的原料,了解材料的性能和特征能够更好地服务于设计。从一定程度上来说,现代服装设计的变革更多的是材质上的创新和变革。

(五) 服装与市场学

根据美国市场学协会对市场学下的定义:市场学是研究市场经营、销售活动及其规律的一类学科,其研究的对象涵盖了消费者需要与购买动机的分析。它是为了满足各人需要和组织目的的交换而计划实施有关思想、产品、服务概念、价格、促销和传播的过程。服装产品产生后必须依靠市场的流通和大众的消费才能够成为商品,服装产品销售结果的好坏离不开市场学。理解和掌握市场学理论,能够预测消费者的需求和购买动机,为服装销售制定合理的产品策略和价格策略。

(六)服装与卫生学

卫生学是以保持和增进健康为目的,探讨外界环境对人体的作用、要求以及利用方法的一类学科。从研究服装与卫生学的关系出发,派生了服装卫生学,它是从生理学、卫生学的角度,研究服用材料、服装与环境、服装与人体生理现象之间科学关系的一门学问。

二、服装学的相关研究领域

(一)服装与环境学

环境学是研究人类赖以生存的环境各要素及其相互关系的一门科学。它包括有环境化学、环境物理学、环境生物学、环境医学、环境经济学、环境管理学与环境工程学等大的分支学科。当前环保生态服装的趋势越来越明显,对于环境学的研究能够使服装的设计与消费更加符合绿色、生态的需求。

(二)服装与物流学

物流学是研究物质资料(广义的物资)在生产、流通、消费各环节的流转规律,寻求获得最大空间和时间效益的科学。物流学的作用在经济活动,特别是增强企业市场竞争力上非常重要,研究物流系统存在和运行的普遍规律,能够帮助服装品牌快速、高效地解决货物配送问题。由于品牌化经营的服装企业已经进入了跨地区,甚至跨国界经营模式,通畅强大的物流配套在服装产业中扮演着越来越重要的角色。

(三)服装与传播学

传播学是以人类社会信息传播活动为主要研究对象,涵盖了传播者、传播内容、传播媒介、受众、传播效果等各个方面的内容、工具与功效关系研究的一门交叉学科。作为一门应用学科,它引导服装从业者从信息系统的角度剖析、指导服装品牌的传播实践活动,并依靠社会信息系统和企业信息系统的交互作用提升服装品牌的形象,实现品牌利润的最大化。

(四)服装与表演学

表演学是从事和进行戏剧、影视等表演创作的学科。服装的展示和推广与表演学最为密切,不少服装院校都设有服装表演这一专业。

(五)服装与社会学

社会学是一门针对社会运行和社会发展机制,理解社会的运转以对其过程及影响作出因果解释的科学。服装的产生及流行与其所处的社会环境密切相关,研究社会学,能够深入洞察社会及其变化的奥秘,为服装设计、生产和销售做出相关的指导。

(六)服装与心理学

心理学是研究人的心理发生和发展规律的科学,其任务是通过研究人的认识、情感、意志等要素来预测、了解、指导、控制和调节人的心理与行为活动的规律。普通心理学派生出服装心理学,它的主要目的是根据心理学的一般原理,结合服装与个人、服装与社会的共生现象,帮助服装从业者更深入地了解消费者的购买心理和行为,为服装品牌的经营方向提供更加准确的把握,为市场定位提供切实可行的依据。

（七）服装与历史学

广义的历史学包括自然发展史和人类社会发展史,而狭义的历史学则指专门以人类社会历史的发展及其规律为研究对象的普通历史学。研究人类史和服装史能够帮助人们认识社会的发展规律,了解各个阶段服装的形制和特色,掌握服装的演变规律。

（八）服装与经营学

经营学是一门研究如何通过满足人的需要而完成经营目标的学科。服装上的经营学不仅包括了服装生产的经营,也包括了服装流通和服装销售上的经营,善用经营学的相关理论,能够为服装企业创造巨大的社会价值和财富,也能促进服装市场的繁荣、推进服装产业的长足发展。

（九）服装与艺术学

艺术学是研究艺术的发生发展、本质特征、演进规律以及社会功能的学科。广义的艺术学包括艺术理论、艺术发展史、艺术批评,其对象涵盖了美术、摄影、音乐、戏曲、舞蹈等十几个门类。针对艺术学进行研究,并将其理论和方法有效地运用到服装设计上,能够提升服装产品的文化内涵和艺术品位。

第三节   服装学周边学科

一、纺织科学

纺织科学是一门技术科学,其研究的对象是纤维集合体和加工中所使用的机械及化学方法,其主要的分支包括有纺织材料学、纤维材料机械工艺学、纤维材料化学工艺学等。从产业链角度来看,纺织产业是服装的上游产业,为服装提供主要的制衣材料。可以说,一个强大的服装产业背后一定有一个强大的纺织产业支持。

二、材料科学

材料科学是研究材料的组织结构、性质、生产流程和使用效能,以及它们之间相互关系的科学。它是根据工程的需要,在物理学和化学这两门基础学科上形成的一种学科交叉的科学。在科学技术飞速发展的今天,人们对于材料的品种、质量、规格和数量的要求越来越高,各国在材料科学研究上投入的人力、物力和财力也日益增长,以加速新材料的研究开发。

材料是服装构成的重要组成部分,服装的造型、色彩都无法脱离材料而单独存在,正因为如此,服装的设计、生产和使用也都离不开服装材料知识的支撑。掌握服装材料学的基础知识,并将其运用于产品的设计、生产、管理、营销甚至保养,是从事服装专业人员的必要素质。

三、管理科学

根据《辞海》对管理科学的定义,它是运用数学模式,对管理问题作系统的、定量的分析,并做出最佳规划和安排,以达到有效地利用人力、物力和财力的一种管理理论与方法。广义的管理科学是综合性的科学体系,它不仅研究经济的管理问题,还研究政治、科技、文化、教育、卫生等领域的各种管理问题和管理关系,是拥有企业管理学、行政管理学、军队管理学、科技管理学、艺术生产管理学、教育管理学、医院管理学等众多管理分支学科的综合体系。

管理科学对服装产业的帮助和推动是显著的,服装行业中的许多流程都需要用到管理学的理论和方法,这也催生了诸如服装生产管理体系、营销管理体系、售后管理体系、服务管理、客户管理等等众多管理理论的出现。现代化的管理能够有效地组织生产力要素,充分合理地利用从服装设计到销售的各种资源,从而大大提高服装品牌的效益,管理科学也是进一步推动服装产业的强大动力。

四、信息科学

信息科学是一门新的多边缘交叉性学科,它是在信息论、控制论、计算机科学、仿生学、人工智能和系统论的基础上发展起来的。这是一门以信息为主要研究对象,以信息的运动规律和应用方法为主要研究内容,以计算机等技术为主要研究工具,以扩展人类的信息功能为主要研究目标的新兴的、边缘的、横断的综合性科学。信息科学的范畴上至哲学领域的认识论,横跨自然科学和社会科学两大领域,下至包括数学、计算机、通信、生物、材料在内的众多的技术科学。

信息科学的相关理论和技术对服装的设计、生产与推广有着重要的作用。服装工作者需要了解政治、经济、生活形态的现状和发展趋势,收集消费动向、流行动向、技术动向、材料动向等方面的信息,关注消费心理的需求,掌握销售市场的变化。信息科学的相关要素在服装产业中无所不在,一方面,服装信息的收集、整理、分析、预测和应用是服装产业有序运转的重要因素,能够帮助服装工作者减少活动的盲目性。另一方面服装的设计、管理与推广需要信息技术作为支撑,各种新型的应用软件和行销平台为服装产业的发展提供了更为广阔的空间。

五、教育科学

教育科学是描述教育事实的一门科学。德国“元教育理论”研究者布雷岑卡(Wolfgang Brezinka)把教育理论划分为教育科学、教育哲学和教育行为学。在此基础上,我国学者陈桂生进一步把教育理论划分为教育技术理论、教育科学理论、教育价值理论和教育规范理论四类。教育科学为教育者的工作意图提供系统的说明,并帮助他们掌握传授知识的方法。

服装行业是一个高度竞争性的行业,在由传统行业向信息化时尚产业转型的过程中,需要有高素质的专业人才完成从设计到技术再到管理的创新。因此教育科学的理论在与服装产业结合时,应与其建立协调一致的互动关系,加强理论联系实际的教育环节,以市场需求为其发展导向,课程设置应服从于市场的需求,紧跟时代步伐。

六、经济科学

经济科学是研究经济状况和社会发展的客观规律性,对经济生活现象进行统计整理和理论系统化,提出有关物质资料的生产、分配、交换和消费的实际建议的科学体系。经济科学包含有一般经济学科和具体经济学科,一般经济学科是指政治经济学、国民经济的历史和计划、社会生产的管理理论等,具体经济学科包括有工业经济、农业经济、运输经济、通讯经济、非生产领域经济等等。

服装产业的发展与国家以及城市经济的发展应当是同步的。将经济科学的原理运用于服装产业的决策与运作中,从宏观上来看,有利于整个产业的持续发展以及产业组织的合理化和产业结构的优化。从微观上来看,有利于服装企业按照经济学规律进行品牌建设等日常经营活动。

第四节 服装学专业范畴与课程

　　根据我国高等教育学科目录,国内服装专业基本上分为以下三个专业方向:服装设计与工程、服装艺术设计、服装表演与设计。就我国的服装专业教育体系来看,这三个方向的培养必须包括有一系列主干公共课程的学习,例如素描、色彩画、平面构成、色彩构成、立体构成、基础图案、美术史等。同时,不同的方向又会有着各自的专业课程的培养。

一、服装设计与工程

(一) 定义

　　服装设计与工程是一门研究服装工艺、设计及营销方法的工科专业,其具体研究内容包括有探讨服装结构与工艺设计、服装生产流水线管理、服装面料实用性、测试技术、服装品牌市场营销等。

　　从学科分类角度,服装设计与工程专业属于工学门类下的纺织科学与工程(一级学科)下的服装设计与工程(二级学科)下的一个专业。

(二) 特征

　　服装设计与工程专业属于工科类,它培养的是具备服装设计基础、服装结构工艺以及服装经营管理知识和实践能力的专业人才。相对于服装艺术设计专业来说,该学科对于艺术底蕴和设计能力的要求较低,但学生必须掌握一定的数理运算能力和逻辑思维能力。学习服装设计与工程方向的人员往往在服装生产企业、服装贸易企业、服装研究单位、服装行业管理部门等单位从事服装产品开发、服装生产管理、服装技术改造、服装市场营销、企业经营管理等方面的工作。

(三) 课程

　　服装设计与工程专业的课程主要包括服装学概论、成衣工艺学、女装结构设计、男装与童装结构设计、立体裁剪、服装款式设计、工业纸型设计、服装材料学、服装人体工程学、服装生产管理、服装市场营销、服装厂设计、服装市场调查与预测、服装商品企划学、国际贸易等。

二、服装艺术设计

(一) 定义

　　服装艺术设计是一门以服装造型和设计为主要研究对象的专业,并与工艺学、社会心理学、市场学、美学、材料学等多门学科有着紧密的联系。

　　从学科分类角度,服装艺术设计专业属于文学门类下的艺术学(一级学科)下的设计艺术学(二级学科)下的一个专业。

(二) 特征

　　服装艺术设计专业培养的是从事服装设计与策划和服装研究方面的人才。这一专业注重设计创造能力和动手制作能力的训练,强调理论与实践的紧密结合。这一专业要求能够掌握社会心理学、美学、消费心理学、市场营销学等与本专业相关的人文与自然学科的理论知识;掌握服装设计的基本理论、基本专业知识和基本专业技能,理解设计的概念和掌握设计方法;掌握服装企业、服装市场的基本运作知识,具有敏锐捕捉市场并能运用于设计的能力以及把握时尚潮流并进行流行预测的基本方法。从事服装艺术设计的人员主要任职于服装品牌公司、服装设计公司、服装院校、制服公司、服装外贸公司、形象设计公司、服装营销公司、时尚媒体(杂志、报社、电视台)及与时装相关的公司和厂家,从事包括服装设计、服装设计教育、形象设计、时尚编辑、设计管理及销售等工作。

(三)课程

服装艺术专业的课程主要包括服装设计学概论、服装画技法、服装款式设计、服装色彩设计、服装结构设计、成衣工艺、手工印染、服饰配件设计、服装社会心理学、服装史、服装材料学、服装 CAD、服装生产与营销管理、时装摄影等。

三、服装表演与设计

(一)定义

服装表演与设计是以服装表演能力、组织能力为主要教学内容的专业。专门培养具有服装专业基础理论与技能的时装模特、服装表演编导、模特经纪管理人才以及服装设计与形象设计、服装营销的专门人才。

从学科分类角度,服装表演与设计专业属于文学门类下的艺术学(一级学科)下的戏剧戏曲学(二级学科)下的一个专业。大部分服装院校将其归于设计艺术学名下招生。

(二)特征

这一专业需要具备服装表演艺术实际操作能力和评判能力,服装表演的策划、组织与编排能力。要求掌握服饰美学、服饰搭配和服饰心理学知识,并了解服装设计的基本理论与方法,比如设计美术基础及形象色彩、图案、形象设计画技法等,具有形象设计能力。从事服装表演与设计的人员往往会涉及到服装模特、平面模特、广告公司营销人员、策划创意人员、电视台编导制作、电视台主持人、模特学校专业教师、服装设计师、中外大型企业公关和礼仪等工作。

(三)课程

服装表演与设计的课程主要包括形体训练、音乐基础、舞蹈基础、时装表演编导、时装表演基础、表演艺术鉴赏、镜前训练与时装摄影、化妆、时装表演舞美设计、形象设计等,此外还可选修服装设计学概论、时装摄影、服装色彩、服装画、服饰图案、服装材料学、服装工艺、服装结构、服装款式设计、服饰配件设计、服装美术基础、流行服饰与流行讯息、中西方形象设计史等。

第五节　服装教育

服装教育即是针对服装及其相关领域进行知识、技能和应用培养的系统教育。无论是我国还是西方国家,早期服装的传授主要为技能的传授,这种传授不是经过系统、科学地总结并通过课程的形式传承下来的。早期的制衣经验是以母亲传给女儿、师傅传给徒弟的形式进行的,这种模式谈不上教育,也缺乏科学性和系统性,多依靠接收者在实践中的感悟。随着教育体系的建立和不断发展,服装教育也逐渐有了明确的培养目标和系统的教学方法。

一、服装教育分级

(一) 高等服装教育

高等服装教育是建立在普遍教育基础上的专业服装教育,一般是大学文化程度上的教育,也是国家服装教育制度中的最高层次。它可以分为专科、本科和研究生三个层次。在我国,高等服装教育还可以细分为几个层次:百余所教育部直属的"211"重点院校可称为核心院校,这里面设有服装专业的院校不多,同时又具有博士点和硕士点的院校更少,其中,东华大学因具备了以上条件而显得别具一格;有博士学位点的院校可算是第二层次;有博士导师但暂无博士点的院校为第三层次;具备硕士授予权的是第四层次;只有本科学士学位授予权的高等院校则再往下一层。当然这里的划分只是按照学位授予和学校在教育部中的级别进行的一个划分,并非能完全说明各个学校培养服装人才的能力和特色。一般来说,高等服装教育的进行是全方位的、跨学科的系统学习,着重培养学生的综合能力、学习能力和专业素质。

(二) 职业服装教育

职业服装教育是指在学校内或学校外为提高职业服装的熟练程度而进行的全部活动,这种教育一般是在中学以后进行的。它包括学徒培训、校内指导、课程培训和现场培训等,是为适应某种职业需要而进行的专门服装知识、技能的教育。职业服装教育是职业性、生产性和社会性的统一。在国外,职业服装教育非常普遍,发展也日趋成熟,对比起国内的情况来说,这些职业服装学院的地位非常高,除了教授基本服装技能和具体岗位的专门服装知识与技能外,他们着力培养学生的就业能力和综合应用能力。相比起来,我国的职业服装教育较为落后,我国早期的职业服装教育是以裁剪、缝纫为主,设计为辅,以培养技术工人、打版和缝纫人员为主要的目标,但这种情况随着市场的不断发展已经有了显著改善,我国职业服装教育仍有着改善空间和广阔的发展前景。

(三) 业余服装教育

业余服装教育是指对在职人员在业余时间进行各种形式、各种内容的服装教育与培训。业余服装教育是对普通服装教育的补充和延伸,有其自身特色,也是终身教育的重要组成部分。业余服装教育是以业余自学为主,业余面授为辅的远距离教学方式,学员分散各地,远离学校,平时只能在教学要求指导下利用业余时间有目的、有步骤地进行自学。接受业余服装教育的人士并不脱离工作岗位,其年龄结构、学历层次和所属地域也没有特定的限制,老、中、青,普高、专科,乡村、城镇,无论受教育者在什么地区是什么年纪、职称,都可以接受业余服装教育。这种形式由于突破了传统教育的局限,使人们不受时空限制就能得到多规格、多层次、多形式的服装教育而受到越来越多在职人士的青睐。

二、国内服装教育历史

（一）初创期

我国的服装教育可以追溯到 20 世纪 80 年代，发展到现在已经有了近 30 年的历史。当然在这之前，也陆续有一些服装教育的培训机构成立，例如 1959 年，中央工艺美术学院染织美术系就开始筹建服装设计专业，1976 年举办了第一期服装研究班并出版了《服装造型基础》一书，但无论是课程体系还是机构建制，这些服装教育还没有形成一个完整的体系。1982 年，中央工艺美术学院开设了国内第一个服装短训班。1984 年左右，中国纺织大学（东华大学前身）、天津纺织工学院、苏州丝绸工学院、浙江丝绸工学院、西安纺织工学院等一批当时的纺织工业部下属院校相继开设了服装专业，当时的教师还都不是很专业，都在探索如何教服装，教图案，讲授的是一些具体做衣服的方法。他们部分代表了中国服装专业教育发展的进程，为早期服装行业培养了第一批服装设计、技术人员。

（二）发展期

自从 20 世纪 90 年代以来，我国纺织服装行业取得了高速发展，各类纺织品、服装成为国家最大宗出口贸易商品，上述商品也成为世界第一出口大国。在此形势下，各地的一些原来毫无纺织、服装学科基础的院校也纷纷看好服装专业，如一些师范学院、农业学院等，以极大的热情开始筹建自己的服装专业，同时，一些民办高校也加入了服装教育行列。因此，这一时期的各地服装专业如雨后春笋般兴起，并且在国家多次扩大高等教育招生规模的形势下，服装专业的学生规模呈爆发性增长的态势。至此，我国服装设计教育已经形成了以文学和工学两个门类进入、以服装艺术和服装工程两个方向培养的基本格局，形成了有别于国外服装教育体系的相对独立的体系，不但有长、短规划，有发展变革，而且还有经验的积累和水平的攀升。

（三）成熟期

时间进入了 21 世纪，虽然我国的服装教育历史不长，但是由于起点相对较高，还是取得了相当可观的成绩，为服装行业提供了大量专业人才。从某种意义上来看，这一时期我国服装教育进入了成熟期。其主要表现为，高等服装教育建立了学士、硕士、博士三级学位培养模式，服装职业技术教育、服装成人教育等人才培养模式的规模空前庞大。服装教育在国家或各地教育部门分别设立的国家级或省市级精品课程、国家级或省市级规划教材、国家级或省市级创新实践基地等重大教育改革项目中频频现身。在教育部服装专业教学指导委员会等机构的指导下，在服装产业对服装专业人才提出新要求的前提下，在国际服装教育的频繁交流下，各个院校服装专业教育的培养方案、课程体系和实践基地越来越成熟，高端服装科技项目也频频出现，如东华大学的"暖体假人"项目组在中国航天"神州五号"和"神州七号"载人航天计划中大显身手，他们研制的身高 1.68 米的黑色假人自"诞生"以后，最重要的使命就是"试穿"航天员的舱外航天服，模拟宇航员提供测试数据，为中国的航天事业做出了贡献。

三、国外服装教育梗概

（一）学科历史悠久

相对国内来说，国外的服装教育起步时间早，学科历史较为悠久。尤其是世界知名的几所院校，至今已有了百年的历史。例如美国的帕森斯设计学院成立于 1896 年，而英国的中央圣马丁艺术与设计学院虽然成立于1989年,却也是由始建于1896年的中央艺术和工艺学校以及始建于1854年的圣马丁艺术学校合并而成的。

（二）产业环境坚实

　　尽管服装生产企业和产业链的规模不及中国市场,国外的服装教育仍有着强大的优势。首先,就世界服装市场来说,西欧、北美以及日本占据了中高端服装的大部分份额,无论是服装的设计、科技含量还是售价上都有着强大的优势。其次,几乎绝大部分的奢侈品品牌和知名服装品牌都来自国外,新的服装潮流、新的服装样式以及功能变革往往起源于这些地区。而其强大、迅速的信息资源也为服装的教育和推广提供了坚实的产业环境。

（三）课程设置合理

　　国外的服装学院大多实行学分制教育,培养具备设计与策划能力的复合型人才。与国内的学分制教育比较起来,其可选择课程的范围较广,课程结构的比例基本相当。例如法国时装学院基本开设六十门课程,分为设计、技术和管理营销三大门类,既有艺术史、设计原理、流行趋势等理论课,也有服装表演的组织、设计组合管理等实践性很强的课程,同时还设有包括纺织史、纺纱、织布、印染、缝纫、市场学、商品组织、质量控制等在内的课程。在学分制的管理与实施上,由于师资力量雄厚、教学设施齐全,能够分门别类地为学生提供合理的课程。例如美国纽约时装技术学院如果要求学生学习一门艺术史课程,它会提供给学生8门同类课程进行选修。相对来说我国的学分制仍然局限在表面形式,设施、教学和管理等都跟不上学分制的要求,学生仍然不能按照意愿选择课程与老师。

（四）学科多样交叉

　　一般来说,国外的服装院校规定,不同专业的学生除了学习本专业的课程外,还必须选修其他专业的课程,例如服装专业的学生必须学习工程技术和营销管理的课程。目前,我国的硕士和博士阶段的服装教育已经有了类似的规定,但本科类的课程学习多数还是停留在专业内课程和通识教育的层面。这种交叉式的课程选修不仅能够扩大学生的知识面,培养更为全面的人才,还能将不同专业的学生聚集起来,共同学习的有利条件使得不同专业的学生能够了解和学习其他专业同学的思考方法和专业内容。

（五）交流互动密切

　　国外先进的服装教学总是和社会生产、商业活动紧密相连的,教学从属于生产,并积极为生产服务。除了理论教学外,国外的服装教育非常注重学生与企业、市场之间的互动,同时也非常积极地与不同地区、不同国家的其他服装院校进行交流活动。学生与企业之间的互动可以充分从课程设置上体现出来,例如美国纽约时装技术学院要求学生除了在实验室和工作室的学习外,还要至少完成20周深入服装设计、生产、管理、营销的实习课程。担任这些课程的专任老师不多,通常会聘请企业的专职人员或资深教授出席,与学生进行交流,教师的主要工作也不是讲学,而是有组织地教学,学生会以小组的形式到企业进行实习,并撰写实习报告,这样的教学非常实战,学生毕业后能很快地融入服装企业,减少了适应企业生活的成本和风险。另一方面,国外不少服装院校都与其他国家的服装院校有合作办学的项目,学生通过1~2年的学习,能够深入了解其他地区服装市场的整体状况。规模影响较大的院校还会定期举行论坛,邀请其他各国的学者进行讲学和交流。

服装简史｜第二章

第一节　服装的起源

　　服装的起源主要探讨了人类何时开始着装,为什么要着装及其带来的相关影响。关于服装起源的种种可能性,考古学与人类学已经有了不少研究成果。以大量古迹遗物作为佐证,不少专家提出了种种关于服装起源动机的假说。但是,关于人类发生的历史,任何假说都是研究人员根据考古文物,并结合当时的社会及自然环境因素去分析、推断得出的,并不具备完全的真实性。因此,服装的起源一直是学界争论不休的问题。

　　虽然国内外有关专家和学者所持的观点不同,说法各异,但总体来说,这些观点不外乎与保护、装饰和信仰等因素有关。本章将主要介绍七类有关服装起源的说法及其相关支持例证。

一、服装起源的多种说法

(一)保护说

　　保护说在服装起源的诸学说中有着重要的地位。著名服装史学家弗朗索瓦布歇说:"希腊人认为服装的出现是由于生理需要的缘故,即因气候、风土不同而对身体采取的一种保护措施。"施赖贝尔更是指出,人类最初的服装产生于猿不用四肢爬行而进化为用两腿走路的人的这一关键性的历史瞬间。因为直立行走使得原来处于安全位置的生殖器从身体的末端"移到"中央,出于防御需要,人们发明了腰布。类似于兜挡布的物品把人的生殖器官保护起来,进而又延展到身体的躯干、肢体等其他部分,将其包裹或遮盖起来,于是衣服便产生了。保护学说认为人类的衣生活行为是人们面向外界环境和自然条件而对自身采取的一种保护性措施,服装起源于原始人的实用目的。

　　保护说在对服装起源的阐释上有着一定的例证。例如我国古代有一种名为蔽膝的配饰,就具有保护生殖器的功效,后来随着服装的发展,才逐渐演变成裙子外面的装饰。(图2-1)虽然

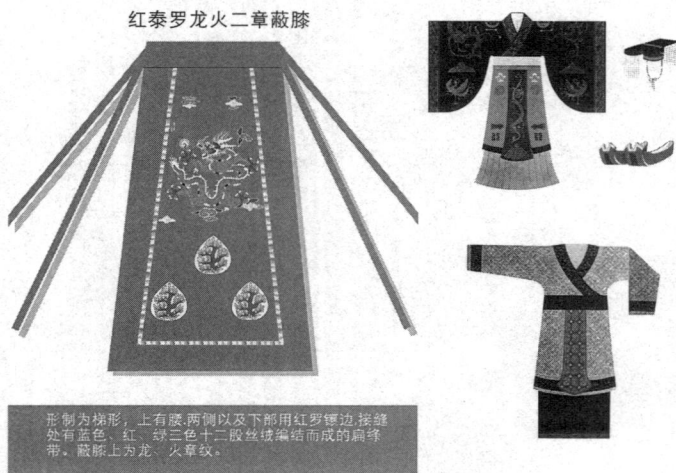

红泰罗龙火二章蔽膝

形制为梯形,上有腰,两侧以及下部用红罗镶边,接缝处有蓝色、红、绿三色十二股丝绦编结而成的扁绦带。蔽膝上为龙、火章纹。

图2-1　后来用于各种祭祀场合的蔽膝最初是一种保护生殖器的工具

该学说得到了广泛的认同,但还是受到了一部分专家学者的质疑。首先,早期的人类尚未完全进化,它们和猿猴一样全身是毛,大自然已经赋予了他们保护身体的功能,并不需要通过服装对人体进行保护。其次,科学家在对部分未开化民族所作的调查中发现,这些在生活形态上与早期人类非常相近的族群,对于服装的运用更偏向于发挥其装饰的功能。这两点因素确实对保护说是服装起源唯一成因的论断提出了质疑,因此,人类服装起源的成因中有保护身体的因素,这种说法是较为实际的。

(二)气候说

所谓气候说是指最早的衣物是为了适应气候的变化和特点而产生的。适应客观环境而穿衣既是服装的目的,又是服装的起因。持这种观点的学者有美国服装史论专家玛里琳·霍恩,中国著名地质学家、考古学家、古生物学家贾兰坡等等。

气候说理论按照穿着目的可以分为两个部分,一是因冷而穿衣,一是因热而穿衣。多数学者更偏向于御寒说,玛里琳·霍恩指出:"最早的衣物也许是从抵御严寒的需要中发展而来的",例如,距今约30万年的尼安德特人为了抵御冰河期的寒冷而安身洞穴,生火取暖,并开始使用毛皮衣物(图2-2)。持气候说观点的人们认为原始人面临的生存环境非常恶劣,而当时的生产力水平又十分低下,原始人在战胜自然的能力相对较弱的情况下,只能本能地去适应自然,例如从动物身上取下毛皮御寒以及热带地区的居民采用披头巾来抵御风沙袭击和烈日烤灼等等(图2-3)。当然,从气候说的最终目的上来看,原始人这种适应环境的做法还是为了保护自己不受伤害,从一定程度上来看仍然是保护说的一种形式。

图2-2　尼安德特人使用毛皮衣物抵御寒冷,这些毛皮衣物往往是披挂的形式

图2-3　中亚西亚和非洲沙漠地带的居民常年生活在平均40~50摄氏度的高温环境中,在如此炎热、干燥的夏天,他们仍然会从头到脚的包裹起来,这是为了通过服装的遮盖能够尽量避免被日晒灼伤,同时还能有效地防止人体水分快速地蒸发

随着考察和分析的深入，气候说，尤其是御寒说同样遭到了一定的质疑。一些学者发现某些地区的居民在极其寒冷的气候下仍然赤身裸体，例如火地岛上的土著居民，他们已经适应了当地寒冷的气候和极其落后的取暖条件，并不需要通过服装来适应气候的变化。另外，早期人类毛发相当浓密，已经有了御寒的自身条件。这些观点和实例都在一定程度上表明，适应气候可以作为服装功能的一个方面，但以此来说明服装的起源还有待考证。

（三）装饰说

装饰说是服装起源中较为普遍的说法。这种理论认为穿衣服和其他为了展示、表达审美观念的行为一样，是为了装饰人类的身体而产生的。包昌法在《服装学概论》一书中指出，持装饰说观点的学者认为"原始时期的人类是不懂得穿衣的，也不需要用衣服来保护，至今还有一些民族过着原始生活，他们不穿衣服，但他们懂得装饰"，"对原始人来讲，装饰是他们的第一需要，保护是第二需要，是开化、文明以后的事。"

装饰说理论认为原始人中的许多人已经有了追求美、展现美的欲望。持这一观点的人们从很多已发现的历史资料中得到启发，在服装产生之前，原始人类还经历了一个人体装饰的发展阶段，原始人的这种人体装饰的手法包括了在身体上涂抹各种颜色的涂料、结疤、毁伤肢体以及最为人们所知的纹身等等。发展到后来，这种装饰从对身体本身的改造延展到通过外界的物质来进行美化，例如大量采用美丽的羽毛、闪光的贝壳、花束以及日后由此延伸出的服装与配饰。这些发现都在一定程度上说明了早期人类对于装饰和美化的认识与偏好。但同时也有人提出，这种装饰也有可能是出于避邪防身以及标识威吓的目的。

无论原始服装是否因为装饰和审美而生，原始人类的审美能力是显而易见的。例如西伯利亚人皮外套上的绣花，夏威夷人的奇异的鸟羽氅装饰以及原始人身上的纹身等等，都展现了早期人类对美的认识。（图2-4）

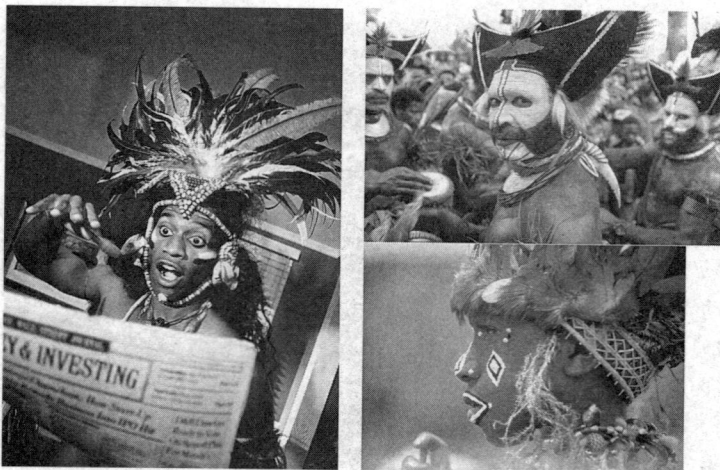

图2-4 非洲等地的土著人喜欢利用鸟的羽毛制作丰富的头饰，并搭配各种珠串和手绘纹样的装饰

（四）廉耻说

廉耻说认为人们开始穿衣是为了遮蔽身体隐私的部位，遮羞是服装产生的早期动机。有关

这一学说，有可能来源于《圣经》中亚当与夏娃用树叶遮蔽下体的说法，《圣经》和人类学的不少专家认为服装的起源是出于精神的需要，即出于羞耻等方面的原因。英国著名动物学家、人类行为学家 D·莫利斯（Desmond Morris）指出，在人类直立行走后，无论干什么，每时每刻都面对着他人的隐私部位，他认为用某种简单的物体遮盖一定是早期文化的一大发现。最早的人类在几十万年的漫长岁月里一直都没有穿衣服，正是因为没有羞耻的概念，后来人类的智能不断发展，懂得了礼仪和羞涩，进而才产生了用以遮身的服装。

《圣经》本身仅仅只是一种宗教文献，并没有具体的证据可显示其说法的真实性，这种叙述无法成为廉耻说的有利论证。同时，羞耻之心是人类与生俱来的，还是随着时间和地域的改变而产生的尚未有定论，原始人类最初是因为有了羞耻观念而穿衣，还是穿衣之后有了羞耻观念？这种遮盖的形式是出于遮羞还是吸引等等问题都还有着一定的争议。

（五）引诱说

引诱说，也称性差说，这一学说认为最早的服装并不是为了遮掩身体的隐私部位，而是为了吸引异性而产生的。"人类之所以要用衣物来装饰自己，是因为男女两性相互为了吸引对方，引起对方的注意和好感，把性的特征装饰得特别突出。"支持这一观点的学者从大量动物的求偶行动上得到启示，例如雄孔雀展开尾羽向雌性炫耀等等。美国心理学家赫洛克和约瑟夫·布雷多克等人为这一学说提供了大量的依据，例如在许多原始部落中，妇女习惯于装饰，但不穿衣服，只有妓女穿衣服。而克罗马农人的"石器时代的维纳斯小雕像"中，这种臀部系有腰绳和很小围裙的地母像也采取了蔽后不蔽前的做法，显然这种行为不是为了掩盖身体，而是引起他人的注意。他们认为原始部落的着装观是为了吸引异性。众所周知，熟悉的事物不会引起好奇，隐藏的东西反而容易激发人们的好奇心，当人类处于不穿衣的时代，人体各部位并不会引起特别注意。后来，为了引起注意而在人体某些部位附加一些装饰的作法，服装才应运而生。（图 2-5）

图 2-5　原始部落中人群对于私密部位的特意强调

同廉耻说一样，服装起源与发展的最终原因是否源于男女两性的存在这一论断，尽管至今不能令人确信无疑,但是,两性的存在的确导致人需要穿用服装,这倒是任何人不能否认的。

(六) 标示说

标示说理论认为服装产生于不同地位、不同等级的人们之间相互区别的需要。这里的标示有两种主要的类别,一类是地位、财富、力量的标示。原始部落中的强者、勇武者、酋长、族长等为了在集团生活中显示和突出自己的权威、力量、财富以及个人的地位,会用一些鲜艳夺目或便于识别的物体,诸如羽毛、兽齿和贝壳等装饰在身上,而后发展为衣物;另一类是氏族标示。原始人为了有效地战胜自然和敌人,获得更多的生产、生活资料而逐渐形成了群居的生活。同一个部落的居民为了表明自己的归属与身份,会在外表上设置一些标示来加以区别,这些标识也成为了原始服饰的来源。(图2-6)

图2-6　人们所熟悉的苏格兰格纹实际上是苏格兰高地的各个家族的标志,通过格纹的不同变化来划分不同的家族

美国著名人类学家罗伯特·路威为这一学说提供了大量的例证,例如菲律宾的巴哥波人有一个风俗:凡杀过两个人的就有资格在头上扎一条香灰色的带子,杀过四个人的则有资格穿血红色的裤子,杀死六个人的就可以全身穿红。这说明服装在原始社会有着标示、炫耀的作用。但这种标示究竟是服装发生的直接原因还是服装产生后衍生出来的作用还有待考证。

(七) 辟邪说

辟邪说试图从信仰和巫术的角度来说明服装产生的缘由。这一学说认为服装是人们渴求神明保佑,避邪驱魔的产物。

众所周知,原始人的生产力十分低下,对于自然界的现象很难进行科学的认识和解答。而当时的生存环境又非常恶劣,原始人在面对疾病、天灾以及他们无法解释的现象时,很大程度上会借助于其他的超自然的力量,也就是信仰。他们在每一次宗教、巫术活动中会对人体进行装饰,例如将贝壳、石头、羽毛、兽齿、叶子、果实等物品佩带在身上,希望通过这些有着象征意义的物品使得恶的灵魂不能近身,从而达到保护自己的目的。这种现象也导致了图腾崇拜的兴盛,原始社会中的人体涂饰、纹身以及其他装饰有很多都是对图腾形象的模仿。澳洲人将袋鼠或蛇皮的图形装饰在盾牌上,欧洲战二将熊或者鹰画在盾牌上,都是一种护符的手法,这些能够带给他们勇气、驱除病魔的护符进而以某种衣物或装饰品的形式出现在人体上,成为衣生活的方式。(图2-7)

图2-7　盾牌上具有护符作用的装饰

尽管辟邪、信仰和巫术在原始社会非常的普遍,但这些在原始人看来有着神秘作用的种种符号无论是通过图案还是配饰的形式出现,往往还是属于装饰的范围,很少会有一整作服装是辟邪的产物。

二、服装起源的讨论意义

(一)弘扬服装文化之需

凡是一种文化,都有其渊源。服装作为人类社会特有的文化现象,既是物质文明的结晶,又蕴含了丰富的精神文明,在人类的历史上有着重要的地位。而服装的历史,更是从一个侧面再现了人类文化的进化史,人们将其生活习俗、审美情趣、兴趣爱好,以及种种文化心态、宗教观念都沉淀于服饰之中,因此,服饰的起源问题,一直是人类学、考古学、艺术哲学、实用美学与理论美学、宗教等学科所共同关注的话题之一。当然,更为直接的意义在于,探索服装的起源能够弘扬服装文化,加深对服装作为一种特殊审美对象的理解。服装文化产生的动力能够帮助勾勒社会各个时期的背景,有利于探索人类服装文明的推进轨迹和进化的内在规律,并且可以从服装起源的诸多学说中寻找作为文化符号的题材。

(二)塑造品牌文化依据

对服装起源进行科学合理的探讨,不仅仅从理论上完善了服装文化,它更有着塑造品牌文化的现实性作用。这一作用在我国服装品牌的运作中尤为明显。近年来,在我国轰轰烈烈的品牌工程中,各种规模的服装企业都不约而同地打出了品牌的旗号,无论是数量还是声势都颇为壮观。激烈的品牌竞争事实上就是品牌文化的竞争,此时,合理、有效地运用服装起源的理论能够为品牌文化的塑造创造意想不到的效果。例如,服装起源为品牌故事的塑造提供了广泛的题材,各种服装起源学说的例证经过艺术加工,为其添加些传奇的色彩和光环,能够使得品牌故事更加吸引消费者,成为人们茶余饭后的谈资,品牌的知名度也会大大增加。同时,品牌风格定位也可以从服装起源的某种功利性中获得一定的启发。

第二节   服装的历史

一、服装历史的树状分布

服装的历史可以追溯到史前时代,有关服装起源的具体时间,东西方世界并不相同,但是最初的服装基本上都是从兽皮等物件开始的。在这之后,各洲、各地、各国的发展因各自地域、文化、政治、经济的不同,差异越来越明显。这里,主要分为两大板块对服装历史进行简要的阐述,一块是西方服装史,另一块是中国服装史。当然,在历史的划分上,中国历史的划分标准以及名称本身就与世界历史很不一样,例如中国历史会分为奴隶社会、封建社会等,而西方则采用中世纪时期、大革命时期,这也为中西方服装史的对比撰写增添了难度。本节主要根据生产力的发展状况和社会形态进行大阶段划分,其中有的时期由于服装形制与该阶段的样式有着分水岭一样的差异,则会划分到另一阶段去,例如中国秦汉时期的服装就被划分到了封建社会之前。这里,服装历史的树状分布参考图 2-8。

二、史前服装(石器时代)

史前服装,顾名思义,即为文字出现前这一时期人们穿着的服装。人类出现于地球约有 300万年之久,但就目前人类的历史文化来看,从文字发明到今天,也不过仅有 7 000 年,因此史前时代是一个非常漫长的时期。根据考古学家的鉴定,史前时代基本可以分为初石器时代、旧石器时代和新石器时代三个阶段,初石器时代的人类主要依靠自然界的供给,担当的是食物采集者的角色,这之后人类经历了制作工具进行渔猎,再到发展农业,开始定居生活的转变,其服装的发展也从最初披挂式兽皮的形式进入到利用纤维进行纺织的阶段。

(一)西方史前服装

西方的史前服装可以追溯到距今 30 万年之久的尼安德特人时期,那时的世界正处于冰河期的末期。早期人类的生存环境异常艰难,气候条件恶劣。据考证,这一时期的人类已经懂得了采用锋利的石片来制作矛、刀以及刮削石器,考古学家推测早期的人类为了能抵御严寒的气候条件,应该披着用兽皮自制的衣服,以度过酷寒。而法国南部发现的拉法拉西人,更懂得了依靠咀嚼兽皮的方式使皮革变柔软,并以此来制作服装。过渡到新石器时,人类发明了骨针和纺锤,懂得了原始的纺线技术并具有了制作衣服的能力。这一时期在欧洲发现了大量用麻、棉和毛纤维织成的服装。虽然人类已经开始利用纤维来制作服装,并懂得了基础的缝纫知识,但这一时期的服装形态仍然是披挂形占据了主体。在配饰上,已经有了利用猛犸牙、蜗牛壳以及河

```
┌────────────────────────────────────┐
│            服装史纲                 │
└────────────────────────────────────┘
```

西方史前服装 ── 旧石器时代服装 ／ 新石器时代服装
西方上古服装 ── 古埃及服装 ／ 古希腊服装 ／ 古罗马服装
西方中古服装 ── 拜占庭服装 ／ 哥特服装 ／ 文艺复兴时期服装
西方近代服装 ── 巴洛克服饰 ／ 洛可可服饰 ／ 大革命后的其他服装
西方现代服装 ── 20世纪20年代服装 ／ 一战后服装 ／ 二战后服装 ／ 20世纪60年代服装 ／ 20世纪70年代服装 ／ 20世纪80年代服装 ／ 20世纪90年代服装

中国史前服装 ── 旧石器时代服装 ／ 新石器时代服装
中国上古服装 ── 夏商周服装 ／ 春秋战国服装 ／ 秦汉服装
中国中古服装 ── 三国两晋南北朝服装 ／ 隋唐服装 ／ 宋代服装 ／ 元代服装 ／ 明代服装 ／ 清代服装
中国近代服装 ── 清朝晚期服装 ／ 民国时期服装
中国现代服装 ── 20世纪40年代服装 ／ 20世纪50年代服装 ／ 20世纪60年代服装 ／ 20世纪70年代服装 ／ 20世纪80年代服装 ／ 20世纪90年代服装

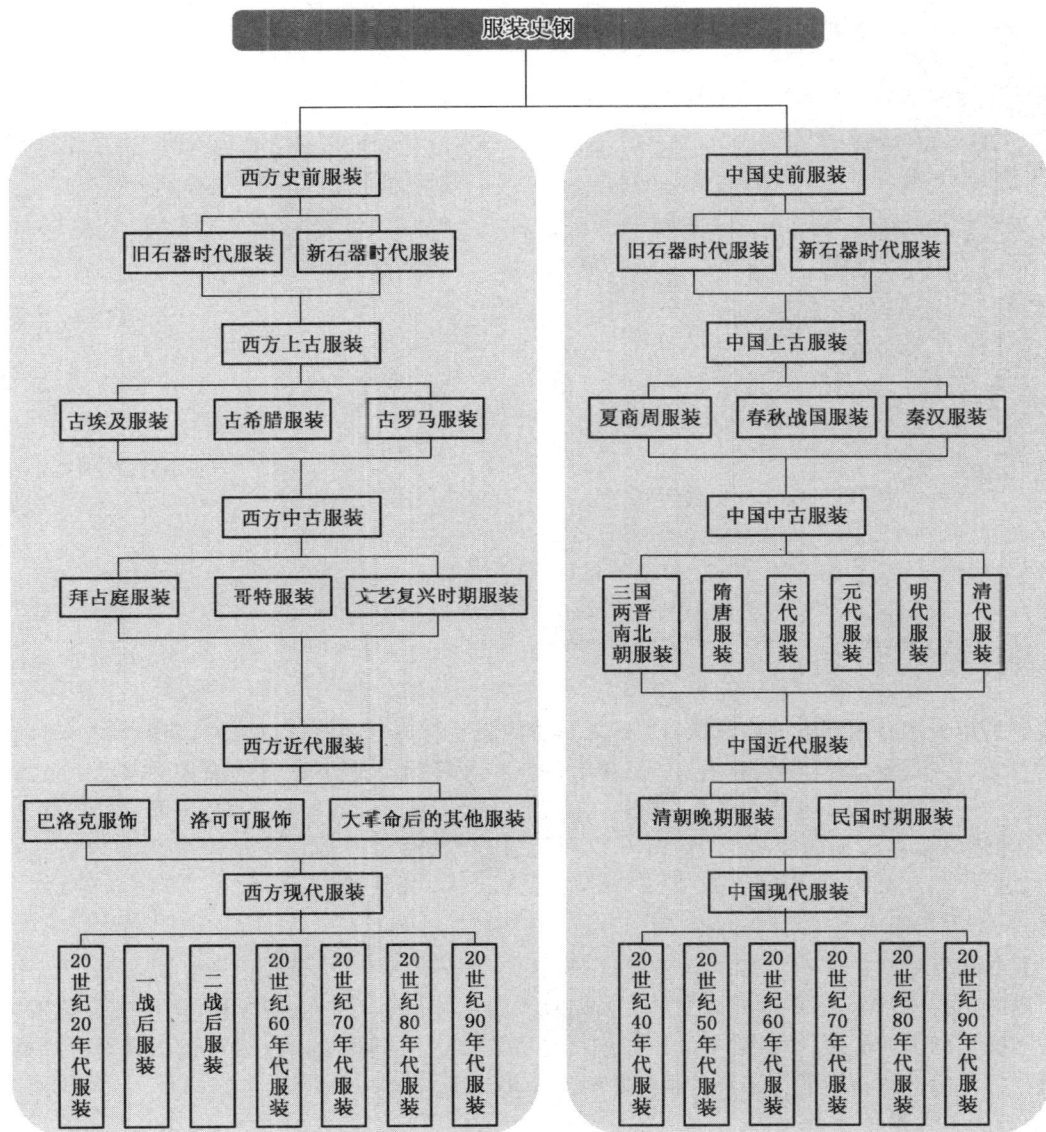

图2-8　服装历史的树状分布

狸、狼和熊的牙齿做成的项链串等。（图2-9）

（二）中国史前服装

　　截止到目前,据考察,中国的刃石器时代和旧石器时代的早期、中期都没有发现与服饰相关的线索与证据。到了旧石器时代的晚期,开始有了利用石、骨和兽牙制成的装饰品。例如在辽宁省小狐山洞穴遗址中,出土了石制品 10 000 余件,骨角制品 6 件,穿孔兽牙等装饰品 7 件。这一时期还发现了大量穿了孔的贝壳、兽牙以及有针眼的骨针,这似乎表明中国的史前人类已经懂得了缝纫的方法。进入新石器时代,在我国大量发现了纺轮、骨针和骨梭。原始织机的发明,

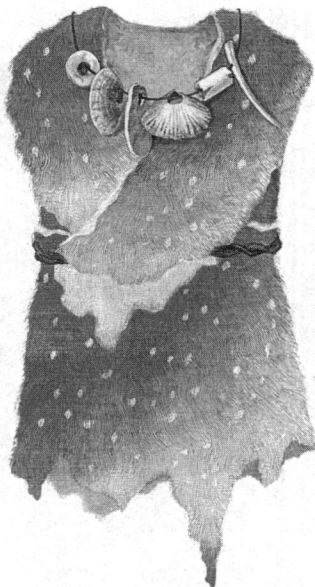

图2-9　史前人类已经懂得了利用刮削器和石锥等工具来
改制兽皮,使得他们能够连接在一起成为服装

使我们的祖先能够用纤维进行纺纱和编织。这时的服装材质已经有了以大麻、亚麻和苎麻为代表的麻布、葛布、丝以及羊毛、驼毛、马毛、牛毛、兔毛等多种毛织品。这时的服装形态也由披肩、围裙初步定型为上衣下裳的样式。在配饰上,人们开始用骨、玉、石制成发饰、耳饰、颈饰、臂饰、手饰、额箍等多种形式的装饰品,甚至有了利用兽皮缝合的帽子,与此相应的鞋履也应运而生了。

三、上古服装

　　这里上古,可以与多数世界史上的上古时期对应起来。在这一时间段里,中西方多数地区形成了氏族的生活方式,并最终步入了奴隶社会。人类也从石器时代过渡到金石并用的时期,劳动工具上的改善与发展为服装的制作提供了有利条件。

(一) 西方上古服装

　　西方早期服装的特色集中表现在古埃及、古希腊和古罗马的服装上。除开各自的地域差异外,这四个地区的服饰有着相互的影响和延续,并呈现出明显的共同之处。这一时期的服装有着三种主要的穿着方式:一是贯头式。贯头式的衣着方式是在一块布的中央剪出一个洞,从头上套进,使布垂于身体的胸前背后。埃及、希腊、罗马以及后来的拜占庭等地区一直保持着这种贯头式的装束(图2-10)。二是披挂式。披挂式的衣着方式是以肩为支点,用布披挂于身体上。古希腊和古罗马的各种斗篷、披肩是这一服装形态的代表(图2-11)。三是包缠式。包缠式的衣着方式即以一块长条形或四方形的布在人体上不断地缠裹,并扣结固定而成,古埃及女性除了早期穿着的紧身长裙外(自胸下长及脚踝),还有一种名为 Drapery 的长袍即是这种服装的典型。

图 2-10　贯头式样的服装

图 2-11　古希腊的陶立克袍衣与佩普罗斯袍衣

（二）中国上古服装

　　公元前 2176 年,中国历史上第一个朝代夏朝建立,中国正式进入了奴隶社会。殷墟出土的大量甲骨文为服装文化的研究提供了详实的依据。根据史料记载,夏朝延续了史前时代就已经形成的上衣下裳制度,保持着以披肩和围裙为主体的着装形式,而商代之后,人们开始试图将上衣和下裳连结起来。这一时期最显著的服装特色表现为深衣样式的出现和冕服制度的形成,当然这期间还有诸如元端等其他服装样式,以及受到胡服骑射现象影响的服装样式与搭配。

　　周代开始,中国的服装体制有了天翻地覆的转变,冕服制的推行充分展现了奴隶社会的等级性。冕服由冕冠、玄衣和纁裳组成,是一种礼仪性的服装。玄衣和纁裳的前胸、后背、双肩、两袖以及裳前等部位都配有 12 章纹,分别是:日、月、星辰、山、龙、华虫、宗彝、藻、火、粉米、黼、黻。这一时期的服装正是通过材质、装饰物的数量以及图案的不同来区分官员的级别与尊卑。（图 2-12）

　　元端与冕服一样是国家的法服,它样式端正,衣长与衣袂均为二尺二寸长,色玄。而深衣是一种上至天子、下至庶人都可以穿着的服装,其基本形制为交领右衽、方领、圆袖、长身下宽、束腰加带,宽大而穿脱随意,这种服装最大的特色在于将上衣与下裳相连接。发展到春秋战国时期,深衣的衣襟下摆又分化为直裾和曲裾两种。

　　春秋战国时期,战事的频繁促进了汉族长裙长袍服装的改革。赵武灵王,在战争中感到北方游牧民族穿短衣长裤骑马射箭的方便,下令全国改穿胡服的短衣长裤,学习骑射。

　　秦汉时期的袍以大袖为多,领口和袖口绣有方格纹,此外还穿禅衣和裤,官员穿着绿袍,搭配深衣,平民穿着白袍,均采用绢制作。（图 2-13）

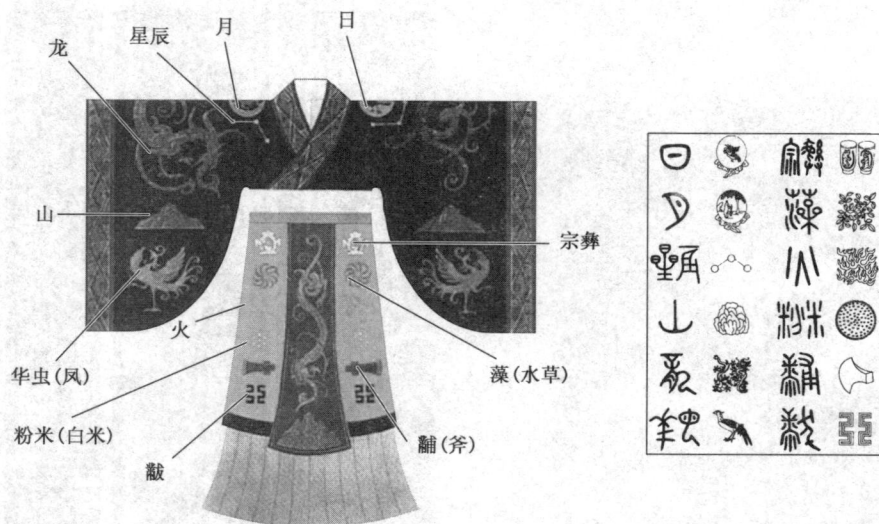

图 2-12　十二章纹

图 2-13　秦汉服装

四、中古服装

这一时期,世界绝大多数地区已经迈入了封建社会,生产力水平的大幅提升、工艺技法的日益成熟、文化思潮的交融贯通等因素都使得这一时期的服装发展有了耳目一新的变化。由于时间跨度比较大,中古时期的服装特色会根据每个朝代或者主要时期进行细分化的阐述。

(一) 西方中古服装

西罗马帝国崩溃以后,欧洲的文明进入封建时期,西方历史称这一漫长的时期为中世纪。中世纪前期的欧洲受到严格的宗教管制以及禁欲思想的影响,服装多为肃穆简朴的样式,之后才逐渐丰富起来。中世纪的服装主要可以分为拜占庭时期服装、哥特时期服装和文艺复兴时期服装三大板块。

　　拜占庭帝国继承了罗马帝国末期的服装样式,其男女服装样式差别不大,仅在裁剪和服装装饰上有细节上的区分。这一时期的服装有几种典型的样式:帕鲁达门托姆(paludamentum)、达尔玛提卡(dalmatic)、帕留姆(pallium)、罗鲁姆(lorum)、长裤。帕鲁达门托姆是皇族和大贵族的外套,也是拜占庭时期最具代表性的服装。这种梯形的大斗篷宽大且不显露身体线条,穿着时披在左肩上,用宝石或扣子固定于右肩,右肩袒露,色彩灿烂辉煌,大量使用绣金工艺(图2-14)。达尔玛提卡是较为普遍的日常服装,这是一种带袖的长外衣,衣长至踝,几乎为桶形,从领口两侧到裙下摆边缘有两根条带式装饰(图2-15)。帕留姆和罗鲁姆都是一种披肩式的外衣,这一时期的人们也大量穿着长达膝盖的短袖束腰外衣(tunic)。拜占庭时期的服装大量使用丝织品,刺绣和以麻为经线、羊毛为纬线的织锦。纺织品有浓厚的东方色彩并掺杂着大量基督教内容。(图2-16)

图2-14　查士丁尼皇帝穿着的帕鲁达门托姆,采用紫色衣面,前后左右均有塔布利恩的装饰,金色底子上刺绣着红圆圈的鸟

图2-15　达尔玛提卡

　　哥特时期的服装深受基督教教堂建筑的影响,合体、纤长,强调紧腰身和夸张的立体感。这一时期的服装极富光泽感和鲜明的色调,有如教堂中的彩色玻璃。其主要的服装样式有:科特、苏尔考特、希克拉斯、柯达第亚、萨克特、普尔波万。科特是一种收腰的筒形带袖紧身衣,袖子为羊腿袖,衣长至踝,领口和下摆处有饰边,外加名为苏尔考特的长袍。希克拉斯是一种无袖宽松筒形外套,底摆有流苏的装饰。普尔波万是男士的一种紧身短袍,也是西方第一种男子专有的服装,它长至膝部,用腰带装饰,胸前用几十个纽扣来固定,胸部用羊毛或者其他碎织物填充。

图 2-16　拜占庭时期服装图案有着很多象征意义,诸如圆象征无穷、羊象征基督、鸽子象征神圣的精神,白色代表纯洁,蓝色代表神圣,紫色代表威严,绿色代表青春,金色代表善行等等

袖子贴身,并从袖口到肘部都有纽扣,是第一种正式与长裤相搭配的男装,其基本样式一直延伸到路易十四时代(图 2-17)。这一时期,人们喜欢佩戴高耸的圆锥形帽顶,穿尖头的长鞋,衣襟下端呈尖形和锯齿状等锐角的感觉,与哥特式建筑尖顶外观如出一辙。

图 2-17　哥特时期普尔波万 pourpoint

进入文艺复兴时期后,人们追求人的个性,反对宗教对人的束缚,开始通过服装表现人体的形体美、曲线美,表现男女性别差异的服装成为流行。男子下衣紧裹肢体,上衣宽大雄伟,突出阳刚之美。女子则强调女性细腰,展现胸部和臀部,上衣袒胸低领,下裙呈倒扣的钟式造型(图2-18)。这一时期最为著名的是拉夫领,这是一种独立于衣服之外的用白色褶饰花边装饰呈车轮状造型的领饰,用浆糊使布料变得硬挺,并用金属丝的撑圈托着。(图2-19)

图2-18　文艺复兴时期典型装束

图2-19　拉夫领

（二）中国中古服装

虽然中国自秦朝始建立了封建制的国家，但秦汉时期的服装并没有显著的革新，延续春秋战国服制的现象较为明显，反而是之后北方民族入主中原，民族大融合的社会背景使得服装的形制出现了较大的变化。

魏晋南北朝时期，民族大融合的现象显著，服装上有着相互的借鉴，同时玄学和佛学的盛行对服装的影响也非常大。一方面男子服饰基本沿袭旧制，一般戴介帻，穿盆领大袖袍，曹裆裤，另一方面胡服在汉族居住的地区也流行起来。

隋唐时期是古代的全盛时期，政治稳定，经济发达，生产和纺织技术进步，对外交往频繁，这些因素都促进了服装的空前繁荣。这一时期的服装华丽、纷繁，令人目不暇接，其主要的服装及搭配样式可以分为襦裙、胡服和男装三种。襦裙服是上穿短襦或衫，下着长裙，佩披帛，加半臂（即短袖）的一种传统装束（图2-20）。除了衫、襦以外，还有一种半臂，一般为短袖，对襟，长与腰齐，多穿在衫、襦之外。女子肩背上常常披有巾——披帛，是一种窄而长的飘带（图2-21）。天宝年间，女子还流行穿男装。此时的贵族和士民喜欢穿胡服胡帽，翻领、对襟、腰系革带。圆领袍衫是唐朝男子的普遍服饰，圆领、右衽，领袖以及襟处有缘边装饰，袖有宽窄之分。另外还有袄，属于袍之类，稍短，衫为单衣。唐朝的百官以服装颜色来区分等级。隋与唐初，尚黄而不禁黄（图2-22）。

图2-20　唐朝的襦裙

图 2-21　侍女图中的唐朝女子穿着於半透明的披帛

图 2-22　唐朝官员的袍衫

　　宋代政治上相对保守,程朱理学的思想禁锢让这一时期的服装改变了艳丽奢华的持点,转向简洁质朴。宋代的服装仍然继承了一部分唐代的服装样式,但款式上较为保守、内敛、色彩淡雅、恬静。这一时期妇女的上衣有襦、袄、衫、背、半臂、背心等。(图 2-23)背子在宋代男女皆穿,尤盛于女服之中,是宋代女服中最具特色的,以直领对襟为多,中间没有纽,长度大多过膝,有的与裙子齐长,袖有宽窄之分,平时多为窄袖,并在左右腋下开衩。(图 2-24)宋代男子的服装以襕衫为主,这是一种圆领大袖的长衫,腰间有襞襀,多用白色麻细部制成,是百官之服。除了襕衫之外,宋代男服另有紫衫、凉衫、毛衫、皂衫等。(图 2-25)

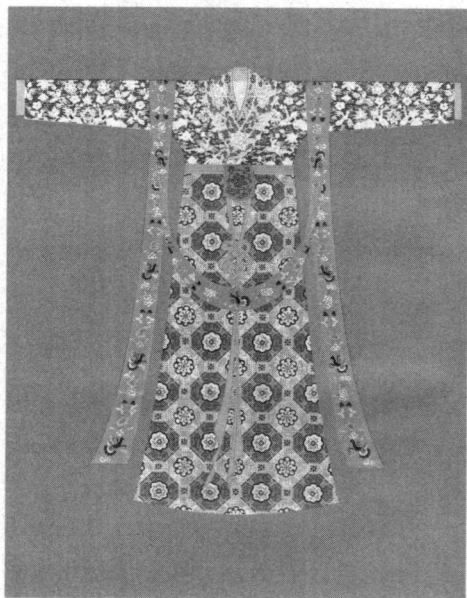

图 2-23　宋代的襦裙

图 2-24　宋代的半臂与背子

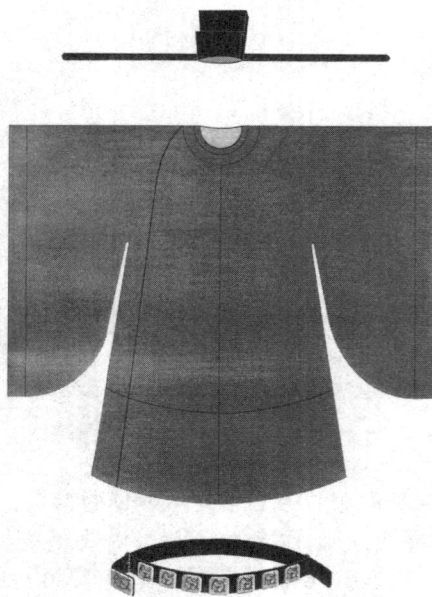

图 2-25　宋代的男服

元代是一个多民族的时期,这里主要介绍契丹、女真和蒙古族的服饰。契丹族以长袍为主,且男女都可穿,一般为长袍左衽,圆领窄袖,袍上有纽襻,袍带系于胸前,下垂至膝,袍内着衫袄,领露于外,女子的袍较长,袍内着裙,纹样较为朴素。(图2-26)女真族的男服通常为盘领衣,女子为团衫,直领,左衽,下穿黑色或紫色裙,裙上绣金枝花纹,女真族喜欢用白色。(图2-27)蒙古族的服装以长袍为主,样式较契丹族宽大,妇女服装以袍为主,左衽,窄袖大袍,内着套裤,无腰无裆,上面有一条带子系在腰间。袍子喜用名为纳石失的夹金织物,男子平常多穿窄绣袍,圆领,紧袖,下摆宽大,腰部缝以辫线制宽阔围腰名为辫线袄子,另有采用纳石失制作的质孙,大袖,盘领,右衽,下长至足,讲究服饰的配套性。(图2-28)

图2-26　元代契丹族的服饰

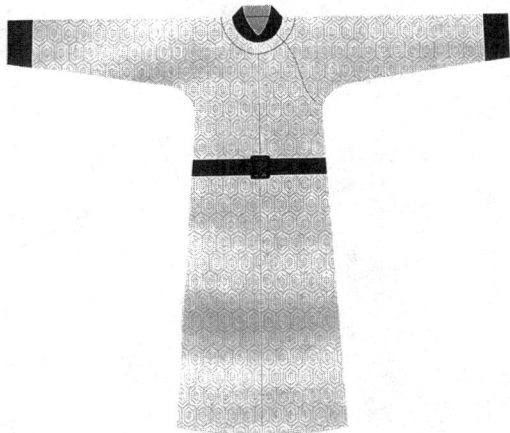

图2-27　元代女真族的服饰

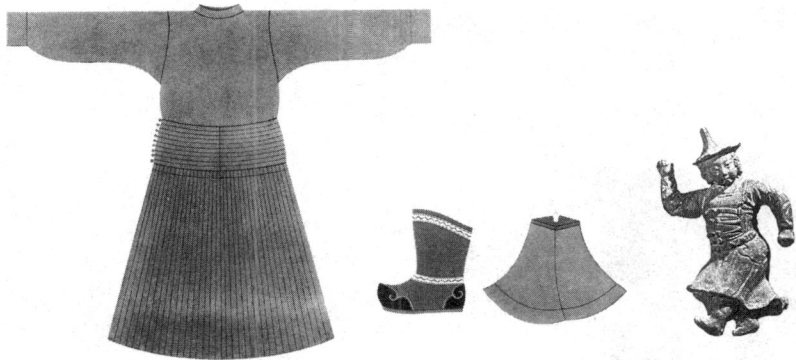

图2-28　元代蒙古族的服饰

　　明代要求服装恢复唐制,因此很多服装都因袭了唐朝的样式。妇女的官服一般由凤冠、霞帔、大袖衫组成。霞帔是一种帔子,它的形状像两条彩练,绕过头颈,披挂在胸前,下垂一颗金坠子。背子在明朝有两种形式,一种为合领,对襟大袖,是贵族妇女的礼服,一种是直领,对襟小袖是普通妇女的便服。比甲是无袖无领的对襟马甲,长度齐裙。(图2-29)首服有凤冠、桃髻,讲究以鲜花绕髻而饰。男装以袍衫为尚,明朝的官服有了更加具体详尽的制度,一律是盘领右衽,袖宽三尺,区别官阶的标志是官服上的补子图案。补子以动物为标志,文官绣禽,武官绣兽,明代百姓的便服主要有袍、裙、短衣、罩甲等。头戴乌纱帽、网巾、四方平定巾以及六合一统帽等。(图2-30)

图 2-29　明代典型女子服饰

图 2-30　明代龙袍样式

　　清代是以满族统治者为主的政权机构,旗人的风俗习惯影响着广大的中原地区。这一时期,男子服装基本分为袍、马褂、补服、披肩和领衣、马甲、裤和套裤等。满族人穿的马褂两袖用异色,面料拼在背心肩缝处。外褂上缝有表示官职的补子称为补服,样式比袍短,比马褂长,圆领对襟长袖,平袖口,用扣襻系结,胸前和背后各装饰有一个补子,大小略小于明代的补子。(图2-31)清朝的女装主要有袍、褂、裙等,一般的女子多穿袄、衫、坎肩、马甲和裙,满族妇女多穿着旗袍。

图2-31　清代的补服样式

五、近代服装

　　这一时期是人类生产力发展最快的时期,工业革命的开展不仅标志着近代史的开始,也为服装的繁荣奠定了坚实的基础,工业革命带来了巨大的社会变化,刺激了服装业的生产,也改变了人们的着衣观念。服装的缝纫和裁剪方式有了革命性的变革,款式不断地翻新,服装业得到了蓬勃的发展。

(一)西方近代服装

　　这一时期西方服装较为典型的是巴洛克服饰、洛可可服饰以及大革命后的服装。

　　巴洛克本意为有瑕疵的珍珠,泛指各种不合常规的事物,这是一种以男性为中心的强有力的艺术风格。蕾丝和缎带是巴罗克式男装装饰的一个显著特点。而女子服装体现纤细与优美,服饰造型上强调曲线以及流动的衣褶,缎带、蕾丝、刺绣、饰纽等多种装饰竞相争艳。

　　洛可可时期服装样式集中表现在女装中,这一时期的紧身胸衣和裙撑再次流行并达到鼎盛。此时的紧身衣采用纺织品和鲸骨制作,非常的柔软。这时还时兴用意大利人造花装饰自己,女人被称为"行走的花园",领口开的很大,呈四角形,袖子及肘、袖口有三层蕾丝花边。

　　大革命过后,男子更加广泛地参加工业活动和商业活动,这种社会背景对于服装的要求也有了相应的变化。这一时期的男子服饰形成了按照用途穿着的形式,主要可以分为晨礼服、夜礼服和便装礼服三大类,佛洛克外套、燕尾服、晨礼服以及散步外套是男士的必备装束。这一时期的男装仍然非常注重礼仪,强调什么时间段在什么场合必须穿着特定样式的服装。而这一时期的女装也经历了新古典主义时期、帝政样式、浪漫主义、新洛可可时期以及巴斯尔时期等服装样式。

（二）中国近代服装

清代后期,清王朝为了挽救封建统治,开始派遣留学生出洋留学,并大兴实业,一股西学东渐的风潮逐渐兴起。这一时期的服饰非常多样,尽管基本上还是沿袭着清代的服式与服制,但中西结合的服装样式开始兴起,有的人穿西服搭配长袍,也有人穿西服留辫子,这一混乱的服装形制越来越明显,直到辛亥革命的爆发才有所改善。民国政府要求"政府官员不论职位高低,都穿同样的制服",并规定了相关的服饰样式。

但民国政府颁布的服饰形制并未能在民间得以推广,这一时期,由于不同阶层经济水平、社交范围和政治信仰的差异越来越大,西式服装的影响越来越大,人们在着装上的不同也越来越明显。民国时期,女子的主要服饰仍然是袄裙和旗袍。袄裙在辛亥革命后有了显著变化,衣身变短、衣领加高、镶饰减少,裙子变成有 12 个或 24 个褶裥的式样,裙长至足。而旗袍自 20 世纪 20 年代末后就由从前宽大的样式变化为收紧腰身的廓型,同时衣长也明显缩短了,以展现女性的身材。这一时期还出现了文明新装和女学生服,文明新装是一种窄长式样的高领袄衫搭配黑色长裙的服装样式,色彩朴实。女学生服则主要由旗袍和短衫组成。男服方面,最初一部分官吏、知识分子和进步人士会穿着西服和日式学生装,但多数的男士还是上着袄衫,下穿裤子。发展到后来,出现了中山装,这是一种后背开缝,下端开衩,后背腰节处有横带,前身有四个明袋和两个琴式袋的西装样式,其门襟有 7 粒纽扣。

六、现代服装

进入 20 世纪后,社会的发展日新月异,人类所取得的科技成就和创造的物质财富超过了以往任何一个时代。它们是推动经济和社会持续发展的决定性因素,并将继续改变世界的面貌,服装的变化和革新正是在这样一个大环境中产生的,同时两次世界大战的爆发,各种社会思潮的兴起都对服装潮流有着深远影响。

（一）西方现代服装

20 世纪初:女装的轮廓变化是这一时期最主要的特征,紧身胸衣的取消,蹒跚裙的出现都颠覆了女子服饰讲究 S 形曲线的概念。男子服饰没有了宫廷的元素,生产和穿着都更加的标准化,西服套装出现并成为流行,伦敦成为了男装流行的中心。

二战后:战后是高级女装重新主宰女装时尚的时代,新风貌的风靡重塑了女性典雅、庄重、华贵的特征。

60 年代:年轻风潮兴起,嬉皮文化盛行,服装不再是舒适或保暖的需求,也不再是社会身份和地位的象征,而是成为了大众化的符号。这一时期的服装短而宽松,裁剪平滑,色彩鲜艳,经常印有几何形图案,大部分使用合成的面料,牛仔装和中性服装非常流行。

70 年代:成衣业形成并不断成熟,同时日本设计师崛起,为流行时尚界带来了富有东方文化与内涵的设计。朋克文化的兴起引发了朋克服装的风靡,喇叭裤、宽松的宽肩外套、军装式服装、中性化服装以及设计师伊夫·圣洛朗带动的异域民俗风服装都是这一时期的典型元素。

80 年代:女权主义兴起,雅皮文化和迪斯科文化风靡。这一时期,牛仔裤、喇叭裤成为了划时代的服装产品。同时,夸张的肩部造型、硬挺的服装风貌、电子感的几何纹样以及以蛤蟆镜为代表的配饰是 80 年代服装设计和流行的要点。

90 年代:90 年代后,服装的风格更加的多元,服装中心也由巴黎、米兰、伦敦、巴黎、日本向其他国家扩展。后现代风格、新古典风格、运动风格、未来风格等多种多样的服装陆续出现,交替频繁。

（二）东方现代服装

40 年代：旗袍样式趋向于取消袖子，减短长度，减低领高和省去繁琐的装饰，整体更加轻便适体，同时借鉴了西式服装的装饰与设计手法，将边襟改为前襟等。列宁装是党政机关和基层工作人员常常穿着的服装，是一种男女通用的服装款式。男装中最有代表性的是中山装，男冬装除了中式棉袄以外还有棉大衣和呢大衣，一般是翻驳领，贴袋或插袋，装袖，明门襟或暗门襟。

60 年代：连衣裙逐渐成为我国中青年妇女的夏季装束，女衬衫的颜色丰富了一些，这个时期女裤的裤口较小。60 年代后期受到文化大革命的影响，全国红卫兵们都穿绿色军装，带军帽。用色基本上是蓝色、灰色、白色和绿色。

70 年代：女装流行西装式的春秋衫，翻领、翻驳头，门襟 3 粒纽扣，两个带袋盖的暗袋。衬衫有两种款式：一种是仿效男式衬衫，长尖型硬领；另一种是在衬衫的领边和门襟上加较宽的荷叶边。

80 年代：80 年代后衬衫发展出夹克式衬衫、西装式衬衫。此时的西服套装多为翻驳领，2 粒扣，两个有袋盖的暗袋，宽大的垫肩和挺括的外观，造型夸张强硬。羽绒服非常的流行，各种花色长度面料的大衣也相继出现。健美裤在 80 年代末期风靡全国。此时的男西装样式还非常落伍，黑色、青色和灰色是主要的色彩。便装有夹克、猎装、风衣、棒针织物和运动装等。冬季除了棉袄外，还有了皮夹克、羽绒服和运动形棉夹克。

第三节　服装的未来

一、产业集群

产业集群是企业建立在专业化分工和协作基础上的空间上的集聚，是在生产同一产品或提供同一服务的相关企业在一定地理空间上的集聚现象。这种集群是依各区域的文化、地理环境、当地的政策制度以及资金的投入等而形成的。通过集聚，服装创新主体之间能分享集群内的公共基础设施和劳动力资源，促进服装生产分工的精细化。同时，通过集聚，容易确立彼此的信任关系，建立相应的政策、法律、制度和标准规范等，从而形成服装产业资本的累积，降低服装营销成本，有利于创建服装创新三体的品牌和声誉。此外，服装产业的集聚能促进服装新知识、新工艺、新技术的传播，能激发新理念、新思维、新方法的产生和应用，有利于加快学科交叉和产业融合，不断生产出新的服装产品。产业集群在世界各国的迅速发展及其对国家和地区经济发展的重要贡献，使其成为近年来人们关注的热点，也是服装产业未来发展的一大趋势。

二、市场细分

市场的细分化越来越成为未来服装发展的一大趋势。以往对服装的笼统划分已难以适应不断发展的服装市场与消费者日益变化的生活方式与穿着需求，服装产品的深入细化能够使企业更能明确自身的定位。激烈的市场竞争要求服装品牌针对不同消费水准、消费习惯的城市和人群，进行品牌细分，推出更多有针对性的设计以及理念。

三、多元延伸

从 20 世纪 80 年代起,国外顶级服装品牌的延伸战略就已经逐步成熟,现在这一趋势越来越明显。国际性品牌的一个共同特征是重视品牌的延伸,其目的是为了拓宽产品线、搜刮品牌边际利润、扩大品牌影响、拉长品牌周期,是一种有效的品牌运作手段。国际性品牌需要众星拱月的群体效应,烘托主业的辉煌。过于单一的产品线不仅是对品牌资源的浪费,而且,相对来说势单力薄。借助品牌的影响力进入新的行业或推出新的产品线,充分利用原有的设计研发、渠道、形象识别和顾客资源,能降低机会成本,减小商业风险,快速获得延伸产品或延伸品牌的知名度,使边际效应产生最大的边际利润。品牌延伸之后,每新增一条产品线势必增加消费者的使用范围,或者新增一类消费人群,使顾客多产生一次品牌体验和联想,增加一次品牌传播的机会。世界顶级服装品牌大多实施品牌延伸战略。

四、健康环保

服装产业环保浪潮的兴起与发展在欧美国家已经有了几十年的历史,并有着广大的发展前景。近几年来,各个服装品牌和企业都在服装的色彩、面料、造型上进行创造,将产品整个生命周期符合特定的环境保护要求作为设计目标的关键要素,旨在通过设计创造一种无污染、有利于人体健康、穿着舒适的服用环境。

服装演化 | 第三章

第一节　服装演化的概念

一、服装演化的定义

根据汉语词典的释义,演化一词指的是事物从某一种状态或性质向另一状态或性质转化的过程。

英文中演化的对应词是 evolution,也可以翻译为进化。这一词起源于拉丁文中的"evolvere",原本的意思是将一个卷在一起的东西打开,也可以指任何事物的生长、变化或发展。包括恒星的演变,化学的演变,文化的演变或者观念的演变。

当然,演化或进化一词运用最为广泛的还是达尔文的进化论,以用来强调生物改变的过程是一种经过改变的继承现象。

利用生态学上演化的特点和方法来观察服装的演化现象,服装演化也如同任何生物、文化、系统和社会体系的变迁一样,都会经过在特定环境下诞生、成长、兴盛、流传、老化直至最后消亡的过程。

二、服装演化的特征

(一)演化的普遍性

任何事物都处在不断变化或发展的过程中,一个物种、一种文化潮流、一个社会体系既是从别的物种、文化潮流和社会体系发展而来,其变化发展的结果又势必会被新的事物所代替。服装演化也是如此,自人类开始着衣之始,服装的风格、样式、潮流就在不停地变化。树叶、兽皮进化为披挂的衣片,再到不同朝代的袄、褂、袍、披肩,又被工业时代的恤衫、裙、裤、外套取代,服装的演化不仅仅跟随着历史的发展潮流前行,同时也在不同地域展开,服装的品类、风格、色彩、样式、面料、穿着方式等方方面面都处在不断变化和发展的过程中。

(二)演化的多样性

人们印象中的演化或进化过程应当是一个形式由简单向复杂,内涵由低级向高级,品质由粗糙到精致,速度由缓慢到快捷,范围由小到大的转变过程。但是,服装的演化过程和结果与这一规律有小小的差异。正如达尔文最初对生物进化的描述一样,服装史的演化过程也是一种经过改变的继承现象,但这种改变并非只能是从简单向复杂的演变,由复杂到简单的逆转也会发生。(图3-1)但可以肯定的是,某种新风格、新样式服装的出现和发展进程确实是由粗糙到精细的,直到逐步被其他风格继承、替代。

(三)演化的计划性

计划性或者说是选择性是服装演化不同于生物演化的一大特征。生物在适应环境时,往往并不知道自己的体征何时以及怎样发生了变化,直到变化发生时都不一定能完全了解整个过程的奥秘。但服装就不一样了,由于服装演化总是在人类有意识地参与下进行的,服装的设计、选择和评判这一服装演化过程的主要环节可以说是有计划、有步骤、有组织地进行的,而并非不可预料的。服装的设计者在产品诞生之前就已经对服装的风格、设计特点、适用人群有了合理地

图3-1　受到阶层观念、礼制的制约以及时代审美观的影响，封建时期无论中国还是西方的着装都是繁复的，到了工业化时期，简洁实用的着装观念主导了现代服装产业的发展。服装发展的大趋势打破了日趋复杂的规律，反而是由繁复向简洁发展

规划。当产品流通到市场上后，是否会受到人们的青睐同样是有据可循的，政治经济的状况、社会大事件的影响、社会的审美观等等因素都左右着服装的发展和变化。这在集权时期就更为明显了，统治者对服装的管辖有着严格的标准。因此服装的这种演化过程具有有意识的、人为的计划性特征。

第二节　服装演化的意义

一、适应环境的产物

　　服装演化首先是适应环境的产物。顺应环境是自然人与人类社会存在的基本条件，而服装的众多功能之一首先就是要能保护人体不受自然界侵害，保证肌体舒适。因此顺应环境是服装这一产品存在的基本起因和不断演化的动力之一。近几年来，服装面料轻薄化和厚重织物、品类的并存正是突出了其环境适应性的特征，极端气候的频发使得全球气候更加恶化，服装流行和设计上的这些变迁能够有效地帮助人们在各种环境状况下适宜地生存。（图3-2）

二、历史发展的需要

　　服装演化还是历史发展的需要。这一历史不仅仅是服装史，还包括有人类社会发展的历史。历史的前行必须通过各种因素反映出来，而服装在这其中扮演着重要的角色。对于人类社会来说，服装不仅仅是一种产品，还是一种符号。我们不难发现每次朝代的更迭，服装的形制就会有翻天覆地的变化。这是因为统治者希望借由服装或其他最明显可见的元素来证实自己的主权，区分与其他朝代或体制的不同。即使在民主社会，没有了强制性的着装规范，服装仍然不自觉地受到政治、经济、科技等因素的影响，当经济高速发展，科技和工艺日趋完善时，服装的设计理念和制作手段也会发生相应的变革，以顺应时代和历史的发展。

图 3-2 人类能够不断开拓新的生存环境,一定程度上得益于服装的不断演化。最典型的例证莫过于人类能够进入太空,没有抗压性强的太空服是不可能发生的

三、时代流行的橱窗

　　服装演化的过程还是展示时代风貌与流行文化的橱窗。每一次的服装演化都是外因和内因共同作用的结果。影响服装变化的外因包括有自然环境、社会政治经济状况、科技的发展等,而内因则主要是受到人们审美观念的影响。通过观察历史上每一时期的服装产品,我们都可以从服装的风格和设计上了解时代性的审美趣味和消费心理,而服装的面料和制作工艺又能展现当时纺织服装行业的生产和发展水平。人们通过了解服装变迁的历程,能够进一步掌握时代的流行文化和风貌。因此,人们可以很容易地从现有服装实物中辨别出各个时期的历史性特征。(图3-3)

图 3-3 1850 年代的女士装束是在一层又一层的衬裙中登场的:先是长内裤,法兰绒衬裙,内衬裙,用鲸骨撑起长及膝盖套上膝垫的衬裙,一层白色的上浆的衬裙,两层纱布衬裙,最后才是裙子

第三节　服装演化的条件

人类社会之所以不断进步,是因为人们始终不满足自己的现状。人类这种追求进步的"喜新厌旧"心理,成为社会发展的原动力。这种原动力也同样作用于服装,从一定意义上说,"新"代表着时尚和流行,符合人们的爱美心理;"旧"代表着传统与保守,贴合人们的怀旧心理。因此,服装演化并不是简单的形式上的"扬弃"。除开求新求异的因素外,引起服装演化的条件还有来自自然界、社会、人文方面的动因。

一、自然因素

来自自然的因素基本是引起服装变迁的外部因素,它包括有气候变化、地理环境等因素。

(一)气候变化

在众多外部因素中,气候变化属于比较常见的变化因子。一般来说,某个地区都会形成固定的地域性气候,也会有着适应当地气候状况的服装品类与样式。服装顺应气候的变化而演变有三种情况:首先是气候在经过地质历史变迁的过程中逐步发生温暖化、寒冷化、干燥化、多湿化等缓慢变动时,服装也随着这种变化去寻求或适应其变迁。其二是气候的周期性变化带来的四季交替现象,从而引起服装的品类为了适应四季不同的冷暖、干湿状况而做出调整和变化。第三种情况发生在服装向其他地域流动和传播时,为了适应当地的气候条件,服装会在面料、廓型、长短、色彩、搭配方式上发生显著的变革。

(二)地理环境

地理环境的变迁也是服装演化的动力之一。不同服装形制和设计的出现在一定程度上都是顺应环境的产物,通过抵御风沙、遮风挡雨、御寒避暑、防止蚊虫侵害等作用,帮助人们适应环境。因此,住在山区和住在海边的人们穿着的服装有着显著的区别,高原地区的人们也不可能穿着沙漠地带的典型服装。由于相对于人类发展的历史来说,地貌环境的变迁实在是太漫长,其变化所带给人类着装上的影响大多数都表现在不同地区的不同环境会引起服装样式的不同。地球正是有了如此丰富的地貌环境,才会存在如此丰富多彩的服装样式。

二、社会因素

相对于自然因素来说,社会因素对于服装变革的影响更为重要。差异是交流产生的原因,也是刺激发展变化的诱因。每个时代、每个国家、每个地区的经济发展是不平衡的,文化差异更为鲜明,加上国际社会的发展正趋于大同化,越来越频繁、越便利的国际间的来往促成了国际经济和文化交流,这种差异的存在和交流互融的背景令服装的演变更为频繁和快速。

(一)经济水平

经济水平决定了服装发展的快慢程度。经济发达的社会可以有足够的实力进行设备改造和技术更新,可以不断生产高级产品,营造时尚的社会环境。收入丰厚的个人可以扩充自己的购衣计划,大量地消费服装产品。层次齐全、规模庞大的商业环境是服装闪亮登场、聚敛财富的宝地;技术先进、品质一流的制造业可以应对快速反应、敏捷制造等现代加工新趋势;四通八达、分工明细的物流产业能将服装产品在第一时间送达货柜。这些都为服装滋生新理念、设计新款式、发明新工艺提供了土壤。相反,在生产力不发达、经济水平低下的地区或社会,制造服装的材料也越贫乏,款式和风格越受局限,更不可能有多余的财力、人力和物力消耗在精美的装饰和高端加工工序上。因此一定的经济水平是服装演变的后盾。

(二)政治局势

政治局势的动荡与安定对服装的影响很大,良性的服装演变或者说进化过程应该与安定富足的社会相关联,这是人们继温饱、安全等基本需要满足以后的精神需要,而自由化、人性化、民主化的社会环境正能够为多样化、个性化、自主化的服装创造良好条件。动荡社会也有服装演化的现象,并且变化还相当巨大。但是,此时的服装变革的动力来自于外界的强势势力,并非自主、良性、有序的转变过程。同时,历史也已证明,在政局交替、社会动荡,尤其是战争爆发的时候,服装往往是向着形式单一、刻板的方向发展。这时的服装已经成为帮派、军队等某种势力意志下的产物。在战乱、饥荒等环境下的服装变迁现象不是演变的主旨,而是畸型的、贫乏的流行。比如,在我国史无前例的"文革"时期,军便装的大面积流行就是很好的例证。(图3-4)

图3-4　第二次世界大战的爆发对全世界服装发展的进程影响巨大,统一、刻板乏味的军装和极度节省的制作扼杀了服装的美感

(三)科技进步

高品质的服装是人们高水平生活的不可缺少的一个重要部分。科学技术水平的高度发展和制造业的无所不能,不仅激发了服装设计师的奇异幻想,也为服装产业生产高质量的服装提供了可靠的技术保证。服装史上每一次生产工具的发明、生产技术的提高以及新面料的出现都为高质量、新品种服装的生产提供了有利的支持。除开服装与制造业的科技影响外,其他领域重大的科技发明和技术进步都是引起服装变革的重要因子。最为典型的当属60年代阿波罗登月计划的成功,极大地刺激了人们探索太空的欲望,并引发了未来感服装的风靡。今天,科技领域的进步、更新与新事物的发明与发现与服装产业的关系越来越紧密。

（四）体育竞赛

体育竞赛与休闲娱乐项目的风靡不仅对服装科技含量和功能性设计的提升有着促进作用，同时也会对服装新品类的产生有着影响。例如19世纪80年代，上层社会中无论男女，开始流行一系列休闲娱乐活动，如高尔夫球、网球、槌球、溜冰以及稍后一点出现的自行车运动。这些运动项目的迅速发展促进了人们对针织品的需求，给针织行业创造了一个新的发展空间，不同种类的运动休闲项目扩展了针织品的品类、设计特点以及工艺与加工手段，促进了服装的发展。对体育竞赛成绩的渴望，成为研究机构开发新产品的动力，加速了此类服装的演化。比如，在2008年北京奥运会上，不少游泳运动员穿上了一种利用最新科技成果研发的新型泳衣，据称，这种被称为"鲨鱼皮"的泳衣可以提高游泳速度，帮助美国运动员菲尔普斯在本届奥运会上创纪录地一举摘得8枚金牌。

三、人文因素

时尚需要文化背景，没有文化支撑的时尚是暴发户似的时尚。服装的滋生和扩散对文化氛围的要求很高，悠久的人文历史、划时代的艺术思潮、典型的生活方式、虔诚的信仰等无不成为促使和催化服装发展的原动力。

（一）艺术革命

艺术领域的变革与服装的发展有着密不可分的联系。服装作为一门设计艺术，常常会受到姐妹艺术的熏陶和影响。一般来说，艺术思潮的兴起最先会影响到建筑、美术创作、影视等姐妹艺术，然后逐步向家居、器物等领域扩展。多少与艺术沾边的服装设计也不甘落后，积极向艺术思潮靠拢，在各自的领域里表现出具有"前卫"意味的设计作品。史上繁复、浮夸的巴洛克与洛可可艺术风格，现代派艺术思潮，达达主义、超现实主义，波普风潮、欧普艺术的兴起无一不对服装产生了巨大影响，加速服装风格的衍变和纹样的创新。（图3-5）

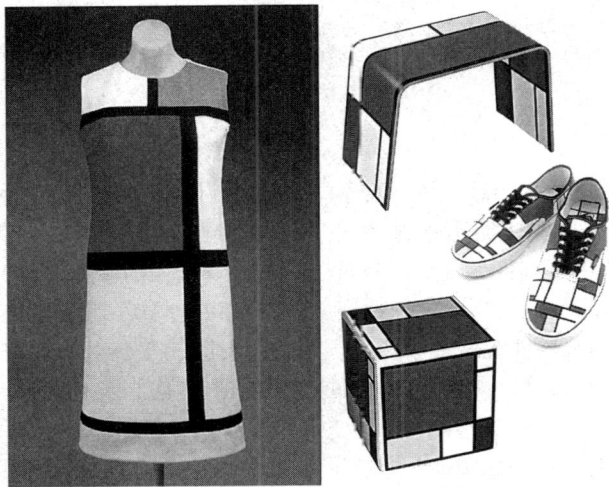

图3-5　以荷兰画家蒙德里安为代表的冷抽象艺术被设计师 Yves Saint Laurent 运用到服装设计上，通过简洁的造型，黄、蓝、红、白、黑这几种纯色矩形的组合创造了极富现代感的服饰风格

（二）生活方式

生活方式是进入 21 世纪后不断被服装业界关注的重点。不仅服装设计要考虑消费者的生活方式，就连销售终端的规划和布局也会做成生活方式店的形式，可见其重要性。生活方式反映的是人们的一种生活态度和状态，它包括有工作方式、家庭生活方式、休闲方式、交往方式等等。新的生活理念、生活场所的要求以及人们的行为活动等等都使得穿着者对服装的风格、设计、功能性、生产和使用有了具体而细微的要求。（图 3-6）

图 3-6   近几年倡导的绿色生态方式越来越渗透到人们的生活中，可持续的行为已成为品牌地位的象征，各大服装公司都极力宣传着生态友好的理念。越来越多的新媒介渠道（如 iPhone 应用程序等）使人们了解到如何过上更可持续的生活方式。在此背景下，服装领域同样兴起了环保的热潮：英国品牌 Howies 的 Hand-Me-Down 产品线配备了 10 年的质量保证，而 Commerce with a Conscience 品牌则推出了对社会负责、"高级品质，无需替换"的男装

（三）外来文化

外来文化是加速服装变革的催化剂。地域性的服装除了受到本地政治、经济和科技文化的变革所带来的影响外，还会因为引入其他外来文化而出现融合、排斥和创新的特点。这一点从我国历史上每一次民族大融合时期的服装中可以得到充分的展现。人们常常所说的汉服实际上是指汉代时期的宽袍、斜襟、束腰式的深衣样式，这是当时中原地区的典型装束，但到了唐代，出现了窄袖、小领的款式以及透明或半透明的披肩，这种大胆装束的出现明显是受到胡服骑射的影响，胡人文化与中原文化在唐代开放、开明的政治文化背景下，以一种融合的姿态展现在服装上。

（四）宗教信仰

宗教信仰对服装文化的影响根深蒂固。每一地域的每一种宗教文化都孕育了独特的服装样式，例如中世纪的服装文化就非常有特色，漫长的中世纪在欧洲也被称作黑暗时期，自从罗马帝国末期基督教被定为国教以来，整个罗马帝国都非常强调并推崇对神的爱，认为神是唯一的、绝对的，人应当把全部的热情和爱都投入到对神的崇拜中去。在这种对神无限膜拜的背景下，

禁欲主义得到广泛的推广和认同,并在服装方面也相应地对这种道德倾向做出了反映,我们常常能在反映中世纪社会的电影和艺术作品中看到人们穿着宽大的长袍,将全身遮掩起来,同时无论是服装的面料还是色彩都非常朴素、低调,这都是受到宗教影响的结果。(图3-7)

图3-7　中世纪时期的典型着装特点——兜帽、大斗篷、冷兵器光泽、朴素的面料与装饰

第四节　服装演化的形式

任何事物都可以分为内容与形式两个方面,内容是形式存在的理由,形式是固化内容的载体。服装演化也是一种事物,自然有它的内容与形式。相对来说,人们对服装内容的关注不及对其形式的关注,因为服装的内容比较内隐,服装的形式则相对外露,而且,形式演化的结果会带动内容的演化。概括起来,服装演化的形式主要分为历史性演化、地域性演化、规律性演化三种形式。

一、历史性演化形式

历史性的演化形式指的是服装的变迁会随着时间的推移而发生,这是最基本的服装演化形式。通常这种形式的演化过程、特征、结果以及相关背景是以服装史的方式记录下来的。历史性的演化贯穿了服装产生与发展的全过程,在朝代不断更迭、世纪轮换的过程中,服装的形制得以不断地发展。历史性的服装演化是内外因共同作用的结果,尽管很长一段时期受到统治阶层意志的左右以及宗教信条的约束,服装产品仍然得到了不同规模的发展。就服装史发展的历程来看,奴隶社会、封建社会虽然经历的时间长,但服装变更的幅度和频率并没有工业化社会后那么强劲。尤其是到了20世纪后,服装的风格和样式基本以十年为单位加速发展,流行预测机构更是每年会推出两季服装趋势,以帮助企业追踪服装的发展方向。

　　一般来说,历史性的服装演化并非针对某种服装风格或样式的变迁过程,而是强调宏观的、长期的服装衍变过程,这种历史性的变化有可能是突变性的、颠覆性的,也有可能是长期的、缓慢的过程,由于变化并非那么明显,有可能需要上百年的比较才能看出显著的差异。它包括有继承性演化、反复性演化和颠覆性演化三种典型方式。

(一)继承性演化

　　继承性演化指的是服装在历史变迁的过程中,会借鉴、继承前一时期的服饰特色。继承性演化一般发生在社会相对稳定的时期,例如同一朝代政权正常更迭的时期。这种演化方式并非是全盘接纳和吸收,而是有选择性地延续。正如事物都具有惯性作用一样,一种服装样式在迈向另一阶段的时候,仍然有着一定的影响力。在没有能够引起巨变的外部作用力的情况下,新的服装样式往往都会吸收接纳前一阶段的某些特点和优势,这也是为什么服装的创意、设计手法、加工工艺等环节能够不断升级、发展的原因之一。当然,即使是在社会形态发生巨变或经济文化状况转型的时候,这种继承性的演化仍然有存在的可能。例如民国时期女子穿着的裙衫仍依稀可见满清旗袍的造型特点和款式细节。

(二)反复性演化

　　反复性演化指的是服装在发展过程中,会偶尔出现重新流行以往风格、样式的服装的情况,并且这种情况有可能反复出现。这一现象在 20 世纪 80 年代后非常常见。我们常常能发现 50 年代经典服装的回归、嬉皮风的再次流行、波普或欧普风格的样式反复出现的情况。一般来说,反复性的服装演化发生于具有相似时代背景的环境中,或者是出现了有着相似动因或影响力的外部推动力的情况下。值得注意的是,这种反复并不是单调的重复,无论促使服装发展的大背景是如何的相似,服装的样貌仍然会因为时代的不同而有所差异。(图3-8)

(三)颠覆性演化

　　第三种典型的服装演化方式是颠覆性的服装变革。这种形式的变迁强调随着时代的前行,服装的风格、品类、纹样、加工工艺和搭配都有着翻天覆地的变化。颠覆性服装演化的出现一般会受两大因素的影响,首先是来自统治阶层意志和规范的强制性作用。历史上每一次政权的非常规交替都会对服装的变革有着催化作用,统治者为了强调自身政权的唯一性、合法性和独特性,往往会从服饰规范上进行变革,以突出不同于以往朝代的特色。其次是民族间的融合与碰撞。在这种背

图3-8　以常春藤风貌闻名的学院风是服装流行史上不断反复出现的名词,结合不同的时代风貌和地域特色,回归的学院风潮有时会强调徽章的设计和运用,有时在撞色的嵌条和镶边上进行变化,而自 2009 年开始,又出现了诡异学院风的新样式,这一经过变革的服装产品主打不合体和波普色彩,以彰显略显书呆子气息却又直率的学生风貌

景下,地域性的服装有可能吸收其他地区服饰样貌的特色后,产生新的服装款式和风格,也有可能被新的、更易被接纳的服装样式所代替。颠覆性的服装演化往往是短期的、有着显著变化的过程,也是催生新的服装样式、技术和工艺的有力推动力。(图3-9)

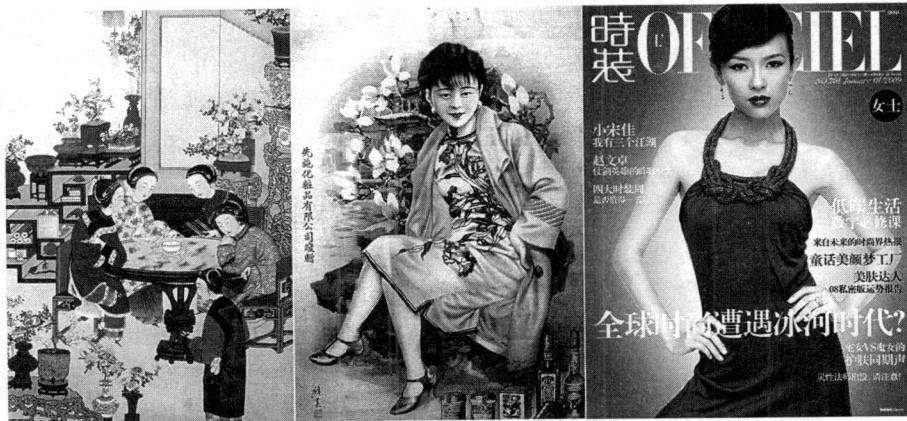

图3-9　自解放后,中国主流的服装样式和品类完全脱离了传统的长袍马褂和旗袍等样式,被更具有国际性、更符合现代生活的西装、衬衫、T恤等"世界服装语言"所代替

二、地域性演化形式

地域性的演化指的是服装的风格、款式、搭配方式会在从一个区域向另一区域扩散的过程中发生变化。这种地域性的演化可以是在同一时间段发生的,也可以是不同时代的产物。服装现象不仅具有时间意义,还有其空间内涵。地域性的服装迁徙不仅受到当地气候风土等自然环境的影响,还必须适应地域性的风俗、文化和人文特色。地域性的服装演化包括有优势传播和平行渗透两大方式。

(一)优势传播

优势传播强调的是强势服装文化对弱势服装文化的影响作用。正如流行文化的传播过程一样,服装的产生与发展是一种流动的状态,各项元素经过一定时间的内部交流后,往往会通过特定的渠道,开始由高处向低处、由文明向野蛮、由先进向落后的倾泻。两个地区之间出现的上述差别是服装产生优势传播的条件,另一地区的服饰变革将成为必然。当然,衡量这些特点的标准不尽一致,本来处于低端的事物会因为被赋予某种时尚的意义而可能成为引起其他地区服装变革的理由。在优势传播的背景下,处于弱势地区的服装不是大量吸收新元素,改进原有服装特色,就是彻底被新的服装品类所取代。

(二)平行渗透

平行渗透指的是某一地区的服装因人口迁移、流行传播等原因向另一区域扩散、发展的现象。这种服装传播的出发地和目的地由于并没有政治、经济、科技、文化上的明显差异,并不存在优势服饰文化替代弱势服饰文化的现象。在这种背景下,服装在传播的过程中,除非存在强势的政策抵制和宗教约束等情况,一般都会对扩散地的服装文化和样貌产生不同程度地影响,并且这种影响是相互的、良性的,无论是传播者还是接收者都有可能在保持自身服饰特色的前提下,吸纳外来服饰文化的特色,促进当地服装的发展和变革。

三、规律性演化形式

规律性的服装演化强调服装的发生和发展过程依靠的是自然的、自发力量产生的。这种规律性的服装演化是从微观层面出发的,一般针对的是某一特定服装风格、品类或样式的服装变化。这种形式的服装演化往往是慢慢发生的,虽然在短期内也会有变化,但并不是那么明显,这种渐进式的改变在经过长时间之后通过比较才能逐步展现出来。规律性的演化形式借鉴了生物在正常生存环境下诞生、成长、发展、鼎盛、老化直到最后消亡的这一过程。这里,服装的演化可相应地分为诞生期、发展期、鼎盛期、稳固期、衰退期和消亡期几大阶段。

(一)服装的诞生

服装的发生是服装演化的起始点,其产生的形式一般分为自然引发和人为设定两种情况。自然引发指的是在顺应自然和社会、集团生活过程中自发地、合理地出现相应的服装产品。与自然引发相对的是人为设定的样式,这种情况下产生的服装主要是为了保持集团生活的秩序或为了使生活行动更有效率,或为了促进社交友谊,使生活更加愉快、舒适、合理而有计划地考虑服装的样式和穿戴方式。人为设定的服装一般都会伴随着相关的规定、规范或习俗。

(二)服装的发展

某种服装诞生后,接着进入发展阶段。这一时期的发展有可能是积极的、进化的,也有可能是消极的、倒退的。积极的变化能够促进服装进一步向鼎盛期发展,而消极的变化很有可能直接导致新服装样貌的消亡。正常的服装发展是服装形制的成长和设计的进一步成熟,每一种新风格在刚刚出现的时候往往都会有各种各样的缺陷,历史上经典的服装风格和样貌都是在发展中不断完善设计理念上的不足,强化和斟酌每个细节的微妙变化才最终成为不断流传的经典样式。

(三)服装的鼎盛稳固

鼎盛期是服装发展最为成熟、流行影响力最大的时期。进入稳固期的顶点之后,服装的发展速度会逐步缓慢下来,或者呈现相对静止的状态,维持一段持续的平稳时间。如果没有外力的推动,这一阶段的服装不会再有实质性突破与跃进,往往只是以固定的、稳定的形制维持、传播和保存下来。

(四)服装的衰退消亡

服装的衰退与消亡现象如同生物的自然枯萎和死亡一样自然,当它不适应自然和社会环境时,就会失去原有的机能和作用,逐步被新的服装样式所取代。当然,某些行将就木的服装失去的有可能是实际穿着的机会,却能够以一种装饰、史证和文化象征的方式流传下去。还有的服装在经过不断地分化和传播之后,逐步融入到新的服装样貌中,以变异、革新的服装样式存在下去。

服装审美 | 第四章

第一节　服装的功能美

一、服装功能美的概念

（一）定义

服装的功能美是指服装产品由于其功能上的特征和优势而创造出的审美价值。广义上，服装的功能包括实用功能、认知功能和装饰功能，这里服装的功能美主要从前两方面进行阐述。

（二）特征

功能美是服装美学的基本形态之一，也是设计之美区别于一般艺术之美的重要标志。服装的功能美理论源于 20 世纪俄罗斯"功能——结构主义"艺术家的观念，他们认为纺织品中的理性设计应与服装原理紧密相连，服装不只用形、装饰和面料去实现某种艺术效果的革新，而要正视日常生活中人体活动的需要。对于服装这一物质产品来说，其实用功能应当是第一位的，这也是服装产品存在的依据。除开外观上的美化作用，服装的功能美是以服装产品的功能目的性为导向的，讲求产品结构、材质、性能的合理与优化，主要展现的是服装的内在美。（图 4-1）

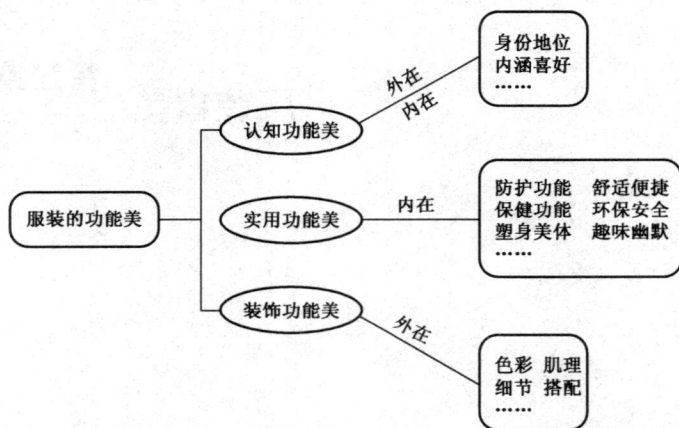

图 4-1　服装功能美的分类

二、服装功能美的意义

（一）解决社会生活需要

服装作为覆盖人体之物，其价值是在人的着装中表现出来的。服装的各种功能首先是人们为了解决社会生活需要的产物。服装有了这些遮覆功能、舒适功能、高科技功能以及诙谐逗趣的休闲功能，能够帮助人们更好地适应自然环境和社会环境，满足各种需求。

（二）促进服装技术提升

服装功能美还是促进服装技术提升的动力。服装功能的美感最首要的是通过面料科技来展现的，其次服装的加工工艺和独特的功能性设计也是体现功能美的途径。为了实现服装的功能美，服装生产者必须不断地提升服装面料的科技研发力量以及相关的设计、加工工艺。

（三）产品畅销的有力保证

服装功能是否具有美感还对产品的畅销程度有着重要影响。随着人们对服装的要求越来越高，单纯的设计造型已经不能满足人们与之增长的期望度和高品质需求。增加服装的功能性不仅顺应了消费者对高品质生活的需求，也是与同类服装品类进行竞争的有力法宝。

三、服装功能美的表现

对于服装产品来说，其功能结构本身并不构成审美的要素，但是功能结构是功能美的基础，当它与形式结构、环境结构等和谐地组织起来时，是可以引发出美学效果的。服装的功能美从本质上说是由于产品带给人们的各种功效和作用产生的，因此功能美的表现也往往与服装的功能密切相关。概括起来，服装的功能美通过以下几点表现出来。

（一）保护肌体的功能

保护肌体的功能是服装最基本的功能之一，它大大提高了人类从事各种工作的能力，也增强了人类在各个领域的活动。在日常的生活和劳动中，人们难免会遇到碰撞、擦伤等问题，有了服装的遮蔽，可以防止或减少碰撞与灼伤的可能性，起到保护身体的作用。早在原始社会，人们就已经懂得利用兽皮和树叶遮蔽身体以抵御虫害的侵袭，但在工业社会之前，服装起到的仅仅是简单的防护作用。随着自然环境的恶化和社会工种的扩展，人们对服装的保护功能有了更多、更高的要求。根据人们工作性质以及穿着场合的不同，服装保护功能的种类和强度也不一样。对于有着危险性的特殊工种来说，防污染、防辐射、耐热、耐腐蚀等与工作环境密切相关的防护要素是这一类工作装的必备要求，例如接触空中飞行、太空实验、海底探秘和高低温作业的人员，就需要相关的航空服、潜水服、救生服、加压服、抗荷服等（图4-2）。而对于办公室职员和学生来说，服装保护性的要求相对较低，可能会需要防辐射、防静电等功能。日常生活中，具有御寒、防风、防水、防污、抗紫外线等功能的服装已经越来越普遍。

图4-2　采矿、冶炼钢铁等工作人员，常常使用安全帽、厚手套、面罩以及具有防火、放射线等功能的特殊防护服

（二）舒适保健的功能

舒适保健的功能指的是服装穿着于人体上时能够令人体感觉舒适自在或者起到增进人体健康的作用。这一类功能的服装能够提高人们的生活品质，改善人们的生活质量，已经越来越受到人们的重视。一方面，在服装的舒适性研究上，面料向着越来越轻薄、细致的方向发展，超细旦的织物和轻薄舒适的顶级面料层出不穷。另一方面，随着人们对环境和健康的重视，服装产品在保健功能上的研发也愈加深入。保健型的服装并非工业社会的产物，中国古代就有在服装的印染和浆洗过程中加入中草药，以防瘟祛病的先例。当前服装市场上的保健型产品多集中于内衣和职业装的品类，它们往往有着抗菌、防臭、药物、磁疗等效果。各种负离子服装、远红外服装等对于松弛大脑和肌体有着良好的作用，能够通过加速代谢作用和促进血液循环起到减缓疲劳的功效，此外，有着抗过敏、抗菌、改善微循环、辅助治疗、按摩作用的服装产品也非常多见。

（三）耐久保形的功能

服装的耐久保形功能有两层含义，一是服装本身能够保持长时间不变形，另一种则是服装附加的功能能够有较长的功效。希望服装的机能有一种永久性，这就是服装的耐久功能。常见的耐久功能包括高强度、耐磨、耐疲劳、抗拉伸等。一般来说，服装的耐久特性可以分为功能耐久、构造耐久和材质耐久三种类别。由于受到外界的各种作用，无论是构造、材质还是功能，服装在使用的过程中都会有一定程度的损坏。这些损坏有来自外力的破坏作用，例如拉力、撕裂力、冲击力、捻力、折力、压力和摩擦力；也有来自于环境的化学作用，例如氧化现象、紫外线的破坏、温度上升引起的变化，以及环境的污染等等。即使是在产品的加工过程中，洗涤、漂白、去污等后整理工序都会对服装造成一定程度的损伤。

（四）方便活动的功能

方便活动的功能是在兼顾美观的前提下，使人体穿用的衣服能够顺应其所处的环境，有助于人的生活，有利于人的行动，达到个体能动化的目的。方便活动的功能可以通过几个途径达到：首先可以选择舒适、有弹力的面料，以增加服装的活动量；其次，廓型上善用宽大的造型，增加人体活动空间；最后，还可以通过款式细节的独特设计使服装更易于穿着和运动，例如在大活动量的部位增加三角插片等等。而便于活动的功能在运动装的设计中尤为重要。

第二节　服装的视觉美

一、服装视觉美的概念

（一）定义

服装的视觉美是指服装产品由于其外观的冲击力和吸引力而创造出的审美价值。服装的视觉美可以通过多个方面表达，大到服装的整体造型与风格，小到服饰配件上的细微设计，只要是能够通过视觉元素传递给人们美感的元素都属于视觉美的范畴。本节中将展现服装视觉美的因素归纳为风格、造型、色彩、图案、装饰五个方面。

（二）特征

美学的研究不等同于视觉艺术的研究，但美大量地存在于以视觉为主要表现方式的设计艺术中，同时视觉也是人们获取美感的主要途径和媒介。这一特征在服装学中同样适用，视觉美是展现服装美的最重要的方式。视觉形式作为一个独立的美学和艺术概念,源于 19 世纪末 20 世纪初德语国家的艺术史和美学理论。纯粹的外在形式表达是视觉形象思维的特征,其评判和创造依据遵循形式美法则。不同于传统的哲学范畴中的美学研究,现代视觉美学的特征在于强调传播过程的普遍性、互动性和创造性,并肯定了审美经验与视觉感知之间的联系。

二、服装视觉美的意义

(一)设计者艺术修养的展现

服装的视觉美是展现品牌档次、风格以及设计师审美和艺术修养的最重要途径。作为一门设计艺术的产物,服装除了具有实用性外,还应当有相当的美感、创新感和独特性,才能获得消费者的青睐。服装色彩的选用与搭配,风格的独特展现、设计手法的运用以及搭配的效果都是设计师自身美学修养和品牌文化的体现,稳定的视觉美造型和特征是吸引忠实消费者的重要因素。

(二)展现穿着者风采的需要

服装是否具有视觉美感还对穿着者气质、身段、风采的展现有着重要的作用。人际交往中,除了自身的长相和个性外,服饰的装扮往往也会直接影响给他人的印象。具有美感的服装产品不仅能够更加突出穿着者的外在优势,对于身材不足的人群也能起到掩盖、弥补的效果。

三、服装视觉美的表现

服装艺术与音乐、文学等艺术最为明显的区别在于它可以通过其外部特征,例如色彩、图案、装饰等外显形式传递设计意图,并给受众带来最为直接的美的感受。在此,传递服装视觉美的信息可归纳为五大要素:

(一)风格之美

风格本身是一个非常抽象的名词,之所以将其划分到视觉美的范畴内,是因为任何风格的产生及其被感受,都是通过色彩、造型、细节等视觉信息表现出来的。风格的美感在于通过特定元素的组合能够引起人们的共鸣和联想。服装的风格美往往与认知者的心理认同和审美经验联系在一起。人们之所以能够从简洁的廓型、明亮的冷色调、几何分割和圆弧造型中发现未来风格和相关情景,是因为这些视觉所直接把握的典型要素及其组合样式在人们的经验中总是伴随着相关情感一起出现的。比如,如果没有对宇宙和未来的预先经验,就不可能分得清圆弧造型代表着天体和科幻,抑或仅仅是可爱的一种表现。服装的风格展现除了要遵循选用能够引起人们心理认同的表现元素外,同样要符合形式美的法则。(图4-3)

图4-3　近几年源于50年代的经典绅士风貌成为男正装的主要潮流,通过精致、完美、手工感的各种表现唤起人们对复苏的渴盼,心灵安全感的认同赋予了这一风格特定的美感和时代感

（二）造型之美

造型美是服装视觉美的主要表现方式。服装的造型由两大元素组成:服装的廓型和局部的造型。廓型是服装外轮廓的剪影。局部造型是服装局部的廓型和细节形态的设计。无论是廓型还是局部造型,服装产品能够展现的美感都会涉及到反复与交替、节奏、渐变、比例、对称、平衡、对比、调和、支配,从属与统一这九大形式美法则。有关这九大法则的特征和运用会在服装设计章节详细介绍。单独的线条或造型可以表现诸如顺滑、刚毅、敦实、尖锐之类的属性和特征,却对焕发美感的作用并不明显。当这些线条和造型被夸大或成组出现时,往往能引起人们更大的共鸣,引发美感的心理感受。(图4-4)

图4-4　新风貌样式的服装廓型通过典型的 X 型廓型,突出女性的胸腰差和臀部曲线,S 形的线条很好地展现了人体的曲线美

（三）色彩之美

色彩是人们感受服装最直接的视觉因素。在发现服装的风格和细部设计之前,色彩由于其大面积运用而产生的视觉冲击力,往往最先进入人们的视线。因此,色彩之美是服装之美的重要表现形式。服装的色彩之美通过两大方面传递:首先是色彩的选择和调和;其次是色彩带来的意向和感受。色彩的选择和调和是否和谐、出色、有创造力,是体现服装设计师美学修养的重要渠道。在进行色彩设计和审美判断时,同样可以将形式美法则作为依据。色彩之美的另一重要表现是其带来的意向和感受。色彩是客观的,光学中的色彩是能够被人眼所辨别的具有特定波长的辐射能。每一种色彩都可以用特定的数值来标识。同时,色彩又是主观的,不同的颜色具有截然不同的感情色彩,而即使是同一种颜色,对于不同地域、不同民族的人来说,也有着不同的意义。色彩所带来的冷暖感、情绪、风格、意向为服装增加了独特的美感。(图4-5)

图4-5　黑色常常让人联想到深不可测的宇宙,强大的力量,威严的主宰者,肃穆、庄重的丧礼以及恐怖、悲伤的事物。服装中运用黑色则体现了尊贵、强势、高档、稳重的美感

（四）图案之美

图案之美重在单个或多个图案的造型与组合方式，以凸显服装的美感。图案美不仅可以通过印染或织造的纹样来体现，还可以借由独特的造型手段形成的图形来展示。无论是哪一种形式的纹样，其在构成上只有两大类别：单独服饰图案和连续服饰图案。单独服饰图案包括有自由纹样和适合纹样，连续服饰图案

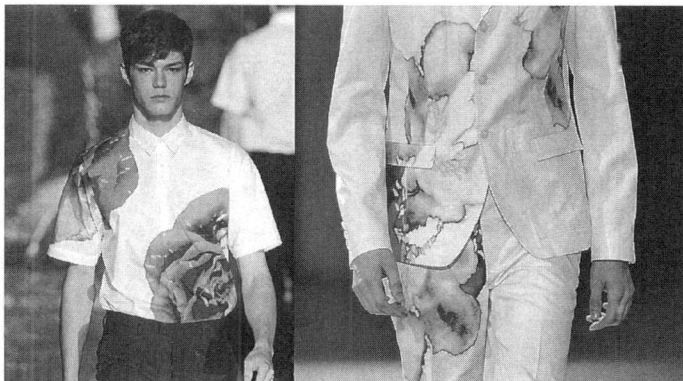

图4-6　单独服饰图案带来的夸张美学

主要有二方连续纹样和四方连续纹样两类。对于单独纹样来说，由于造型、数量、大小、位置及排布相对自由，容易给人带来引导视线、夸张、有层次、独特、创新性的美学感受。而连续服饰图案则突出了纹样的重复性和排列规律，易给人以秩序感、严谨、对称、呼应性强等美学感受。（图4-6）

（五）装饰之美

装饰之美是图案之美的外延，服装除了通过图案进行美化外，还可以利用其他途径增加美感，如装饰与装饰之间、装饰与被装饰物的材料对比等。服装中的装饰主要包括有以下类别：褶皱、钉珠、拼补、饰边、绗缝与辑线。一般来说，装饰设计做的都是加法，无论是哪一类装饰手法均是在原有产品上进行破坏或增补所达成的。不同种类的装饰手法与装饰材料会带给人们不同的美的感受，在进行服装装饰时，要合理考虑符合服装风格和设计特点的装饰手法，善用装饰材料，并斟酌装饰的多少是否会对服装产品的最终效果造成负担，避免出现喧宾夺主的现象。（图4-7）

图4-7　女装品牌"例外"产品中，盘线和撕裂效果的组合装饰带给人手工、质朴、纯真的美感

第三节　服装的触觉美

一、服装触觉美的概念

(一) 定义

服装的触觉美是指服装产品由于织物的手感和质地而创造出的审美价值。服装的触觉美可以通过纤维的特性、织物的结构和面料的肌理三方面来实现。

(二) 特征

触觉美与服装的材料密切相关。服装材料是支撑服装设计及制作的最基本元素,没有材料的支撑就不可能有服装产品,更无从谈论美感。从字面上看,触觉美是与手感联系在一起的,同时,除了手之外的身体其他部位也可以获得触觉的体验。触觉是强调通过对服装进行触摸后得到机能和心理上的美感,而并非通过视觉元素观测到的。但作为材料美学的重要组成部分,某些触觉美元素由于特征明显,同样可以通过目测得到,只不过目测的结果较为粗泛,仍需要触摸后才能了解到更多的特性。

二、服装触觉美的意义

(一) 面料性能的直观展现

服装带给人的触觉感受与材料的质地和性能密不可分,其中,服装面料占据了服装触觉的绝大部分,具有触感美的服装产品往往代表着高品质的、高性能面料的运用。同时,在现代科技的支持下,具有优良手感的产品并不局限于采用高端的纱线和面料,也可以通过独特的染整和后整理技术实现。

(二) 愉悦带来的消费偏执

材料所具有的良好触觉能够引起人们的愉悦,人们对服装材料的触觉要求一般是轻柔、滑爽、透气、流畅、光洁、细腻。但是,人们对触觉的判断在一定程度上是因人而异的,有些人对某种触觉比较敏感,有些人则比较迟钝。不少消费者十分专注于服装产品的优良手感,对触觉有一种莫名的好感,这种好感将演变成消费上的偏执,成为选择衣物的重要指标。

三、服装触觉美的表现

触觉美的关键在于人体通过触觉神经,将物体的众多信息传达到大脑,人们因此也就可以判定材料手感的优劣。服装面料带给人的触觉感受千变万化,这里只列举最为典型的几类:

(一) 轻盈之美

仅从字面上来看,轻盈之美应当包括两个特征因素:轻质和单薄。排除特殊的织法和结构,具有轻盈之美的面料种类,尤其是天然面料并不多,四大天然纤维里只有丝纤维织造的材料才同时具有轻质和单薄的特征。但随着合成纤维科技的日趋发达和织造手法的愈加成熟,即使是厚重的毛呢织物都可以变为轻薄、透气,适合作为夏季服装的制作材料。采用合理的织物密度和结构排列后,厚重的纤维同样可以变轻变薄;另一方面,从设计的角度来看,除了采用轻薄的面料外,简洁、明快的设计手法也是增加服装轻薄感的途径。一般来说,轻盈的美感通过目测也

能得出,既属于视觉美也属于触觉美。(图4-8)

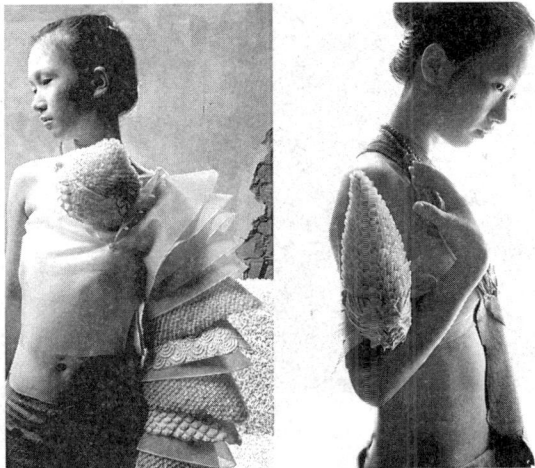

图4-8　设计师凌雅丽的作品常常使用透明或半透明的丝质产品来进行设计,配合层叠的透明突出了服装的轻盈、纯净之美

(二)粗犷之美

　　具有粗犷之美的服装在手感上往往具有表面凹凸不平、粗糙、颗粒感、做旧感等特征。触觉美中的粗犷效果可以通过三个方面获得:利用具有竹节效果的低支纱线;在织造过程中增加织物的肌理结构;通过后整理改变织物平顺的外观。天然面料中的麻布由于纤维本身有着较粗的颗粒效果,非常适合制作粗犷风格的服装。而后整理科技,例如涂层、水洗、刷毛等工艺,无论是在面料的光泽、结构上,还是肌理上都可以运用多种手法进行破坏和整理,使其增加肌理感和磨损感,是增加服装粗犷美的重要途径。一般来说,展现粗犷风格的服装在设计上不宜有繁复、精细的装饰,造型和线条的运用也会比较刚毅。

(三)糯滑之美

　　糯滑之美是与粗犷之美相对应的,如果粗犷之美尚可通过视觉元素展现,而糯滑的感觉只有通过触摸才能得出。具有糯滑之美的服装在手感上有着绵密、柔顺、光滑、润泽的特征。锦缎类的面料常常能带给人糯滑的感觉,它并不轻盈,相反还具有一定的厚实感,但光泽、莹润的表面尤如巧克力酱一样带给人们滑爽、绵密的美感和舒适感。其他面料可以通过特殊的加工工艺获得糯滑的美感,通常会使用到的是丝光处理的手法,既能增加面料的光泽度,又能让织物更加顺滑。具有糯滑之美的服装在廓型上通常会采用合体或紧身的样式,来展现面料的特征。(图4-9)

(四)透气之美

　　透气之美更多的是从功能上阐述服装的美感。棉、麻、丝、毛四大天然面料均具有吸湿透气的特性,而化学面料中的人造纤维素纤维由于采用了天然的纤维素,同样具有优异的透气性。透气之美必须借由手感的触摸认证,许多看起来轻薄、透明的面料往往织物结构紧密,再加上防水、防风等后整理技术,更加丧失了透气性能。服装产品中配合透气之美的设计要点可以为宽松的廓型或者增加局部细节的活动量和透气性设计。

图4-9　我国古代旗袍采用锦缎面料织造,突出了糯滑、尊贵、典雅的特征

第四节　服装的技术美

一、服装技术美的概念

(一)定义

技术美学是研究美学和技术相结合的学科,这里的技术是根据实践经验和自然科学原理而发展成的工艺操作方法与技能,以及相应的生产工具、其他物质设备和生产方法与过程。服装中的技术主要表现在服装的加工制作上,它是设计全过程中的最后一个环节。美的创意、美的设计、美的功能等环节最终都需要美的技术来实现。

(二)特征

技术美学一词是1950年由捷克设计师彼得·托奇纳提出的,它与起源于英国19世纪下半叶的工艺美术运动有着密切的联系。莫里斯倡导的工艺美术运动虽然强调艺术与技术的结合,却反对机械和大工业生产。现在的工艺美和技术美不仅表现在传统的手工艺上,也包括有机械化的现代技法。德国包豪斯工艺学校负责人华尔得·格罗皮乌斯指出:"要使产品尽可能美观,关键在于攻克经济上、技术上和形式上的技术关,由此才有可能生产出完美的产品"。介于其综合性的表现特征,技术美不仅反映在外在的加工和装饰工艺上,也要凸显内在的功能美与科技性。

二、服装技术美的意义

(一)体现设计创意的技术保证

服装技术的美观程度和发展状态直接影响到服装创意是否能完美地实现。没有合理的裁剪技术和精湛的缝纫技术,服装创意永远都只可能是脑海中的想法或是图纸上的描绘。同样,没有科学、符合品牌特色的包装技术,服装就无法进行正常的包装、运输与售卖,其销售和推广也会大打折扣。因此,技术美是体现设计创意的必要保证。

(二)服装品质升级的必经之路

技术美还是服装品质升级的必经之路。服装品质的展现除了通过选用华丽、精致的面料外,更多地是通过裁剪工艺的精巧、缝纫和熨烫工艺的巧夺天工来实现的,这一点对于男正装和高级定制女装来说尤为重要,加强加工工艺的美感设计是提升产品品质的重要途径。

三、服装技术美的表现

按照服装制作的步骤和过程,服装的技术美由裁剪之美、缝纫之美和熨烫之美组成,在服装完成的后期往往还涉及到产品的包装环节,因此,这里将服装的包装工艺也作为服装技术美的表现之一。

(一)裁剪之美

裁剪是服装制作的首要环节,服装裁剪包括有平面裁剪和立体裁剪两大类。无论是哪种形式的裁剪,都需要满足以下几点要求:裁剪的规格和尺寸应当符合人体各部位的比例尺寸以及设计要求;确认面料的品种特性和缩水量;合理推档与排料。符合裁剪美的服装产品不仅有着美观、便捷的版样、无瑕疵的裁片,其裁剪过程也应当合理、有序,尤其是大规模的成批裁剪流程,要保证产品规格系列化、规格准确一致,节约原材料,便于机械化操作。(图4-10)

图4-10　服装企业往往通过 CAD 软件进行科学的面料打版和排料,并通过流水线式的机器进行大批量的裁剪,保证产品规格的一致性和准确性

(二)缝纫之美

服装的缝纫环节是展现服装质量的重要步骤,同时也是体现服装形式美的重要途径。缝纫之美主要可以通过针迹、夹里缝合以及其他拼接等元素表现。评判服装的缝纫技术是否过关和具有美感,首先必须使得上述元素的制作过程和结果符合相关的国家标准和企业标准。缝纫过程中,拼接是否平服、顺直,条格拼合是否齐整、对称,线迹是否牢固、清晰、无漏针、跳针和重合现象等等。在进行生产和检测时,应当依据相关的标准严格执行。具有美感的缝纫工艺,其产品在完成后应当是符合人体工学、穿着动作方便、舒适服帖、线条流畅、外形美观的服装。

(三)熨烫之美

熨烫是指在服装的不同部位,运用推、归、拔、压、起水等不同手法,在适合的温度、适度和压力下操作熨斗,使得服装产品符合质量和设计的要求。熨烫是服装制作环节中非常重要的步骤,某些产品的制作不可能仅仅依靠裁剪工艺达成,而面料在经过熨烫之后受到拉长或归拢的作用,可以弥补平面裁剪造型的不足。同时经过熨烫的服装相对较为平整、挺括或更符合设计的要求。

(四)包装之美

包装虽然与服装设计与制作没有什么关系,但有着保护产品、便于储存运输以及宣传、介绍、分类产品的作用。同时,服装只有经过了包装才算完成了整个生产过程,并进入流通领域。包装理念和技术的优劣是体现服装商品技术美的重要评判标准。优秀的包装首先要符合质监部门的规格要求,在保护性和安全性上达标。其次应当能展现服装的品类和特性,能够起到宣传品牌,吸引消费者目光的作用。最后,还要在包装牢固的前提下注意材质和费用的节省。

第五节　服装的象征美

一、服装象征美的概念

(一)定义

象征是通过某一特定的具体事物来表现某种思想、情感、意味和企图。服装的象征美即是人们通过服装的设计、选择和穿着表现自我、传情达意、标明身份等过程中展现出来的美感。

(二)特征

人们对象征美学意义的认识古已有之,并伴随着人们审美实践的发展而不断升级。象征作为一种传达或生成性的符号性存在,其重要的美学性质体现在超越性、不确定性、多元性、间接性和含蓄性等方面。象征是通过暗示性的意向表达出超越自身的意义的。服装具有象征美必须包含两个重要因素:引起意向的设计或元素;形成普遍意义的历史、社会、文化环境。特定的服装设计元素在特定的情景和背景下会合成为具有高度表现力的美感客体。服装象征美是主观与能动的,不仅仅是设计师有意识地运用美感元素表现服装的价值与文化,消费者同时也会根据社会习俗和自身体验对这些元素有着不同的解读和联想。

二、服装象征美的意义

(一)身份和地位的重要表征

作为社会等级和地位划分的产物,服装的象征美学首先能起到表征个人身份和地位的作用。同时不仅仅是个人身份的名片,区域性的代表服饰还是社会和国家文化的缩影。医务人员穿着的白袍、保安人员穿着的服装、白领男士的经典套装等等都是通过约定俗成的服装品类、样式或色彩传达穿着者的身份和职业特点。而最为典型的例证则是运动场上,人们往往根据运动员服装的色彩、样式和标识来判别其所属的国家。

(二)体现服装的指示功能

服装的象征美还能起到明喻或暗示的功能。这一指示功能常常是在特定的环境下达成的。

例如人们在影视作品或舞台剧表演中常常能发现编导在塑造人物形象时,会通过精心选择和搭配的服装,帮助、诱导观众识别不同性格、个性的角色,英雄或恶徒等角色往往在一出场时就能通过服饰的象征性清晰地传递出来。

(三)满足穿着者心理需求

　　服装的象征作用还能起到满足穿着者心理需求的作用。由于服装在一定程度上有着能够象征穿着者的身份、职业、档次等特点,设计者在进行服装设计时,完全可以充分发挥这一有利优势,并针对消费者的心理需求,将其对服装寄托的期望,通过服装的象征美感表现出来。(图4-11)

图4-11　奢侈品品牌 Louis Vuitton 的 logo 不仅仅是品牌的名称,还满足了消费者对奢侈生活方式的向往

三、服装象征美的表现

(一)色彩象征美

　　色彩本身没有什么象征意义,其意义来自人们对色彩的感受和联想。这种感受不仅包括有冷暖、轻重、远近等物理感觉,还有兴奋、沉静、忧郁、开朗、紧张等心理感受。更为重要的是,通过这些物理感觉、心理感受和相关的联想事物,色彩还能够表征穿着者的身份、地位、情绪、喜好、修养等特征。大多数的服饰色彩与视觉、心理、情绪、思维上的这种联系是有据可循的,尽管每个人对于色彩的理解和审美观不会完全一样,但时代性的社会群体对于色彩的表征仍有着普遍的一致性和认同感。(图4-12)有了这种意向联想与象征作用,色彩在服饰上不仅仅是装饰的功效,还能利用各自在视觉、心理和文化上形成的影响,帮助穿着者展现或调节情绪。(表4-1)

图 4-12　红色是可见光谱中波长最长的色彩,由于在视网膜上形成的位置最深,常常会带给视觉迫近感和扩张感,并进一步引起紧张、兴奋、激动的情绪。同时红色光具有传导热能的功效,使人感到温暖、欢乐。由于其醒目、强烈有力的特征,红色往往被作为喜庆、胜利的装饰用色以及展现警示、提醒的功能

表 4-1　色彩的象征意义

色彩	意　向	典型象征
黑色	强大、神秘、内敛、深沉、睿智、敏锐、威严、冷酷、老气、死气沉沉、恐惧、黑暗	神秘的、深不可测的宇宙,强大的力量以及威严的主宰者,肃穆、庄重的丧礼以及恐怖、悲伤的事物
白色	纯洁、神圣、天真、清澈、坦率、高雅、悲伤、孤独、柔弱	洁净的冰雪、醇厚的牛奶、剔透的珍珠、医院、白旗、婚礼、丧礼、光芒、正义、神圣的宗教
蓝色	理智、理性、知性、坚实、认真、朴实、紧绷、合理、沉着、冷静、凉爽、透明、精密、细密、寂寞、冷清、阴暗、忧郁、严格、无趣、悲伤、孤独	海洋、清澈的湖泊、晴空、深邃的夜空、远山、和平、博爱、尊贵
灰色	理性、温和、沉稳、自制、平衡、冷静、宁静、认真、谦虚、乏味、阴暗、忧郁、不安、恐惧、寂寞	斑驳的墙面、石块、中庸、认真、谦虚
米咖色	谦和、低调、稳重、营养、温暖、安全感、淳朴、自然、平稳、平庸、枯萎、贫困	贫困农民、雇工、佣人、乞丐等弱势群体、大地、沙漠、成熟的小麦、甜蜜的巧克力
紫色	华贵、浪漫、神秘、权利、优雅、高尚、激励、梦幻、坚持、极端、古怪、逞强、忧郁、无精打采	霞光、浪漫、迷幻、神秘、至高无上的权力
红色	热情、健康、积极、外向、强有力、压迫、炎热、恐怖、挑衅、冲动、易怒	生命力、婚礼、火焰、鲜血、信号灯、危险、警告、权力、力量、正义
黄色	光明、辉煌、灿烂、活力、轻快、警示、童真、庄重、公正、忠诚、轻率、任性、柔弱、酸涩、嫉妒、胆怯	阳光、果实、麦穗、秋天、夕阳、龙袍、庙宇、宫殿

（续　表）

色彩	意　向	典型象征
橙色	明亮、香甜、喜悦、幸福、活泼、温暖、健康、华丽、执拗、傲慢、歇斯底旦	彩虹、僧侣、果实、沙滩
绿色	清新、自然、健康、希望、朝气、青春、和平、朴实、宁静、舒适、包容、模糊、沧桑	种子、草地、玉石、孔雀、常春藤、苔藓、自然、生命、盛夏、春天、平衡、协调、健康、新鲜、和平

（二）纹样象征美

　　利用纹样具有的象征意义，展现美、表达情绪与企盼的现象非常常见。自远古时期始，纹样就有作为图腾，受人膜拜与憧憬的大量例证。而在服装面料上，通过各种花卉、植物、果实、动物、神怪以及抽象的几何图形表达思想感情与意境的情况也非常普遍，中国的服饰纹样就以造型典雅、寓意深远而闻名。例如，我们常常可以从古代的服饰中发现牡丹、石榴、菊花、桃等多种纹样的运用，牡丹素有花王之称，给人以国色天香的富贵之感；菊花向来是文人骚客寓意清新高洁的典型，又因其深秋开花长久不凋的特质，成为长寿的象征。除了借助纹样表达祝福之意，服装中的图案设计往往也会通过其个年代的某种特定符号来进行赞美、宣扬或者批判。经由这样的象征寓意，服装不仅仅是装饰性或功能性的，还具有了代表某种意向、某种阶层、某种文化的特质。（图4-13）

图4-13　官服上的补子典型地展现了纹样的象征美学。用以表明官职级别以及身份，文官的补子图案均为飞禽，以示文明；武官均为走兽，以示威武。一至九品的官员所用的禽兽尊卑不一，借此来辨别官品

（三）品类象征美

　　品类象征美指的是穿着者借由穿着某种品类的服装或搭配来传情达意。在漫长的服装发展过程中，不少服饰品类由于其自身的特征、长期使用的环境以及社会文化背景，往往已经成为某些固定场合、情景、身份中必须会出现的符号。例如领结这一品类，最初的同时也是最广泛的运用是与宴会礼服相搭配。当领结反复不断地出现在这种场合后，人们只要一看到领结就很容易联想到宴会。近几年来，男装的设计与搭配常常会选用领结来装饰，目的在于借由这一象征

语义来提高服装的高贵感和礼仪性。历史上还有不少其他例证说明了服装品类的象征性,美国总统里根是个狂热的睡衣迷,往往可以穿着宽松的睡衣同下属在客厅讨论工作,除了自身的喜好外,睡衣由于象征着家庭和舒适而能创造一种亲切温暖的气氛。在进行服装设计时,利用服装品类的这种象征性表达设计师的理念和审美倾向的做法非常普遍。

服装企业 ｜ 第五章

第一节　服装企业的概念

一、定义

按照辞书上的解释,企业是从事商品和劳务的生产经营、独立核算的经济组织[①]。在经济上,企业自负盈亏、个体性强、操作灵活,是社会化生产发展的产物,它以盈利为目的,以实现投资人、客户、员工、消费者的利益最大化为使命,进行生产经营,通过为社会提供产品和服务换取溢价收入。国民经济的总体由作为人类社会经济体系最基本单位的企业组成,一个企业就是这一经济体系的一个细胞。

服装企业是指依法设立的以营利为目的、从事服装的设计、生产或贸易,具有法人资格、实行独立经济核算、自主经营、自负盈亏的经济组织。服装企业可以从狭义和广义两方面界定。狭义的服装企业是指服装生产制造企业和销售企业,广义的服装企业则包括从事服装的设计、贸易、零售、信息、会展、管理等经营性组织和机构,这些企业组织或机构都是服装产业链中不可或缺的环节。

二、作用

服装企业的作用可以从两个角度来看。从宏观上看,服装企业作为国民经济体系的细胞,是市场经济活动的主要参加者之一。一方面要与外部经营环境发生作用或与外部经营环境进行生产要素的交换,取得维持或发展企业所必需的各种生产要素。另一方面要对系统内部的产、供、销、人、财、物、信息等进行组织或协调,以达到优化组合,取得最佳的经营效果。同时也推动着社会经济建设的发展和科学技术的进步,扮演着为社会提供产品与服务、为人类创造综合财富的角色。

从微观上看,服装企业作为服装产业系统的一个组成部分,发挥着直接承担服装产品的生产和流通任务的作用,在整个服装产业链上有着不可或缺的作用。广义上的服装产业链可以包括与服装相关的教育、销售、媒体、信息、咨询等等部门,服装企业则是这些部门中的主体部门,为实现服装产业的共同目标发挥着积极而实在的主导作用。

三、特征

(一)劳动密集型产业

服装业是一个加工和生产组织过程,不需要大型复杂机械设备的劳动密集型产业。它可以在较少的资本投入下运行,尽管近年来高新技术和先进的生产组织方式被不断研制和应用,但绝大多数服装企业仍未脱离传统的经营模式,这使得服装企业对劳动力成本颇为敏感。随着一些国家和地区劳动力成本增加,服装加工产业的转移和重新布局也随之发生。

(二)入门门槛比较低

由于较少的初始投入、较低的科技含量和较小的环境污染等原因,服装行业的入门门槛相

---

① 　夏征农主编. 辞海. 上海辞书出版社. 2000 年 1 月第一版,第 391 页

对较低,这是一个国家已经完全开放的民生行业,因此,企业数量多,从业人员广,一般均为小型企业。在经济发达地区,集中了处于服装行业"微笑曲线"两端的利润较高的企业,处于"微笑曲线"中间的生产加工环节则有向经济欠发达地区转移的趋势。

(三)服装运营流程长

尽管服装本身的加工流程并不长,但是,服装经营是一个一年四季连续不断的过程,特别是从事服装品牌建设的企业,更是需要不间断地推出新款式、策划新营销、传播新形象,尤其是某些企业的产品流程还延伸到纺纱、织造、印染甚至新型纤维的研发,再进入服装的产品设计、生产加工和销售渠道,因此,服装企业的运营是一个不间断的长期过程。

(四)市场流行周期短

尽管服装运营的流程较长,但是,服装产品的市场流行周期却很短,很多产品往往只有几周的热销期,远不及食品、电器、家具等众多民生行业。时装季节性的更迭和消费口味的变化,造成了服装产品在面料、色彩、款式、设计和其他配套方面难以掌控的快速变化,一方面给服装行业带来无限的市场机会,另一方面也给企业经营带来风险和不稳定性。

(五)服装市场差异化

消费者的个性化特征决定了服装消费的多样化,这种多样化决定了服装企业必须以小批量多品种的方式来满足这种消费趋势的变化。为了满足各种不同细分市场的需要,服装企业纷纷采取各种形式的快速反应机制,力图以最短的反应周期,推出最接近时尚潮流的产品,最大限度地降低产品库存。这也是服装企业今后采用的非价格竞争的重要手段之一。

(六)无形价值增值化

服装的实际意义已远超出遮体御寒等功能,从美学意义延伸的文化价值和从象征意义延伸的社会价值,使得服装价值很难精确度量,一方面市场上有些服装价格与价值严重背离,另一方面也使得合理定价成为服装企业最困难的决策之一。此外,努力促使无形价值的增值,是服装企业品牌化经营的主要目的,也是服装企业更好地实现自身价值的必由之路。

第二节　服装企业的分类

服装企业根据产权主体的构成、所有制性质、生产对象及生产规模划分为不同类型。同类型的服装企业,其经营管理模式及特点也不同。

一、按企业所有制分类

我国在推行市场经济体制改革的过程中,已经形成了以公有制为主体,多种所有制成分并存的所有制结构。目前我国所有制性质不同的服装企业主要有以下几类。

(一)公有制企业

这类服装企业由国营企业和集体企业组成。许多公有制企业由于历史遗留问题及内部结构等原因,在市场经济体制改革中竞争能力受到较大影响,但它们在创造就业机会、创造国民财富、稳定社会环境等方面起着一定的作用。目前,公有制服装企业已经大面积实行股份制改革,出现了"国退民进",产权结构多元化的股份制企业。这些变化有助于公有制企业减轻负担,提高竞争力,但与其他新起的成长型企业相比,仍然需要加大改革力度。

(二)私营企业

这类服装企业由个人资本组成,其产权归属个人所有。目前,我国私营服装企业的比重不断加大,成为我国服装经济发展的主要组成部分,它吸纳了大量国有服装企业的下岗人员,产生了一定的社会效益,已经在我国服装产业中扮演着主要角色。

(三)三资企业

这类服装企业是指有外商参与投资的企业,包括外商独资企业、中外合资企业、中外合作企业三种形式。由于三资企业在技术、市场、资金、管理、政策等方面具有较大的优势,具备较强的市场竞争力,吸引了大批优秀的管理和技术人才。在我国服装行业中,三资企业所占的比重较大。

(四)集团企业

这类服装企业是指实力雄厚的、跨行业、跨地区、跨国家的大型服装企业集团。它们通常采用多元化的经营模式,一方面可以分散行业经营的风险,另一方面也可充分利用区域性的商业机会,分散区域性的政治风险。目前,我国服装行业发展的主要问题是缺少实力雄厚的服装集团企业。建立以服装贸易为中心的服装集团企业,通过这些服装集团企业的营销行为,规范服装市场竞争行为,同时对中小服装生产企业的生产经营进行引导和控制,将是我国服装企业发展的一种趋势。

二、按企业形态分类

(一)公司制服装企业

这类服装企业是实行公司制度的经营组织。它是一个法人团体,以法人名义行使民事权利,承担民事责任,我国一些大中型的国营企业、集体企业、股份制企业、有限责任公司都属于这一类。我国服装行业在改革开放以后,得到了快速发展,已经形成了一些实力雄厚的大型服装集团企业。在我国市场经济体制改革的过程中,这些服装集团企业一般都采用了规范化的公司制形式,其主要特点是企业产权明晰,制度合理,管理科学,职责明确。

(二)设计工作室

服装工作室是指以服装设计及其相关业务为重点,开展经营并提供知识产品和服务的小型服装企业。在人员结构方面,主要由设计师、设计助理和样衣工组成,有些规模非常小的设计工作室甚至只有设计师一人。习惯上,人们把规模较大的设计工作室称之为设计公司,事实上,两者之间的业务没有本质上的区别。相对设计公司来说,设计工作室的运行成本较低。服装设计工作室主要分为两类:一类是个人型设计工作室,另一类是团队型服装设计工作室。

(三)服装营销公司

这类服装企业是以策划和销售服装产品为主旨的经营组织。它以出色的营销策划、强势的执行实力和丰富的渠道资源为核心竞争力,一般不自行生产服装产品,而是采取与服装企业、媒体企业或零售企业合作的方式,通过品牌培养计划和营销渠道设计来推广现有市场中生产能力有余而营销力量不足的服装企业的品牌和产品。有些服装营销公司会注册自己的品牌,通过采购、订单等方式,计划和组织服装和配饰产品进行销售。

三、按生产原料分类

服装企业因使用的原材料不同,其生产方式、生产流程、生产管理的特点及生产控制的内容也有较大的差异。按照服装面料的特性,服装行业习惯上把服装企业大致分为以下三类:

(一)梭织服装企业

这是以梭织面料为主要生产原料的服装企业。梭织面料的种类十分广泛,占目前服装面料的大部分,可以制成的服装产品品种也非常繁多,包括各种用途的男装、女装、童装等,因此,大部分服装加工企业都是以梭织面料为原材料的企业。梭织服装企业主要配备各种工业服装设备,如裁剪设备、缝纫设备、熨烫设备等,其生产工序划分较细,专业化程度高,协作难度大,生产流程控制的重点是各个工序生产的均衡性。

(二)针织服装企业

这是以针织面料为主要生产原料的服装企业。针织面料的种类不如梭织面料那么多,对服装功能的适应性比较有限,服装品种局限于各种毛衣、内衣、运动装及其他针织服装,生产工序划分较少,加工工艺比较简单,对生产工人要求不高。近年来,针织服装占服装总量的比例不断增加。针织服装企业主要配备针织圆机、横机、套口机、整烫机等工业服装设备。生产流程主要是通过控制投料速度进行控制,工艺参数及原料控制是其管理的重点。

(三)毛皮服装企业

这是以动物毛皮为主要生产原料的服装企业。毛皮面料的种类非常丰富,但是,成本较高,可制成服装品种的局限性较大。毛皮服装企业可分为革皮服装企业和裘皮服装企业,各自的专业化程度较高,需要专用服装设备,其生产工艺也有很大区别。近年来,在动物保护主义呼声日益高涨的情况下,在国际市场上,真正的毛皮服装份额逐步减少,大有被人造毛皮取代之势。

四、按经营方式分类

服装经营方式是服装企业采取的生存模型,也是企业在一段时间内所选择的基本发展类型。按照服装经营方式,可分为自产自销型、品牌代理型、销售贸易型、生产加工型、特许经营型等五大经营方式的服装企业。

(一)自产自销型

这类服装企业是通过自己完成产品的开发与生产,同时自行负责产品的批发和零售的方式,达到既定经营目的。自产自销型企业一般拥有比较全面的组织结构,部门设置比较齐全,管理程序相对复杂。这类企业发展到一定阶段,将会不满足于简单的循环生产模式,一般会为了谋求更高的产品附加值而提出品牌建设的目标。

(二)品牌代理型

这类服装企业是通过契约形式,利用他人的品牌名义,销售该品牌的产品,完成被代理方计划的经营目标。一般说来,品牌代理商可以以一个较低的折扣拿到品牌产品,在被代理商的指导下进行销售,其中的差价成为主要利润来源。品牌代理商的核心工作是开拓市场,增大销售量,它不需要自己组织生产,不需要拥有大量库存,承担的风险相对较小。

(三)销售贸易型

这类服装企业是以服装产品为交换对象,以市场资源为资本,以贸易管理为手段,实现其经营目的。这类企业可以分为两种类型,一是以零售为主的,一是以批发为主,两者在具体的经营方法上有比较明显的差异。一般情况下,这类企业自身不具备产品开发或生产能力,而是从服装生产厂家或者服装集散中心以较低的价格购买成批的服装,经过一定的组合以后,用零售或批发的形式,以较高的价格出售,从中赚取差价。因此,严格来说,这类企业属于贸易企业。

(四)生产加工型

这类服装企业是以代加工形式实现经营目的的企业,也叫贴牌加工型企业。它们一般缺少自己的产品开发能力,没有市场营销网络,经营方式比较单一,部门设置颇为简单。

(五)特许经营型

特许经营是指特许经营权拥有者以合同约定的形式,允许被特许经营者有偿使用其名称、商标、专有技术、产品及运作管理经验等从事经营活动的商业经营模式。

五、按企业规模分类

按生产规模或销售规模的不同,服装企业可划分为大型服装企业、中型服装企业、小型服装企业三大类。大型服装企业通常集产、供、贸、销于一体,具有雄厚的资本实力、强大的市场开发能力与品牌开发能力,企业的经营效益十分明显。中、小型服装企业的经营模式往往是生产加工型,其优势通常表现在生产的专业性较高、生产成本较低及经营方式灵活等方面,但其品牌及市场开发能力较差。但在一些细分市场中,中、小型服装企业进行品牌经营也有一定的竞争优势。

第三节　服装企业的特点

一、规模发展需要外延集约度

服装业的发展和成熟与其外延的集约度有关。这里的外延是指服装产业链的扩张与延伸,其中,扩张是指服装产业链朝横向方向的拓展,即吸纳和拓展与服装产业相关的其他产业加入,成为支援服装产业的共同资源;延伸是指服装产业链朝纵向方向的深入,即拉长和细化连接在这一产业链上的相关环节,并由此而产生新的利益增长点。一个都市要成为一个时装中心,必须有领先的服装信息咨询,有便利的金融服务机构,有稳定的社会政治体制,有发达的经济建设环境,有厚重的文化艺术底蕴,更要有一批时装潮流的领导者和追随者。一个服装企业要成为一个行业标杆,必须有企业内外的优秀的设计师、策划师、营销师等一批高端专业人才的加盟,还要有出版业、广告业、时尚业、物流业、百货业等其他行业的支持,共生互长。

二、经营模式适度灵活与柔性

服装企业通常采用具有适度灵活性与柔性化的经营模式。快速的市场变化、多样的市场细分,要求企业以灵活和柔性的经营方式,渗透到市场策划、产品设计、生产加工等经营环节中去,以"合作共赢"为前提,把企业与渠道商、供应商融为一体,组合成各种灵活高效的经营结构。比如,快速反应和敏捷零售就是为了保证市场的快速反应和及时生产供货,需要形成互相信任的产供销和敏捷零售体制,以减少库存过多、额外的成本投入或延误商机而造成的机会损失。

三、品牌化经营成为众望所归

面对快速流行的时尚市场,越来越多的服装企业开始认识到,只有坚持品牌化经营,才是企业可持续发展之道。长期以来,我国服装行业以加工出口型企业或贴牌加工型企业为主,绝大多数服装企业的产品销售还是以批发市场为主的低端流通渠道,与品牌经营型企业相比,经营利润比较微薄,缺少可持续发展方向。对照近年来利润相对丰厚的品牌化经营服装企业,不少服装企业开始加入到品牌化经营的行列中来。虽然近年来服装企业的品牌意识不断加强,但中国服装行业目前还只有有限的几个中国驰名商标,还缺乏真正意义上的国际服装品牌,主要还是通过低成本优势,与国际品牌进行竞争。品牌化经营需要服装企业不断地进行品牌创新,不仅需要服装产品的创新,在经营模式、管理模式、资源模式等方面上也需要持续地创新。

四、加入国际化经营的阵营

加入 WTO 后,我国服装产业的国内国际竞争环境、竞争规则都有了很大变化,各种新型贸易保护和发达国家绿色标准门槛的提高,使中国服装企业的利润空间越来越小。与此同时,我国周边发展中国家的劳动力成本更低,产品结构又与我国大体相同,有一些粗加工产品的竞争力已经超过了我国。针对行业竞争的新态势,我国服装企业开始重新评估自身竞争力,调整发展战略,加快国际化步伐。一些大型服装企业在加强资本国际化运作的同时,纷纷聘请法国、意大利、日本等国的专业技术人员、营销专家和管理人员参与企业的品牌策划、技术改造和经营管理,并通过收购国外品牌或与国外品牌合作,加大创立国际品牌的投入力度。同时,随着国内劳动力成本的快速上升,一些大型服装企业将工厂设在能提供廉价劳动力的其他国家。

五、存在很大科学管理空间

长期以来,服装企业一直属于手工业行业,企业管理没有得到应有的重视,缺少科学合理的管理手段。在“向管理要效益”的形式下,服装企业管理的主要难点在于:原材料品种多、成分杂;属于劳动密集型产业,从业人员多,人工成本高;工艺参数变化快,对工艺设计、工艺操作规程、工艺测试要求比较高;对产品的内在质量和外观质量要求高;对产品的交货期要求十分严格等等。此外,由于受到人民币升值、出口退税调整、各种原料涨价等外围因素影响,加大了服装企业管理的难度,也从某种程度上给予了服装企业经受考验的机会。各服装企业之间的竞争大部分还停留在价格、款式等比较低的层面上,还没有转移到以科学管理为核心的高端层面。由于服装企业在历史上形成的传统的行业特点,管理观念相对其他行业比较落后,如能加强管理,克服这些难点,往往就是企业新的利润增长点。

六、行业布局开始逐步均衡化

目前,我国服装企业主要集中在经济相对发达地区,服装产业整体发展不平衡。广东、江苏、浙江、山东、福建、上海等东南沿海省份所生产的服装占据了全国80%以上的市场份额,而中西部地区的服装产业还相对落后。但是,随着新一轮产业结构调整,服装产业开始逐步向经济欠发达地区转移,行业布局开始逐步均衡化。另外,我国服装企业在产品设计水平、总体质量、企业效益和管理水平等方面有了明显改善,服装行业开始步入转轨升级和战略转移的新阶段。

第四节　服装企业的发展

一、影响服装企业发展的因素

(一)品牌观念认知滞后

具有现代意味的品牌观念传入中国较晚,大多数服装企业在较长时期内实行的是产品经济模式,在企业经营中仍遵循传统守旧的产品观念。在这种旧观念下,企业经营的重心是产品,目标是以增加产品数量来获取利润总量的增长。虽然不少企业目前已经有了品牌意识,但是,多年的计划经济使我国众多企业商标意识淡薄,缺乏品牌自我保护。总体上还很淡薄、认知相对滞后,不少企业把商标或某种产品直接等同于品牌,有的甚至只有产品类别名称却没有品牌名称。近几年来,国际市场上屡屡发生我国驰名品牌被外商抢注的事件。例如,"红塔山"在菲律宾被抢注,"同仁堂"在日本被抢注等等。

(二)管理模式发展迟缓

基于现代企业制度发展的内在要求,高效优化的管理模式是提升品牌竞争力的重要基础。而我国服装企业管理模式发展比较缓慢,企业重产量、轻质量的现象较为严重,管理水平低下,尚未实现集约化经营。这些现象弱化了制度机制对品牌竞争力发展的重要支持作用,具体表现为:管理思想传统、管理制度脱节、管理手段落后、管理职责不明以及管理效率低下等。诸如将人的管理与物的管理混为一谈、个人意志高于制度意志、团队意识与集体决策意识淡薄以及重私情轻规范与重制约轻沟通等现象在企业的管理实际中已司空见惯,从而很大程度上削弱了企业管理的效能和品牌竞争力发展的制度基础。

(三)企业研发严重不足

企业在研发上的投入多少直接影响到技术创新能力的强弱和掌握核心技术的数量。从企业研发资金投入来源和执行机构来看,发达国家的企业是研发活动投入和执行的主体,而我国则为政府主导型,中国的服装企业还没有担负起研发主力军的重担。2001年,中国全部国有企业和有一定规模的非国有工业企业研发经费的总和,还不足福特一个汽车公司当年研发经费的一半多。这表明我国企业部门研发活动能力严重不足,从而制约着企业技术创新的发展。在国际服装市场竞争中,国产服装品牌几乎没有属于自己的核心技术,很多原材料和服装加工机械都要依赖进口,"中国制造"往往在低端市场上活跃,高端市场则基本上被洋品牌垄断。

(四)配套行业实力不济

从产业链角度来看,服装产业是一个需要和依赖多个行业相互配合的交叉性产业,纺织行业、机械行业、化工行业、信息行业、物流行业、五金行业、包装行业、商贸行业、广告行业甚至旅游行业等等,都直接或间接地成为服装产业链的组成部分。上述各个行业是构成国家整体产业的基础,当整体产业基础十分发达时,服装行业则左右逢源,发展迅速,反之则孤立无援,发展迟缓。比如,目前我国高档面料自给率不到50%,服装设计师面对理化性能和流行程度等各方面表现欠佳的国产服装面料往往显得束手无策。在一些发达国家的服装企业已经在互联网上大量进行品牌服装网上销售时,我国服装企业的服装网上销售却仅占很少比例,大部分服装依然通过传统的销售渠道找买主。这与我国电子商务水平发展滞后不无关系,网络支付手段、网上试衣系统以及网络购物安全成为阻碍网上销售的主要因素。

(五) 品牌文化建设不力

品牌文化建设是品牌建设的重要基础,从某种程度上来说,品牌的竞争就是品牌文化的竞争。品牌文化建设的总体要求是研究品牌文化,形成品牌理念,传播品牌精神,引导消费观念,影响消费行为,培育消费文化。目前,我国众多服装企业对品牌的认识尚没有上升到文化层次,大多数企业在塑造品牌文化时常常忽视我国深厚的文化积淀和企业本身的文化积淀,市场流行什么,就朝什么方向努力,品牌文化不够深刻。反观外国品牌在进入中国市场时却把中国文化研究得相当透彻。如宝洁公司在进入中国市场的时候,将中华文化的内涵全面融入品牌的名称,创出了富有中国特色的"飘柔"、"潘婷"、"海飞丝"等深受中国消费者喜爱的品牌名称,巧妙地借用我国的文化打开了市场。

(六) 品牌生存环境不佳

国际品牌的健康成长与它本国完善的品牌生存环境、规范的市场竞争秩序以及有效的产业支持政策是分不开的。中国作为一个新兴的市场经济国家,不论其市场竞争环境还是国家政策环境都存在不利于品牌健康成长的因素。主要表现在:第一,地方保护主义壁垒的存在,假冒伪劣和走私现象的严重化,以及国家保护品牌的各项政策未能发挥有效的保障作用等品牌生存环境,都不利于中国企业品牌自身素质的提高和品牌规模实力的壮大,削弱了品牌的信誉和市场影响力。第二,我国区域产业链、价值链未成体系,区域产业结构粗放、集中度低,未能形成区域内产业集群优势效应,导致中国服装企业在国际上缺乏优秀品牌,行业整体形象差,"中国制造"在国际服装市场中等同于廉价、低质的观念还根深蒂固。

二、服装企业发展的未来走势

(一) 产业集群化

产业集群是指在某一特定领域,大量产业联系密切的企业以及相互支撑机构在空间上聚集,并形成强劲、持续竞争优势的现象。目前,产业的空间集聚已经成为世界性现象,这是产业内部分工深化、价值链重构和技术进步的共同结果。我国服装生产越来越向产业集群集中,产业集群的发展变迁影响着产业区域和产品布局,影响着产业资源的流动和重新配置,同时,产业集群在发展过程中带动和加速了产品细分、市场细分和专业化的步伐。产业集群利用它得天独厚的优势在促进科技进步、促进品牌诞生方面起到了不可低估的作用。

近年来,我国服装业的区位优势和产业集群效应日益凸现。在主导企业和地方政府推动下,宁波的男装、杭州的女装、石狮的休闲牛仔装、汕头的婚纱、嵊州的领带、青岛的针织服装等一批服装业的产业集群已具雏形。这些产业集群属于专业市场依托型集群,即集群内企业主营同一种产品,并通过区域内或邻近地区专业市场进行经营。与传统的市场集中度指标相比,产业集群效应的出现能够更准确地反映出我国服装业的组织结构变迁。

将来,我国服装业主要依托产业内部精细的分工、高度的专业化和发达的市场组织网络,利用专业市场对企业生产管理和经营起到的导向性作用,促使集群内企业的更迭速度加快,在有序的竞争与合作以及政策支持力度加大的前提下,通过吸引民间资本和外资进入热点地区,形成较强的产业配套能力和较完整的产业链。

(二) 模式多样化

根据对国外服装行业的发展历程,以及我国服装产业生命周期的分析,可以发现,中国服装行业将会经历三个阶段。第一个阶段是以大规模生产制造为主要特征的产品阶段;第二个阶段是以生产转移、制造萎缩、品牌与零售商居于强势地位的过渡阶段;第三个阶段则是以商业模式创新与快速反应为特征的模式创新阶段。

凡是行业中第一的企业都有先进的商业模式,凡有先进商业模式的企业都可能成为行业第一。每一个阶段都应该有与之配套的模式,而且,每个阶段的模式也可以是多样化的。中国服装行业现在正处于第二个阶段,并正在向第三个阶段迈进。在这个历史时期,服装企业将会把主要的竞争焦点设置在高利润环节,并在这些环节上构建起企业的核心竞争力。而要实现这样的经营目标,就必须事先在商业模式方面进行创新,并通过整合产业链,实现高效运作。对于服装行业来讲,消费需求已经发生结构性变化,这是服装企业必须创新商业模式的根本原因。这种消费需求的变化主要体现在:中国服装已经从产品需求阶段转变成品牌需求阶段,其特征是时尚化、个性化、品牌化和快速化,这就要求参与其中的服装企业必须做到有核心能力、高效快捷、小批量多批次、按需定产,紧跟消费结构的变化而改变和创新自己的模式。因此,未来的中国服装行业将进入模式多样化的时代。

(三) 产品差异化

产业组织理论认为产品异质是导致同类产品不完全替代的主要原因之一,因而提供差异化的产品和服务成为企业提高市场地位、构筑进入壁垒的重要手段。追求个性化、时尚性与实用性相结合是现代服装消费的主要特点,由此引发的市场需求变化为服装业的差异化经营提出了更高的要求。

一般来说,服装企业的产品差异反映在面料、配件、设计和工艺等多种元素上,而这些差异化的元素则主要通过品牌传递给消费者,因而产品差异化是服装企业品牌建设的集中体现,同时也是现代服装企业利润的主要来源。雷同的面料、大众化的设计以及大批量粗放型加工产品曾是我国服装企业的主导经营模式,这一模式满足了服装业高速成长时期生产能力的扩张要求。但随着服装市场竞争加剧和消费需求的变化,我国服装业开始由单纯量的增长转向质的改善。服装企业纷纷通过品牌运作和市场细分重新进行市场定位。差异化经营带动了服装企业成本结构的调整,服装企业的品牌建设以及相关形象宣传和广告促销的投入力度不断增强,企业的管理和营销支出增长较快。

(四) 品牌延伸化

品牌延伸是品牌战略的重要方面。对于拥有顾客忠诚的某种品牌来说,要使品牌永葆吸引力,长期受到顾客的青睐和高度的忠诚,需要不断追求品牌的延伸并准确把握和运用品牌延伸策略。

品牌延伸是指企业将某一知名品牌或某一具有市场影响力的成功品牌扩展到与成名产品或原产品不近相同的产品上,以凭借现有成功品牌推出新产品的过程。而品牌延伸策略是把现有成功的品牌,用于新产品或修正过的产品上的一种策略;此外,品牌延伸策略还包括产品线的延伸,即把现有的品牌名称使用到相同类别的新产品上,推陈出新,从而推出新款式、新色彩、新包装的产品。品牌延伸并非只简单借用已经存在的品牌名称,而是对整个品牌资产的策略性使用。品牌延伸策略可以使新产品借助成功品牌的市场信誉在节省促销费用的情况下顺利地进占市场。比如,服装龙头企业波司登凭借连续十几年羽绒服的畅销,坐稳了中国羽绒服第一品牌的宝座。此后,波司登 2004 年开始推出男装品牌,凭借其强大的网络终端及专卖店资源,市场迅速做开。即使在 2008 年全球遭遇金融危机、经济普遍低迷的情况下,波司登男装也保持了 45% ~50% 的高增长,还在全国多个城市新拓展了 300 多家店铺,可谓一路高歌猛进。

(五)运作规范化

规范化运作是建立在认识基础之上的。在日趋激烈的未来竞争形势的逼迫之下,在人们已经进入知识经济时代的背景下,那些粗放型、无序型服装企业将更加难以生存,必定会面临被淘汰出局的结果。中国是一个纺织服装大国,要持续保持在国际上的地位和竞争优势,就必须从规范化、系统化、信息化、流程化、精细化管理着手,进行企业的经营和管理方面的整改,从过去向外看转为向内看,由过去的重产量转向重质量、重市场营销转向重品牌文化,务实地控制浪费现象,加强内部管理意识,强化企业员工的风险意识和危机感。

在全面提高对品牌建设重要性认识之后,可以预见,服装企业在将来的经营管理中,将在结构治理、战略规划、品牌定位和供应链系统建设,在企业高效运转和零售服务等方面加强规范化运作。通过加强企业的信息系统、改善供应链管理和强化直营旗舰店终端等策略,注重每一个运作细节的科学合理,提升其核心控制力。

(六)成本上升化

在国际市场产品质量相等的条件下,纺织品竞争主要取决于产品价格。近年来,由于我国服装出口企业产品成本显著增长,使得这些企业失去了很多市场份额。劳动成本提高以及原料价格、人民币升值的压力、出口退税政策等都是影响我国出口服装产品成本上升的主要因素。

随着中国经济的迅猛发展,近年来中国劳动力工资待遇提高的趋势日益明显。劳动力成本的高低将直接影响到服装企业的未来发展。而由人民币汇率调整导致的人民币升值问题也是个老生常谈的话题。作为一个出口依存度较高的行业,人民币升值最直接的影响就是导致服装企业的成本上升和利润下降,同时降低了出口产品的竞争力。此外,结算方式也是制约服装出口的因素之一。因此,成本上升化将是服装企业未来发展的一个明显态势。

(七)企业信息化

服装企业信息化是指企业在科研、生产、营销和办公等方面广泛利用计算机和网络技术,实现企业生产过程的自动化、管理方式的网络化、决策支持的智能化和商务运营的电子化,以降低成本和费用,增加产量和销售,提高企业的经济效益。企业实施信息化并不是单纯的软件应用,它涉及企业管理架构的重组,会触动企业的根本结构。先进的信息化管理系统提供的是一个整体企业运作模块。

信息化浪潮已经席卷全球各行各业,服装企业也概莫能外。而且,由于服装产品包含了市场流行等信息,从某种程度上来说,服装企业信息的外延还有所扩大。服装行业对潮流和时尚的推崇使得产品款式多变、价格多变、库存风险非常大,致使企业都在强调高效的周转率。服装企业信息化的目的就是从订单开始,到进仓、分配、收集资料、分析信息等,给企业的整个流程中的各个环节实施动态化管理。它蕴涵先进的经营理念,科学的管理流程和敏捷的 IT 技术,它将引导企业进入标准化的管理运作模式。因此,服装企业信息化将是企业发展的未来趋势之一。

服装商品 | 第六章

第一节　服装商品的概念

一、定义

服装商品是指服装企业或组织用来交换的能满足消费者穿着需求的有形与无形产品。有形服装商品是指用来交换的实物状态的服装及服饰产品的统称。无形服装商品是指依附于有形服装商品的售前售后服务、技术信息资讯等非实物形态的内容。对服装企业来说，服装商品不仅包括能满足消费者对服装款式、面料、质量等服装实体的需求，还包括能够给消费者带来附加利益及心理满足感的售后服务、保证、产品形象、品牌声誉等。服装商品是服装企业在进行市场营销活动时的核心内容，多指呈实物状态的有形服装商品。

二、作用

服装商品的作用主要包括以下几个方面：

（一）交换作用

服装企业生产服装产品的绝大部分用途是用来交换，达到企业盈利的目的，这是由企业的根本属性所决定的。用于交换的产品在交换渠道上称为商品，其基本条件是通过服装商品应有的功能体现出该商品的价值和使用价值，比如防护功能、装饰功能、标识功能等等。

（二）信息作用

服装商品早已不满足于其诞生之初的一般功能，在某种程度上，它已经成为能够承载部分社会及个人信息的商品。通过服装传达的信息，可以辨别出服装出产地的社会背景、经济水平、文化潮流以及服装穿着者的社会地位、职业、道德和宗教信仰、婚姻状态等。

（三）共生作用

服装商品不仅是服装企业用来盈利的主要载体，也是服装产业链相关环节的经营对象。服装产业链是以服装商品为共同经营对象的利益体，捆绑着供应商、代理商、分销商等业者的共同利益，因此，服装商品的好坏直接承担或影响着服装产业链相关环节的共生共荣的作用。

（四）诠释作用

服装商品在完成交换的过程中，承担着向消费者诠释服装企业经营理念和传递品牌文化的作用。服装商品是品牌文化的直接代言者，企业的品牌经营理念最终通过服装的有形商品和无形商品（服务）体现出来，因此，服装商品对品牌文化起到一种比较直观的诠释作用。

三、特征

服装商品具有功能性、精神性、流行性、季节性等几大特征。

（一）功能性

服装的功能性特征是服装商品的基本特点，即作为商品的服装所必须具备的使用价值。服装的功能性主要体现在实用性和装饰性两个方面。实用性是指保护身体来抵抗强烈的日晒、极度的高温与低温、外部力量的冲撞、蚊虫害、有毒化学物的侵扰、武器、与粗糙物质的接触，即抵抗任何可能会伤害到人体的东西。装饰性表现在服装的美观性，满足人们精神上美的享受。影响美观性的主要因素是服装的款式、质地、色彩、花纹图案,以及面料的质地、悬垂性、弹性、抗皱性等。

(二)精神性

服装因为人的穿着而传达出一定的寓意,包含了穿着者的心理暗示、精神意象。阿里森·拉瑞(Alison Lurie)在《解读服装》中对现代社会服装图案的社会心理学根源曾做过如下分析:"条纹代表有条理的努力,一种'遵循线条'的欲望或能力,它们意味可靠性和正直的联想,但这种努力要视线条的宽度而定。很宽的线条暗示运动队伍成员之间身体上的整体合作,细线条则与心理活动和智性的顺序较有关系,簿记员、会计和书记总是穿线条最细的黑白或蓝白衬衫,犹如模仿分类帐簿规则的线条,并且暗示他们将注意力与精力专注在有条理顺序的细节上。"作为商品,服装的精神特征不可低估。

(三)流行性

当服装成为一种商品,已经不是抽象的服装概念了,而是具有流行等意味的具体物品。可以说,在商场上出售的服装商品,或多或少地拥有某种性质或不同程度的流行信息,因此,流行成为服装商品的主要卖点之一。服装流行具有一定的周期性和规律性,从开始流行到被最终淘汰一般要经历产生、发展、盛行、衰退四个阶段,其传播过程中时装会因各地区的风俗习惯、审美标准的影响而有所变化。随着时代的变化,时装的流行方式、传播速度和流行周期的长短都会各不相同。对于流行信息的处理、采用,成为服装商品开发的主要依据。

(四)季节性

服装商品的季节性特点最为明显,这一特点成为服装商品的换季和价格调整的主要依据。随着天气变化,市场上的衣服品类也在不断地发生变化。夏天轻薄而凉快的短袖、裙子,春秋天的长袖外套、毛衣,冬天的棉袄、羽绒服等等,都反映了服装商品的季节性特征。如在深秋时节穿着一件无袖轻薄连衣裙,很难给人留下美感。服装商品的季节性特征对服装企业的产品设计、生产安排和营销策略的制订都有密切关系,消费者也会关注季节的变化,根据他们对季节变化、货品供应、价格波动等情况作出的综合判断,采取相应的购衣行动。

第二节　服装商品的分类

一、按销售方式分类

根据商品销售方式,可以将服装商品分为内销和外销两种。

(一)内销服装

内销是指将本国或本地区生产的商品在国内或本地区销售的经营模式。内销服装是指基于内销模式下经营的服装商品,企业一般会建立自己的销售网络,用自己的品牌名义进行销售。

(二)外销服装

外销是将本国或本地区生产的商品销往国外市场的经营模式。外销服装是指基于外销模式下经营的服装商品,企业一般没有自主知识产权,主要是代加工,不能用自己的品牌名义完成销售。

二、按使用季节分类

根据季节条件,可将服装分为春装、夏装、秋装、冬装四类。不同季节的服装,对面料厚薄、颜色深浅及款式繁简要求不同。由于服装品种和式样很多,有些服装的季节适应性强,甚至一年四季都可穿着。如男女衬衫,夏季人们可以把它作为外衣穿着,春秋季则可以套在外套里面穿着。因此有些人按季节将服装分为春秋装、夏装和冬装三类。服装企业可以根据自己的经营特点,对产品的季节性进行更为细化的分类。

三、按产品功能分类

根据服装商品功能的不同可分为礼服、日常服、职业服、运动服、舞台服等。

(一)礼服

指参加各种正式礼仪活动时所穿的服装。礼服有男式和女式的区别。

按西方的程式,男子礼服分为第一礼服、正式礼服、日常礼服三级。第一礼服属最高级别,分为夜晚穿的燕尾服和白天穿的大礼服。随时代变迁,第一礼服现已基本不再出现,过去必须穿第一礼服的场合现已改穿正式礼服。在我国传统文化背景下,中式开襟衫和中山装也是使用频率较高的礼服。

女子礼服分晚礼服和晨礼服。晚礼服是女子夜间社交场合穿着的礼服,具有豪华、袒露、标新立异的特点,整体风格追求雍容华贵(图6-1、图6-2)。晨礼服一般是高雅的裙服或套装,配以考究的首饰以及与服装风格一致的鞋、帽、手袋、手套等。晨礼服追求的整体风格是典雅、庄重(图6-3)。我国的中式旗袍在女子礼服中独树一帜,在性质不同的正式场合都可穿着。

图6-1　VERSACE 晚礼服　　　图6-2　中国特色的晚礼服　　　图6-3　晨礼服

（二）日常服

日常服分为家居服和外出服。

家居服指在家庭环境中穿着的服装的统称，主要包括家常服装、浴衣、睡衣等。由于家庭成员的亲密性和无须顾忌社交礼节，家居服追求的风格是舒适、方便、随意。

外出服指闲暇户外活动时穿着的各式服装。主要包括夹克、运动服、休闲服等。这类服装在穿着上搭配自由，是能体现穿着者个人修养和品味的服装。实际在日常生活中，在各种没有统一着装规定的职业场所，人们在工作时也穿此类服装，已成为现今的一种时尚。

（三）职业服

一般包括防护服、标识服和团体服三大类。

防护服即劳动保护服，是保证在特殊环境下工作的从业人员操作方便和生命安全的服装，如钢铁工人的石棉服、宇航员的航天服（图6-4）、潜水员的潜水衣（图6-5）、消防员的消防服、探险者的登山服和雪地服等。

图6-4　俄罗斯"海雕-M"宇航服

标识服是指公职人员按有关惯例和国家制度规定穿用的具有明显标识作用的服装的总称，亦称制服，如军服（图6-6、图6-7、图6-8）、警服、海关服、邮电服等。此类服装的特点是造型严肃大方，款式统一醒目。服装整体风格适合职业特点，并配以专用标识标明穿用者的职业权限和身份。

图6-5　现代的潜水服

图6-6　解放军新式荒漠迷彩服

图6-7   陆海空三军仪仗队礼宾服

图6-8   水兵服

　　团体服是某些集团内部相对统一具有鲜明特征的服装,广泛用于商业、餐饮业、证券业等行业,以及学校、公司和其他集团。团体服装追求的风格是整体美、秩序美,目的在于通过统一的着装树立团体形象,并唤起成员的责任感、自信心。

（四）运动服

　　运动服装包含专业运动装和休闲运动装。

　　专业运动装是指运动员和裁判员在进行专业训练和比赛时穿着的服装,比如击剑服、摔跤服、体操服等。其特点是简练、舒适,既适合不同运动项目的运动特点,又有防护作用。休闲运动装是在比较大众化的运动和休闲时候都可以穿着的服装,比如晨跑服、瑜伽服等。其特点是色彩艳丽,比较宽松,多选用有一定弹性、易洗免烫、吸湿排汗性的面料。

（五）舞台服

　　舞台服是指专供舞台演出用的服装,是舞台艺术不可缺少的组成部分。舞台服是塑造角色形象所借助的一种道具,它利用其装饰、象征意义,直接形象地表明角色的性别、年龄、身份、地位、境遇以及气质、性格等。所以,舞台服堪称"人物艺术语言的汇合"。根据艺术门类主要分为戏剧服、曲艺服、舞蹈服等。

四、按对象年龄分类

　　根据穿着者年龄的不同,服装商品可以分为成人、儿童、青年三大类。

（一）成人服装

　　成人服装中的男装款式色彩变化不多、注重用料与做工。男装的品类主要有西服、衬衫、T恤衫及休闲装。女装品类繁多,有套装、裙装、休闲装等,款式、色彩、用料丰富且千变万化,流行趋势明显。成人服装也包括中老年服装,尽管也有性别区分,不过,其共性特征是款式上趋于简洁、庄重;线条变化简单;用料以纯天然与高档为主;色彩趋向稳重和深沉,少受流行色影响。其整体风格是自然舒适,又得体不失身份。由于各种信息传播速度的加快,受到大众潮流影响的现代中老年人也会选择颜色鲜艳、款式时髦的服装。

（二）儿童服装

　　儿童服装一般指14岁以下未成年人穿用的服装。按年龄进一步分为:婴儿服(0～2岁)、幼童装(2～3岁)、小童装(3～6岁)、中童装(7～12岁)、大童装(12～14岁)。其中按性别又可分为男童和女童服装。具有款式活泼、色彩鲜明、用料舒适、活动性好、坚固性强等特点。按照商业上的习惯,儿童装往往在商场内划块经营,是服装商品中一个增长迅速的大类。

(三)青年服装

青年人是追求个性、独树一帜的特殊群体。此类消费者对服装流行趋势特别敏感,他们是各种新派前卫服饰的主体消费者。如今在国内青年服装市场前景广阔,他们既追逐潮流,又是潮流的创造者。青年服装在款式、色彩及用料上均以追求新、奇、异为主流,是服装市场上的主要经营商品,也是服装品牌的集中对象。

五、按商品原料分类

在服装设计和生产时,选用不同面料,其服装的穿着性能和外观风格会产生较大的差异。根据服装采用的面料不同,可以分成以下几类:布料服装、呢料服装、丝绸服装、化纤服装、毛皮服装、羽绒服装、皮革服装、毛线编结服装等。面料的差异,往往会影响服装商品的价格、档次、流行、生产与开发等营销因素。

第三节　服装商品的策划

一、策划的原则

服装商品策划是指根据流行趋势、市场需求和企业品牌定位,制定新产品的设计、生产、销售等一系列运作方式的计划,其目的是使企业通过销售的最大化实现利润的最大化。

为了达到销售的最大化,服装商品总是围绕本品牌对应的目标消费群进行有针对性的策划。通常是在适当的场所、适当的时间,以适当的数量、适当的价格向目标顾客提供适当的产品,这五项原则也称"五适原则",是商品策划时必须遵守的。

商品策划的"五适原则"对服装企业的产品开发非常重要。首先,适当的产品是要求企业围绕发展目标,保持产品风格与企业经营方向和品牌定位的相一致。其次,适当的场合是指企业的目标消费群要明确,开发适合其生活方式的商品,并且在目标顾客经常光顾的场所展示销售。第三是要根据商品的流通速度以及组合构成等因素确定适当的品类数量。适当的价格是要求充分考虑目标消费群的购买力,确定适当的价位,在追求利益最大化的同时保持与商品价值的一致性。最后,适当的时间则是指对气候和季节的变化做出快速反应,以更好地满足顾客需求。

因此,商品企划的本质从顾客的角度看,就是顾客希望在特定的场所和时间,以适当的价格得到适当数量的合适商品,企业为满足这种需要而进行商品计划的过程。

二、策划的步骤

服装商品的策划分为三大步骤,即计划阶段、实施阶段和推进阶段。

(一)计划阶段

在计划阶段,企业根据自身所处的社会环境,确立企业的经营理念和目标,收集分析信息、形成设计构思和提出产品概念。

1. 收集分析信息

在明确企业目标的前提下,商品策划的一项重要工作就是收集和分析与商品策划有关的信息。一般需要服装流行信息和市场信息两种。

服装流行信息主要是国际和国内的流行趋势预测信息,包括色彩、面辅料、高级时装发布会发布的下一季节的流行趋势、店铺陈列、街头穿着和大众传播媒体登载的流行信息。这些信息成为服装设计师和企业新产品开发的构思来源。

市场信息包括店铺的销售信息、竞争品牌动向、店员和经销商信息、商业繁华地的流行信息以及顾客需求、生活方式、价值观等方面的信息。

由于计算机和信息技术的进步,企业要得到与商品策划相关的信息比以往任何时候都更加容易,但最重要的信息仍然是公司上一季或前几季的销售信息。通过对公司过去几个季节的销售状况的分析,做出下一季节的产品策划。

2. 形成设计构思

通过对服装流行信息和市场信息的收集分析,需要提出新产品构思以及产品开发的整体构想。

构思是企业希望向市场提供的可能产品的设想。在对目标市场和过去销售情况做出分析和研究之后,经验丰富的设计师基本上已形成了新产品和系列产品开发的大致方向。新产品会受到服装流行趋势和相关产业以及其他行业的影响。同时整个大环境,如文化、社会等的变化也会对其产生影响。这些因素的综合决定了下一个季节服装的主题和概念。

设计构思或灵感并非凭空而来,媒体、商业展演、纺织品资料库、竞争者的产品、内部资源、设计团队、销售部、顾客等都是设计构思的可能来源。除此之外,还有一些因素也是设计构思的重要来源,如历史和民族服装、民俗文化、博物馆收藏、艺术、旅行、街头景观等,从中获得新的感受,以激发创新构思。

3. 提出产品概念

产品构思和产品概念是两个不同的概念。产品构思是企业希望提供给市场的一个可能产品的设想,产品概念是利用有意义的消费术语以及直观化的产品模型或样品,对未来产品进行的概念性的具体描述。

产品概念反映了产品的基本想法,其表现因场合不同而有多种方式,比如,从高级时装到普通成衣、从居家服到运动服等,它们的产品概念的具体表现不可能完全一致。在开发产品概念时,目前比较通行的有效方法是 5W1H2C,即 when(何时)、where(何地)、who(谁)、what(什么)、why(为什么),how(如何),communication(沟通)和 cost(成本)。产品概念如果不明确或不清晰,目标顾客将难以接受该产品。

为了清楚地说明新产品概念,可以使用照片、效果图、文字等进行描述。

(二)实施阶段

在实施阶段,企业针对季节开发产品,通过品类组织、产品设计、制作样衣三个步骤,确定新产品的具体款式及品类构成。

1. 品类组织

服装产品要成为品牌商品,必须进行一番独具匠心的服装商品品类组合,形成一个完整的商品品类组织整合方案。

　　按照一般商业习惯,服装的品类可以大致分成男装、女装两大类。按照款式分类包括衬衣、裤子、外套、裙子、针织衫等等。从商品在销售中担当的作用来看,服装品类可以分为长销商品、畅销商品、形象商品、促销商品四类。

　　长销商品是能够进行长时间销售的商品类别,一般以衬衫、裤子等单品为主,搭配性强,不易受潮流影响,是保证消费者基本需求的重要品类。畅销产品是能够形成大规模销售的商品类别,这类产品比较强调流行趋势、更加注重细节设计、侧重运用时尚元素。形象商品是重点体现本品牌新一季主题概念的商品类别,一般要求突显时尚潮流,完整演绎品牌理念和精神,其目的在于提升品牌形象和新产品概念,定价高、数量少,是树立和保持良好形象、带动消费流向的产品。促销商品是根据促销计划的需要而设计的商品类别,一般适用于产品量大、销售面广、价格较低的中低端商品类别。

　　不同定位的品牌在产品策划时,各种品类的比例和数量也是不同的。在商品策划时要考虑这些品类的比例以及具体的数量。新产品的推出可以以系列形式推出,也可以以单品形式出现,一般情况下是两者结合的形式。这样的商品组合会更加宽泛和丰富。同时还应该考虑系列产品间的搭配,比如上下装、内外衣在商品搭配中的比例和数量等。

2. 产品设计

　　在确定了品类组织之后,设计师应该提出产品构思和概念,确定设计主题,逐一进行具体产品的设计开发。在设计与开发新产品时,站在顾客角度的对产品的认知是很重要的。在服装产品设计方面有四个基础:款式、色彩、材料、风格。设计人员必须有意识地揣摩不同客户的心理需求,提供最恰当的产品以满足顾客的需求。

　　(1) 款式

　　款式设计包括轮廓设计和细部设计。轮廓一般用来描述整件服装的大体外观,它影响着人们对时装的第一印象。轮廓应当和体形相符,但为了引起人们的兴趣,也需要一些比较夸张的变化,有时是轮廓的一部分,比如袖子、臀部或是肩部起到整件时装视觉中心的作用。在一个季节里大受欢迎的时装轮廓,往往更换一下颜色或面料又可以进入下一个季节。

　　细部设计是指由一些细节带来的视觉或功能上的变化。这些细节包括缝合、开口、折裥、褶皱、缝迹以及装饰物等。细节设计能够起到有利于形成服装商品卖点的画龙点睛的作用,使设计更加精致,功能更加贴切。

　　(2) 色彩

　　色彩是顾客对服装的第一反应,是服装新产品设计中非常重要的因素。设计师一般根据色彩流行趋势,提出色彩主题和建议,或确定服装系列整体色彩的基调。在成衣系列里,每一套服装的色彩选择常常围绕着一个色彩主题。色彩主题是指一项使用色彩的计划,由两种或是更多的色彩组成。色彩的选择必须反映出季节、气候等因素。例如,运动装要比商务工作装用色活泼明亮;成衣系列应该包括一组色彩,以便吸引各种各样的顾客。

　　(3) 材料

　　服装材料的开发和选择越来越成为服装新产品开发和获得竞争优势的关键因素,选用什么样的面料也就是选择了什么样的服装材质和图案。在服装商品策划中,需要密切注意新材料的开发动向,并了解面辅料的各种性能特点以及外观风格,还要在可接受的价格下确保供应数量和时间。

选择面料就是为一种面料选择或是创造一种合适的款式,或者说是为一种特别的款式选择合适的面料。在服装设计中,其重要性仅次于考虑顾客的需求。面料在选择时也不能只考虑品质而忽略了产品定位,必须与成衣的价格相适应。

(4) 风格

服装的风格与其材料质地、图案、色彩以及外观轮廓和细部设计等有关,其中材料的质地影响最大。不同的材料能使相同款式和相同色彩的服装体现出不同的风格和形象,不同风格的设计可以满足差异化的顾客需求。此外,服装商品的风格与品牌诉求有关,品牌诉求中的重要内容之一是品牌倡导的文化内涵,这种内涵可以通过服装商品所呈现的风格表达出来。

3. 制作样衣

产品设计完成后的下一步骤就是制作纸样、裁剪和缝制样衣。制作纸样的目的主要是检查平面状态的设计图稿和空间状态的服装实物是否合理,成为进一步优化设计的参考和缝制样衣的依据。

检验合格的纸样可以进入裁剪环节。在对裁片检查、辅料齐备、制作工具等信息确认无误后,可以进入样衣试制环节。样衣制作者必须具备熟练的缝纫技能,能够独立缝制出一整件时装。

样衣缝制完成,服装必须先在模特身上检验它的舒适度、合身度和总体效果,检验是否便于活动,穿着是否舒适,对于特殊的样品还要进行洗涤、熨烫的检测检验。

(三) 推进阶段

在商品的推进阶段,按照实施阶段得到的结果,进行样衣制作,并通过产品发布会对产品进行确认,然后正式生产和上市。

1. 生产加工

样衣确认之后,就要按照样衣进行生产加工。样衣是一个参考的标准,在此后的加工生产中要确保生产的服装在款式、面料、工艺等方面都和样衣一模一样。安排生产加工时,根据不同品类的服装可以选择组织相应的加工形式。服装在生产过程中,还必须要对工厂的生产方法进行检验,以获得生产数据,了解缝制的难易程度,工艺流程中的动作分析,必要材料量的测算等等。

2. 订货会

订货会是以产品实物吸引代理商、批发商和消费者订货和购买的一种销售形势。订货会可以使顾客看到真实的产品,能实地考察产品的质量、规格、标准,可以比较准确地判断产品。另外,在短时间内使大量的顾客集中在一起,有巨大的广告宣传和销售效应。

要举办成功的订货会需要提前准备、考虑到每一个细节。包括确定订货会的主题、确定邀请对象、确定主推产品、制定订货政策、做好订货会事前造势和客户摸底,选择一个好的场地,做好时间安排和相关材料的准备。

3. 试销

试销是在产品正式推向市场前,将少量产品在限定的地区或商店销售的活动,以观察市场反应和寻求推广的方法,检查是否能正式上市和产品是否需要改进,以减少大批量投放市场的风险。对服装企业来说准确的市场信息的收集和分析,严密的商品企划组织活动以及建立快速的市场反应体制是非常重要的。

　　大多数服装品类因适销季节短,加之原材料一般需要提前采购,全面实施试销是困难的。因此,根据以往经验和对市场的预测一开始就全面上市的情况较多,但如果在款式上或面料上有很大变化,一般有必要先小批量生产,通过试销,根据市场反应再决定是否正式上市。

三、策划的内容

　　服装商品的策划内容包括服装主题策划、包装策划、产品策划、渠道策划、终端策划、推广策划等。

(一) 主题策划

　　一个成功的服装品牌在推出新一季的产品时,都会围绕一个主题进行。它表现了一个完整的商品策划,是企业对市场、消费者、流行趋势进行综合分析,对信息处理、提炼而得出的思想结晶。这个主题渗透、贯穿于整个系列产品中,是企业暗示的一种生活理念和意图,包含了产品向消费者传达的特殊内涵。例如:Z Zegna 2009 秋冬男装以"新黑色电影"为主题,整个秀场灯光昏暗,T 台湿漉,营造出经典的 20 世纪 40 年代美国黑色电影的戏剧场景效果(图 6-9、图 6-10、图 6-11)。

图 6-9　　　　　　　　　　　　图 6-10　　　　　　　　　　　　图 6-11

　　主题的确定往往和当今社会出现的热门议题相关联,企业往往通过政治、经济、文化等方面确定一个既符合时代发展又和自身品牌相符的关键主题。例如目前流行的低碳环保概念和摇滚风格等。

(二) 包装策划

　　在服装流通的过程中,为了保护产品、方便运输、促进销售,依据不同情况而采用的容器、材料、辅助物以及所进行的操作称为包装。包装能保护服装、方便储存、便于运输,还起到介绍产品、指导消费、宣传促销的作用,也具有树立形象、创造价值的作用。因此,服装包装是服装生产的继续,只有经过包装的服装才能进入流通领域和消费领域。

1. 包装的分类

　　按照包装的层次可以分为内包装和外包装两种。内包装又称小包装、销售包装,有时也称直接包装,通常是指将若干件服装组成最小包装整体。内包装主要是为了加强对商品的保护、促销,便于再组装,同时也是为了分拨、销售商品时便于计量的需要。外包装又称运输包装或大包装,是指在商品的销售包装或内包装外面再增加一层包装。它的作用主要是保障商品在流通过程中的安全,同时,使装卸、运输、储存、保管和计量更加方便,具有加速交接、点验等作用。

2. 包装的材料

　　服装商品中应用最为广泛的包装材料主要包括纸质和塑料两种。纸质包装材料主要包括牛皮纸、鸡皮纸、玻璃纸、仿羊皮纸等。常见的纸箱包装是外包装方式,分为手动封箱和自动封箱两种。塑料包装的款式、形状、大小、厚薄等应根据折叠后的服装而定,立体包装使用的是挂式塑料袋包装,顶端要有衣架孔,开口在下方。

3. 包装的方法

　　服装商品的包装方法主要分为折叠包装和立体包装两种。折叠包装时要把产品的特色之处、款式的重点部位,特别是必须将服装的吊牌显示于可见位置。折叠应平服,尽量减少消费者拆装后导致的整烫工作。为防止松脱,在适当的部位要用大头针或胶夹固定。为防止产品变形,可衬垫硬纸板,折叠后亦可装入相应的包装袋或包装盒。

　　立体包装多用于高档服装,如毛呢、裘皮类服装以及一些特定定型效果的服装等,现在应用越来越广泛。它是将服装套在衣架上,再套包装袋,克服了服装包装运输后产生褶皱的问题,可充分保证商品的外观质量,并有利于店铺陈列。但成本较折叠包装要高。

(三) 产品策划

　　产品策划包括产品设计、产品设计数量、产品编号和标识等内容。

1. 产品设计

　　产品设计分为单品设计、系列设计、配饰设计和风格设计。单品设计是指与其他产品之间没有特定联系的独立样式产品的设计。此时的产品没有系列感,比较孤立,但是单品有很大的消费市场,尤其是在消费者的品牌意识不够健全的地区,单品服装的销量毫不亚于系列产品。单品设计强调的是每一个款式的完美。

　　系列设计是指具有一定的系统性、很好的配套感的组合产品的设计。系列产品最大的特点是产品形象比较统一,搭配方便。系列产品的设计特点是强调系列之间设计元素的统一。依靠驳样取代设计的企业,一般无法完成系列产品设计。

　　配饰设计是指与服装商品配套的服饰品的设计。作为品牌形象不可或缺的部分,一些国际品牌的服装配饰在其销售额中占有很可观的比例。有配饰的卖场比没有配饰的卖场在形象上要完整的多,不仅服装的定价可以借此适度提升,而且能够起到促进销售的功效。

　　风格设计是指整体着装状态的设计。风格设计并不意味着产品风格的单一,而是不同款式的服装在品牌整体概念下协调统一的效果,这是品牌服装与其他服装的一个很大的区别。品牌服装理想的经营境界是出售一种着装概念,体现在产品与产品之间的相互搭配,产品与配饰之间的相得益彰,并可以排列组合般地派生出别有风格的穿着效果,从而带动所有产品的销售。比如国内品牌 JNBY 的产品风格比较明显(图6-12),以中性色为主、注重结构设计、单品易搭配、中西风格相结合,使的在品牌众多的市场上能够脱颖而出,赢得一定量的稳定消费群。

图 6-12　JNBY 09 秀场

2. 产品设计数量

产品设计的款式数量,一般以单件计算而不以套计算。产品设计的总数量通常以一个流行季为单位,也可以按全年统筹。每个流行季的设计数量由企划部门根据品牌的属性、资金规模和销售规模来确定。其策划内容分为流行季的划分、设计数量的计算。

流行季的划分是指企业根据市场实际情况和产品品类特点进行的产品上市计划设定。一般来说,服装行业内将一年分为春夏和秋冬两个流行季,多数服装品牌企划都按照这种划分方法进行。也有一些品牌按自然季节将一年分成春、夏、秋、冬四个流行季。某些品牌服装公司考虑到生产安排或销售情况,习惯于将流行季再进一步细分,把一年分为 6 个甚至 8 个流行季。但是,这种分法只能在企业内部执行,不具有普遍性。

设计数量的计算是指投放市场的产品品种与设计预期在数量上的关系配比。由于设计中有许多不确定因素,设计出来的款式并不都是要制成样衣的,需要经过初步的筛选。为了控制产品的设计成本和开发时间,通常情况下,设计数量是品种实际投放数量的两倍,供企划部和市场部挑选,如挑选出来的数量不足品种投放数量,则要求再补充设计,直到达到品种投放数量为止。

3. 产品编号和标识

产品编号和标识作为产品的一部分是不能遗漏的。产品的设计编号由设计部门制定,其最终编号一般由商品策划部门制定。

产品编号是指能反映出品牌、季节、产品类别、面料属性、年份、系列、品种、色号等产品属性的序列号码,使有关人员一看编号就能知道产品的大概情况。差不多每个品牌服装公司都有自己的产品编号方式,行业内并无统一标准。产品编号以简单的原则用数字和字母反映出产品的属性,便于产品在设计、生产、销售和仓储等环节中的管理。

产品标识是指用于产品识别的一整套文字和数据,以商标、吊牌、洗涤标、成分标、号型标的形式附加在服装上,是产品销售不可缺少的一部分。产品标识除了要符合国家工商行政部门对文字和数据等内容的有关规定以外,其美术设计形式和外观质量和制作质量也是至关重要的,它是完整的品牌形象不可缺少的一部分,直接或间接地影响到产品的销售。

(四)渠道策划

当产品生产出来以后,必须通过一定的途径才能把这些产品送到适当的销售地点,并以合适的价格卖给消费者。这个途径就是销售渠道,它是产品从生产领域到消费领域所经过的媒介,主要包括生产者、批发商、零售商、代理商和储运方等,甚至还包括消费者,它们都是渠道成员,其中批发商、零售商和代理商通常被称为中间商。

渠道的选择和策划对于产品销售和品牌发展十分重要,无论是规模宏大的巨型企业还是规模很小的微型企业,都需要选择和组合一个适合自身的销售渠道。传统的销售渠道呈宝塔型,层次分明但流程较长,市场竞争力降低。许多现代企业在制定销售策略时,往往超越了一级批发商、二级批发商,直接面向或成为终端经销商。越来越多的企业进行销售渠道重组,销售渠道变得越来越短,比如连锁商店这样大规模的零售商店也逐渐倾向于直接从制造商进货。

(五)终端策划

品牌形象的整体策划非常重要,尤其是终端形象策划需要重视。销售终端形象分为品牌的硬件形象和软件形象。

1. 硬件形象

销售终端的硬件形象包括道具形象、广告形象、标志形象。

道具形象是用于陈列和销售商品的道具,主要有衣架、灯具、展示台、收银台、试衣间、穿衣镜、休息椅、模特等。广告形象主要是指用于宣传商品的物品,主要有样本、灯箱、广告画、包装袋等。标志形象一般位于卖场最显眼的位置,是品牌形象的标志或象征。如图6-13、6-14中,店内布置起到宣传和烘托产品的作用,店门顶端的标志设计非常醒目,让消费者印象深刻。

图6-13

图6-14 Ermenegildo Zegna 上海梅陇镇广场终端店

根据品牌的档次和定位,在进行硬件形象策划时要能较好地体现该品牌的价值。如图6-15

中,其终端硬件形象设计很好地突出了该品牌的优雅品质和国际化地位。如图 6-16 中,其终端形象设计则和品牌本身定位相一致。

图 6-15　CHANEL　上海恒隆广场店

图 6-16　LAMPO 上海梅陇镇广场店

2. 软件形象

销售终端的软件形象包括服务形象、销售形象、形象代表。

服务形象是指营业员的外貌、衣着、语言、行为等。销售形象是指退换商品的规定、促销活动和会员卡等促销手段及售后服务。形象代表也称形象代言人,对消费者能起到一定的引导作用。

（六）推广策划

服装商品的推广是指以一定形式,让更多的人们了解和接受品牌的一系列活动。品牌推广最主要目的是将产品迅速转化为商品,争取实现最大的销售。

推广活动一般以订货会、发布会、广告推广的形式进行。

1. 订货会

订货会是指品牌服装公司面向专业客户开放并争取订单的产品推广形式。参加订货会的专业客户一般由品牌加盟商、品牌代理商、百货商、批发商和面料供应商等。

订货会一般是在一个较大的空间以静态展示的方式举行。除了直接订货以外,召开订货会还有笼络客户关系的目的。订货会以不同的组织目的分为不同的形式。

订货会是否经过认真策划,与订货会的实际效果有直接的因果关系。尤其是品牌服装公司独家组织的订货会,更需要精心缜密的安排。

（1）时间

单独订货会安排在什么时候举行很重要。首先要考虑的是尽量避开大型服装节等活动,其次是根据自己的生产计划能力和货品上柜时间作提前量的估计,过早或过迟举行都不可取。

（2）地点

单独订货会的举办地点有两种,一是外借具有一定影响的公共场所,最常见的是星级酒店,借助星级酒店豪华的硬件设施衬托品牌。二是在公司内部。大型品牌公司借此显示一下自己的实力,同时可以让客户对品牌产生亲近感。无论在哪里举办订货会,都必须有足够的场地、便利的交通和上乘的硬件。

（3）客户

参加订货会的客户被精心选择,根据对品牌的重要程度,依次是分销商、商场代表、供应商、本方人员等。其中,分销商是主要买主,商场代表和供应商是品牌服装公司笼络关系而邀请的对象,本方人员既是接洽人员,又是产品的评判者。如果准备充分,可考虑邀请媒体人员前来。

（4）内容

订货现场内主要包括新产品的概念店样板、产品出样区、业务洽谈区、客户休息区,并准备好企业简介、订货合同和订货单,同时配备足够的接待人员。订货现场则要准备好车辆、纪念礼品、客户用餐、参观公司或其他活动。

（5）宣传

为了争取更多的客户和给客户留下深刻印象,订货会的宣传是必不可少的。宣传订货会的方式一般是报刊广告,如果有突出的新闻亮点,可以用采写专访的形式报道。户外广告可用彩旗、招贴画或大型广告画,订货会现场则可以放置样册。在商品信息铺天盖地的时代,再好的产品也需要进行品牌宣传,对品牌的传播能起到推波助澜的作用。

2. 发布会

发布会是品牌服装公司以完整的着装状态向客户开放的产品推广形式。参加发布会的客户一般有新闻媒体、品牌加盟商、代理商、百货商、批发商等。由于发布会都以动态表演形式举行,因此,费用较高,通常实力雄厚的大型品牌公司会采用。

除了有表演的因素以外,发布会的内容与订货会基本一致。也正因为有了表演因素,发布会的组织工作比订货会复杂的多,费用也昂贵的多,因此,发布会必须认真组织,对没有经验和能力的企业来说,最好委托专业公司操办。

（1）时间

由于发布会的准备工作比较复杂,工作量很大。因此,发布会的准备时间应该比较充分。一般来说,一个具有一定规模的发布会,从企划到正式发布不得少于半年时间。现场表演时间不宜太长,观众会产生疲劳感,一般以一个小时之内为宜。

（2）地点

地点的确定与发布会的目的有关。专业性发布会一般都放在星级酒店或大型会议中心举行,也有的品牌会自行设计搭建有特色的户外表演棚,显示庄重、豪华、个性的特点。普及型的发布会可以放在室外公共空间内举行,显示其平易近人、亲和的特点。由于发布会要有演出空间和观众席,其场地面积比订货会要大许多。

（3）客户

由于发布会具有雅俗共赏的观赏性,邀请的客户范围应该有所扩大。除了订货会所邀请的专业客户外,还可以邀请一些包括地方官员、社会名流和影视明星在内的特殊客人,扩大发布会的社会影响。

（4）表演

表演事务一般委托声誉良好的模特经纪公司。从形式上看,发布会的一切工作似乎都是围绕着表演进行的,在现场表演上稍有差错,所有工作人员的辛勤劳动将付之一炬。

（5）舞美

服装发布会的舞美制作比较简单,在舞美设计上则力求简洁明快,充满设计意味,给观众留下深刻的印象。此外,运用音乐也是表现服装的辅助手段,要根据服装风格选择。

（6）宣传

为了达到宣传品牌的最大效应,必须配合一定规模的宣传活动。宣传工作分为联络宣传媒体、撰写宣传稿件、发布广告、设计制作品牌样品册等。

（7）其他

有些服装发布会还设有业务洽谈区、贵宾接待处、招待酒会等内容,其规模和级别视发布会的预算而定。

3. 广告推广

广告媒体的种类有很多,包括声音媒体、移动媒体、出版媒体、固定媒体、社交媒体、影视媒体、网络媒体、展示媒体等。在选择媒体时应以媒体的受众面广、投资金额小、制作方便为原则。推广的要点包括以下几个方面：

（1）内容

广告的形式感要新颖,内容要高度概括,极其精练,容易让人记住。

（2）时段

广告的时段有两个概念：一是一年或一季中的哪几天,二是一天中的哪段时间。媒体的不同,选择的时段也不应相同。

（3）周期

广告周期是指每一段品牌广告宣传之后的间隔以及整段广告宣传期的时间。前者可针对所有品牌传播的媒体,后者主要是针对影视媒体而言的。

（4）次数

在广告媒体相同和宣传频率许可的条件下,广告宣传的次数与宣传效果成正比。广告依靠不断刺激人们的感官达到加强记忆的目的。然而,广告出现的次数与广告费用也是呈递增关系的。

（5）范围

投放范围必须认真对待,若不认真选择,投入将打水漂。服装传播的范围一般选定在目标顾客群之间。

（6）形式

内容一旦决定,形式也就基本确定。在传播过程中,形式对于内容来说非常重要,在某种情况下,形式甚至超过了内容。

第四节　服装商品的价格

一、服装商品的价值组成

当消费者在犹豫是否购买一件服装时,价格是其中一个非常重要的考虑因素,通过对服装商品的质量满意度和价格接受度的综合对比考虑,最终决定是否购买。分析服装的价格必须首先了解其价值构成。

（一）实用价值

实用价值是指该服装满足消费者对服装实用性需求的程度,如保暖、透气、舒适、耐用等。

（二）美学价值

美学价值是指该服装满足消费者对服装美观性需求的程度,如服装的款式和色彩要漂亮,做工要精致等。

（三）时尚价值

时尚价值是指该服装满足消费者对服装时效性需求的程度,如服装的款式和色彩要是本季最流行的。

（四）品牌价值

品牌价值是指该服装满足消费者对服装品牌美誉度需求的程度,如名牌服装不仅意味着服装的档次,同样会令穿着者树立自信。

（五）形象价值

形象价值是指该服装满足消费者对服装能带来个人形象增值需求的程度,如消费者通常更愿意选择能符合个人形象定位的服装。

二、服装商品的定价原则

（一）利润最大化原则

企业追求一定的市场占有率,树立良好的企业形象,最终都是为了追求长期利润的最大化。商品价格在正常情况下既要补偿成本又要有合理的利润,这是企业的利益原则决定的。

（二）效益双赢原则

企业规范合理的定价决策,有利于树立一个良好的品牌形象。提高企业和产品的信誉度和美誉度,从而为自己赢得长期的利润回报。企业的价格行为在维护社会利益的同时,也会为自己赢得经济效益,从而实现企业与社会利益的"双赢"。

（三）价格可行性原则

是指定价的目标是可实现的。这要求企业树立正确的价格观念,站在现实的立场上去考虑价格问题,在维护自身利益的同时,坚持以市场为准绳,从而保持对市场的高度适应性。

（四）收益与风险对称原则

一般来说,收益越高,风险越大,企业在追求高收益的定价目标的同时也承担着相应的高风险。因此,要对风险可能带来的损失有足够的估计,同时对自己是否能够承受这个损失做出正确的判断。

（五）科学性原则

科学管理和科学决策是企业定价的一项根本原则。定价应以科学的态度认真研究价格理论,根据完备的信息,对市场情况做出正确的估计和预测,再根据对自身条件和经营环境的分析与把握,选择最适当的定价策略。

（六）竞争导向性原则

定价决策必然受到企业所在的市场环境的影响。其中市场竞争程度是企业必须要考虑的一个重要因素。分清市场的竞争特征,对于商品的定价决策的制定是很有必要的。

三、服装商品的成本构成

服装的市场价值决定了商品的价格,但服装的成本同样是不容忽视的,它会直接影响到企业的最后赢利。因此,了解服装商品的成本构成是极其有意义的。单位产品的成本构成包括:

(一)产品研发成本

产品研发成本主要是指新产品研发过程中产生的各种费用。

(1)调研费用:新产品开发前期市场调研所产生的费用。

(2)设计费用:设计人员的工资、设计管理等费用。

(3)研发风险:新产品试制、试销、宣传等费用。

(二)产品生产成本

产品生产成本是指产品生产过程中发生的各项费用。

(1)原材料成本:包括面辅料等。

(2)工人工资:主要是指一线操作工人工资。

(3)生产管理成本:用于生产管理的各项成本。

(三)产品销售成本

产品销售成本主要是指产品在销售过程中发生的各项费用。

(1)分销成本:包括分销渠道的各种人员工资、提成、设施等费用。

(2)促销成本:主要指搞促销活动时发生的费用,包括人员、场地、折扣、售后服务等费用。

第五节　服装商品的保养

一、保养的原则

(一)保持清洁

服装在收藏存放之前要清洗干净。经穿用后的服装如不及时清洗,污染物长时间粘附在服装上就会慢慢地渗透到织物纤维的内部,最终难以清除。另外,这些服装上的污染物已会污染其他的服装。所以,为了避免上述各种不良后果的产生,要将服装清洗干净之后再收藏存放。

(二)保持干燥

保持干燥就是要提高服装在收藏存放环境中的相对干度。由于棉、毛、丝、麻等天然纤维在长期受潮的情况下,会发生酸败和霉变现象,而使织物发霉、发臭、变色或出现色斑。为防止上述现象的发生,在收藏存放服装时要保持相对干燥。

(三)防止虫蛀

棉、毛、丝、麻等织物纤维是天然纤维,具有一定的营养性、亲水性的特点,有着很强的吸湿回潮性能,能使自身保持一定的湿度,这就给蛀虫创造了较好的滋生条件。特别是丝、毛织物纤维是由蛋白质构成,营养更为丰富,更易遭虫蛀。

为了防止服装虫蛀,除了要保持清洁和干度外,还要用一些防蛀剂或杀虫剂来加以防范。经日晒和熨烫后的服装,要在凉透后再放入衣柜,以免因服装温度较高而加快防蛀剂的挥发。

（四）保护衣形

直观上平整、挺括的服装能给人以很强的立体感、舒适感，可以体现出服装的风格和档次。因此在收藏存放服装时，一定要将衣形保护好，不能使其变形走样或出现褶皱。对于不易出现褶皱的针织类服装、牛仔服装可以平整叠起来存放，对于西服、正式衬衫、风衣等要用大小合适的衣架裤架将其挂起。悬挂时要把服装摆正，防止变形，衣架之间应保持一定的距离，切不可乱堆乱放。

二、保养的方法

（一）纯棉服装的保养与收藏

不同类型的纯棉服装由于结构特点及用途的不同，其保养与收藏方法也各有所异。

纯棉内衣、内裤多数是用针织汗布及薄质棉布制成的。这类服装要经常洗涤保持清洁，在收藏存放前要晾干晾透，可根据衣形进行折叠存放，但必须与其他服装隔离，单独保管，以防受污染。

纯棉绒衣不要反穿或贴身穿着，以免损伤绒毛或沾上人体分泌物，使绒毛硬结，降低保暖性能。洗涤时用力要均匀，可用洗衣机洗涤，晾晒时要将绒毛朝外，晾干后可折叠存放，发现小洞要及时修补，以免脱套扩大。收藏时要放一些防蛀剂以防虫蛀，同时要保持清洁和干爽。

纯棉外衣在收藏之前应将其清洗干净，新棉布外衣在收藏前也要用清水洗一遍，一方面可以洗去浮色，防止面料发硬，同时也防止污染其他服装，另一方面可以洗去布上的浆料，防止虫蛀。

纯棉起绒织物服装在折叠存放时，要防止受压，如立绒、灯芯绒等服装，长期受压后会使绒毛倒伏。收藏这类服装时，应将其放在上层或架起来存放，避免因受压而使绒毛倒伏，影响美观和穿用效果。

（二）丝绸服装的保养与收藏

丝绸服装是高档服装，保管和穿用时都要倍加小心。

在收藏前要彻底清洗干净，最好能干洗一次，起到去污杀菌、保护质料和衣形的作用。丝绸织物色牢度较差，要坚持在阴凉处晾晒，不宜在阳光下爆晒，以免发生退色。丝绸服装较轻薄、怕挤压、易出皱褶，应单独存放，或放置在不被挤压的地方。丝绸服装也会因受潮而发霉，并易招虫蛀，所以在收藏时不仅要保持干燥，还要用一些防蛀剂来防虫蛀。

（三）羊毛服装的保养与收藏

羊毛纤维服装可分为呢料服装和羊绒针织服装两大类型，因其组织结构和用途的不同，其保养与收藏方法也各有不同。

1. 呢料服装

呢料服装的面料有纯羊毛的，也有羊毛与其他纤维混纺的，如果连续穿着时间过长，容易产生弹性疲劳，不易恢复原状，而造成变形走样，所以不能长时间连续穿用。穿着要小心，如果出现破损小洞要及时修补，避免再度扩大。

呢料服装有很强的吸湿性，所以在阴雨季节，要经常给以通风或晾晒，以防发霉变质。晾晒时应避开强光，或晒反面，避免使服装出现退色。在收藏时，要去尽灰尘、晾透去潮后存放。在较长时间收藏时，要在衣箱或衣柜中放入防蛀剂，应用衣架将其悬挂存放，以保护衣形，避免变形走样。

2.羊绒针织服装

　　羊绒衫、羊绒裤以及兔毛衫等,都是保暖性良好的针织服装。这类服装由于组织结构松散,穿着时不要用力拉扯,防止变形、破损。如果出现破洞,要及时修补,防止脱套时使洞扩大。在新绒衫初穿时,容易起小的球粒,这是由于短毛外露,受到摩擦后蜷曲所致,日久浮毛掉尽就能光洁,切勿硬拉。穿着接触的衣服要选配质地光滑的,这样可以减少小球的出现。

　　纯羊绒衫和纯兔绒衫吸湿性较强,缩水率很高,因此不适宜水洗,适宜干洗,避免缩绒后果的产生。这类服装极易招虫蛀,因此在长期收藏前应进行一次干洗,然后可以折叠或悬挂存放。并要在衣箱或衣柜中放入防蛀剂以防虫蛀。

(四)皮革服装的保养与收藏

　　皮革服装大体可分为真皮服装、绒面皮服装、裘皮服装三种类型。由于各自的结构不同,保养与收藏的方法也各有所异。

1.真皮服装

　　由于价格昂贵,因此真皮服装的保养与收藏就显得尤为重要。

　　真皮服装质地较薄,坚牢度较差,最怕被尖硬的东西划破,一经划破,或有划痕,影响美观。因此在穿着时不能用力拉扯,也要小心避免被尖锐的东西刮到、划破。

　　为了体现真皮服装的品位,要注意保持清洁,经常用干布擦去表面上的灰尘,适时进行上光保养。真皮服装怕潮,受潮后会使衣服表面涂层发粘,或失去光泽,因此存放真皮服装的空间要保持一定的干度。此外,不能折叠存放,要用衣架挂好保存,保存时要保持干燥谨防受潮,若发现受潮,要及时在通风处晾干,不能在太阳下曝晒。

2.绒面皮服装

　　绒面皮服装其革面带有绒毛,人们称它为鹿皮服装,或反毛皮服装。

　　绒面皮服装由于表面带有绒毛,因此易招灰尘,穿着时应常用软毛刷除去灰尘,保持清洁。在收藏前最好干洗一次,再用鹿皮粉复染一遍,去掉浮色。为防止污染其他衣物,可用上下开口的塑料袋套上,用衣架挂起单独存放。绒面皮服装吸湿性较强,在收藏存放中,要经常通风去潮,避免发霉,还要在其存放的衣柜中放入防蛀剂,以防虫蛀。

3.裘皮服装

　　裘皮服装由毛和皮板两部分组成,是冬季防寒的高级服装,要及时清理和收藏,免遭污染。

　　裘皮在加工过程中要用到一些吸湿性较强的化工材料,所以皮板容易吸潮,大雨过后一定要及时晾晒,去除潮气。由于毛皮本身的保温性极好,所以散热较慢,若在阳光下曝晒时间较长,皮纤维收缩变脆,毛与皮容易分离,形成掉毛,所以,一定要放凉保藏。收藏时必须用形状适合的大衣架挂起,放在空气流通的衣柜里。

服装设计 | 第七章

第一节　服装设计概述

一、服装设计界定

（一）设计的概念

设计在人们的生活中无处不在。宏观层面有社会规划设计、经济管理设计，微观层面有流程设计、模型设计、建筑设计、产品设计、文案设计等。现有的设计可以直接由具体的物质表现出来，也可以是一种精神层面的构想。这样看来设计涉及的范畴非常广泛，那么满足了何种条件的活动就能称为设计呢？

设计既可以作为动词也可以作为名词理解。英文中与设计对应的词汇是 design，这个词来源于拉丁语，原意是用记号来表现计划。在日语中，设计又往往有着意匠、图案、计划等多种释义。作为动词的设计是技术美学的基本范畴。作为一种技术活动，设计是针对目标的一种问题求解和决策，从而为满足人们的某种需要选择出满意的备选方案。而作为名词的设计，是针对目标完成的决策、方案、构想和作品，它既可以是脑海中的一幅蓝图、概念或计划，也可以是实际描绘和制作出来的图样、模型与实物。

（二）服装设计的概念

服装设计是设计概念中的细小分支，是实用艺术的具体表现。现在的服装设计一般是作为动词来理解的，它是对广义设计概念的进一步深化。这种设计活动是以人体为依据，以服装为对象，针对穿着者的需求进行构思，运用一定的技法绘制出服装设计构想（效果图和平面图），转换为版样进行制作，直到完成实物化的全过程。

除了对服装进行构思和创意，服装设计还应包括对整体的着装状态进行搭配和规划，其外延还可以延伸至服饰品设计、形象设计等领域。

二、服装设计的特点

（一）局限性

服装设计是有着一定局限性的实践活动。作为一门实用艺术，服装设计的对象是服装，造型基础是人体。因此，它不可能拥有绘画和广告设计等姐妹艺术那样的自由发挥空间。无论是何种形式的服装设计，尽管可以拥有天马行空的想法，但最终还是要落实到可穿着性上来，这一点对于成衣设计来说尤为重要。除了需要考虑消费者的需求外，服装设计还必须以人体为依据，并受到人体结构的制约。这也在一定程度上说明了设计师的创意作品为何常常会和实际的产品有着一定的落差，需要不断地进行版样调试，并提高生产加工工艺以实现最接近设计稿样貌的产品。

（二）综合性

服装设计是一种综合性的实践活动。任何一件服装都是多种构成设计和工艺的组合。服装设计首先是审美艺术和实用功能的统一，这两者在设计中所占的比例会根据服装功用和种类的不同而有所变化。具体到每个设计步骤，服装设计又是包含了色彩设计、材质设计、造型设计、工艺设计等在内的综合体。现代服装设计还与人体功效学以及前沿科技潮流与技术密切相关。

（三）时代性

服装设计活动具有很强的时代性特征。相对于其他实用艺术来说，服装产品更新换代的速度更快。历史上的服装设计风貌曾以百年或几十年作为单位，到后来每十年会有着翻天覆地的变化，发展到现在每年、每季甚至每周的时尚都会发生变化，这也使得服装设计的时代性交替频率很高。

三、服装设计资源

服装设计是一门需要利用多种资源的实践性活动。某种程度上来说，设计资源的多寡和优劣可以直接影响到设计产品的好坏，以下是服装设计的基本资源：

（一）材料资源

材料资源是服装设计的最基本资源，没有配套的面料和辅料支持，再完美的服装创意产品都有可能不尽人意，甚至无法达成。对于旨在课程学习的服装设计活动来说，设计者也许还不能完全体会材料的重要性，但当设计创意进入到生产制作尤其是成衣生产的阶段时，材料资源的重要地位就凸现出来了。这时的设计人员不仅需要考虑采用何种面料和辅料来表现产品的意图和特征，还需要对服装的成本做出估算。由于面料成本在服装产品的直接成本中占了很大的比例，通常要有 50% 以上，因此结合性价比选择面料是进行设计和生产的重要举措。

除开特殊创意的概念服装外，供服装设计所用的材料基本上为服用面料和辅料。这些材料可由面料制造商和面料代理商提供，具有一定能力的品牌也会拥有自己的面料研发与生产部门。另外拥有成百上千家面料公司的面料批发市场则能够为广大的人群提供相对低廉的面料现货。通过前三种途径获得的材料选择范围较广，品种丰富，还可以根据设计者的要求进行制定，但价格相对会较高，交货期比较长。

（二）信息资源

信息资源是服装设计产品把握流行市场命脉的关键要素。对于服装设计来说，信息资源主要包括有流行产品信息和市场调研信息两大类。流行产品信息能够为设计提供前瞻性或季节性的流行指导，而市场调研信息能帮助设计者了解当前市场上同类产品的设计卖点和特色，为产品竞争提供有力的参考数据。信息资源是否具有权威性、时效性和领先性，对于设计研发的成效有着非常大的影响。

信息资源的获取途径非常广泛。流行产品信息有的来自各大纱线、面料和服装展会，有的来自权威流行协会和专业咨询研发机构，时尚中心每年两季的设计师发布会为时尚从业者提供了前瞻性的设计理念。而互联网技术的蓬勃和信息技术的发达使得人们既可以从传统的传播媒体（报刊、杂志），也可以从资讯网站和时尚类博客上获取不断更新的即时流行信息。种类繁多的市场流行信息中一般以一手资料最有参考价值，它们往往由企业内部部门或专业调研机构来完成，这些信息对产品设计的研发起着借鉴和指导作用。

（三）技术资源

技术资源主要是指服装经过创意和画稿步骤后，所需的制版和生产的工艺与技术，以完成最终的设计成品。技术资源对于实现设计理念至关重要，不少优秀的产品理念和设计往往会由于没有优秀的生产、加工设备及相关技术而无法实现。由此看来，技术资源是实现服装设计变成服装产品的有力保障,虽然从工作责任上来说,制版和生产已经与设计师没有了直接的关系,但是如果这些设计和相关样品没有了技术资源的支持,前面所有的努力将失去意义,因此技术资源对服装设计的影响是非常大的。

第二节　服装设计的原理与原则

服装设计本身是个非常感性的过程,它需要设计师展开丰富的想象、突破常规,才有可能获得时代性的、创新的产品。同时,服装设计也是一个理性思考的过程,这是由其实用艺术的本质所决定的。因此设计师在进行产品研发时,仍然会受到审美和实用性原理的规范。

一、设计总则

在进行具体的服装创意之前,首先要把握三点设计的总则,即设计的实用性、美观性和经济性:

(一)实用性

实用性原则由可穿着性和功能性组成。

可穿着性表现在无论是概念服装、定制服装还是成衣产品必须满足人体可穿着的需求,只不过各种服装的可穿着性的等级有所区别罢了。既然服装是依附人体所存在的,设计师在进行服装造型时必须以人体结构为基础。尤其是成衣产品,不少服装品牌还会对目标顾客群进行体型采样,以制作出符合其身形的舒适产品。另外,服装穿着的对象是谁,适合在哪里穿着也是进行设计时首先要考虑的问题。

实用性的另一表现在于服装需要具有耐久性、舒适性和其他基本的防护功能。原则上来说,设计的产品应当能够经得起多次地洗涤和穿着,否则连基本的展示功能都无法达到,这也是设计师进行面料挑选和选择加工工艺时的基本要求。

(二)美观性

美观性是服装设计的重要前提。消费者对美的感悟、设计师对美的追求、社会群体对美的共识是推动艺术创造的动力之源。服装设计作为艺术创造的重要表现之一,也应当遵循基本的审美原则。

服装的美观性不仅仅表现在产品本身的设计应当符合美学标准,还包括有服装穿着在人身上之后能起到修身美型的效果。同时,对于批量化的品牌服装设计来说,这种美感的感悟和营造不仅仅是以设计师个人的兴趣喜好和价值取向为标准的,它必须考虑到目标消费者的审美倾向。

(三)经济性

经济性原则表现在产品的设计方案也应当考虑到品牌的经济效益,当然如果该设计不涉及任何销售和获利因素,而只是设计师的兴趣制作时,服装设计的经济性可以不予考虑。

在进行服装面料的选择、服装造型的设计以及装饰工艺的创意时,设计师应当充分考虑到原材料供应是否有保证,工艺技术是否能够达到设计的要求,而即使有了这些保证,产品也有可能因为生产成本的上升直接导致定价过高,而无法获得消费者的青睐。因此,保证产品的经济性也是影响设计创意的重要原则。

二、设计原理

19 世纪,德国哲学家、实验心理学家、物理学家费希纳(Gustav Theodor Fechner)将美的形式原理作为造型上的基本原理归纳为以下九项:反复与交替、节奏、渐变、比例、对称、平衡、对比、调和,支配、从属与统一。此后,这一形式原理被不断地运用于各种艺术和设计活动中。

(一)反复与交替

形式美法则中,同一个要素出现两次以上就成为一种强调对象的手段,这种现象就叫做反复,而当两种以上的要素轮流反复时称为交替。反复与交替的运用能够增加秩序感和统一感。

纹样设计中常常会运用到反复与交替的手法,例如常见的二方连续、四方连续等等,即使是散点式的纹样设计,也常常是通过对同样的元素进行不规则排布而得出的(图7-1)。服装设计中,反复与交替的运用关键在于相同元素间隔的长短,过于密集和雷同的排布会造成单一和同化的效果,而过于疏离和变化的设计又难以让人发现元素间的这种反复关系,并导致设计显得杂乱,没有重点。因此在设计前,就应当充分考虑服装的视觉中心与表现重点,把握好反复与交替的节奏,从而避免出现散乱无序的状态。

图7-1　2010 秋冬的男装秀场上出现了很多壁纸类型的纹样设计,通过在同一服装上进行纹样的反复或将同一图案运用到不同的品类组合上以达到壁纸般的装饰效果

(二)节奏

节奏一词来源于乐理,指的是音乐中交替出现的有规律的强弱和长短现象。与节奏密切相关的一个词是旋律,它是在经过艺术构思后形成的有组织、有节奏的一种和谐运动,是节奏的升华。

节奏的出现往往需要某一种元素以重复、渐变和反复的形式来表现,这是一种有秩序的运动形式。服装设计中的节奏原则表现在点、线、面的排布方式与色阶的间隔上。例如衣袋和纽扣的大小与间隔关系,同种纹样的重复出现,结构线的规律化排列等等。这种秩序化元素的反复出现能为服装带来跳动感和活力,但同时由于节奏本身是通过重复或反复出现的元素展现的规律美,所以一成不变的节奏性设计也会产生呆板和乏味的感觉。(图7-2)

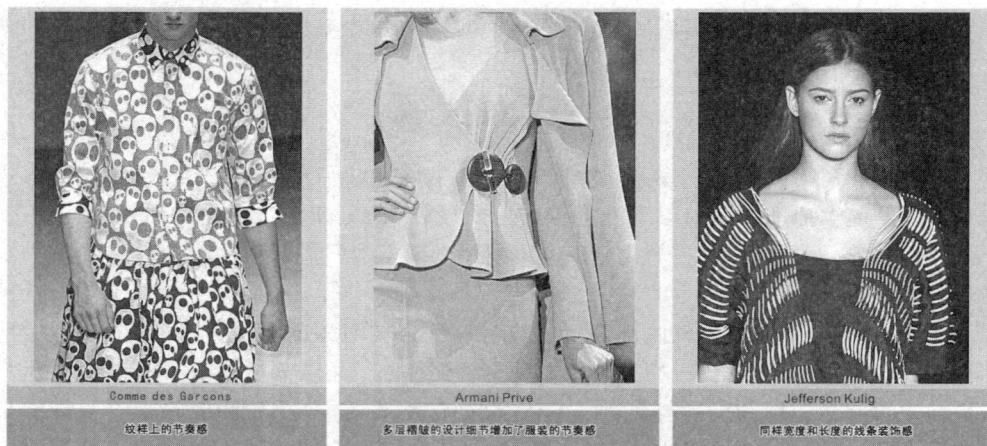

图 7-2　服装中细节和局部的设计往往是展现节奏感的有效途径

（三）渐变

渐变是指从一种状态或位置上,逐渐地向相对应的状态或位置变化的过程。这是一种规律性很强的运动,呈现出递增或递减的阶段性变化,有着很强的方向性指向。

服装中的渐变可以是色彩的渐变、形状的渐变、大小的渐变、位置的渐变、方向的渐变等等,以达到丰富层次、增加空间感的作用,服装中最常出现的渐变形式是色彩的渐变和大小的渐变。渐变的手法由于其阶段性变化的特性,会有着视觉引导的作用,能够为服装带来一种流动感和体量感,同时渐变产生的虚实效果也能够起到突出视觉中心的作用。（图 7-3）

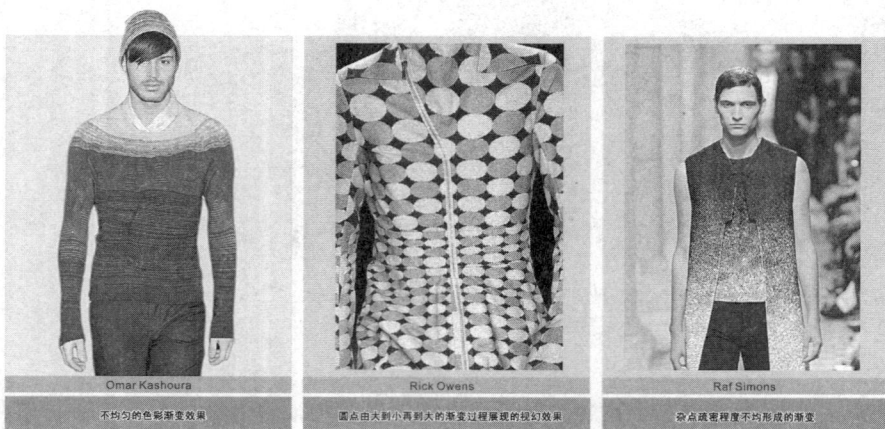

图 7-3　服装中的各种渐变效果

（四）比例

比例是形式美的条件之一。它指的是构成的部分与部分之间,或部分与整体之间在数量上的一种关系。比例的存在是平衡部分与部分、部分与整体之间和谐关系的重要因素,正是有了这一尺度的存在才能够实现稳定的视觉平衡感和完美的设计感。（图 7-4）

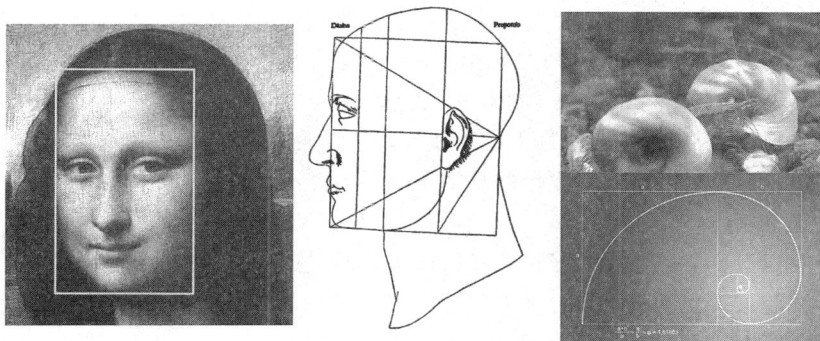

图 7-4　黄金比例在自然界和各种设计中广泛存在

　　服装造型中有着各式各样比例原理的运用,长度的比例、围度的比例、面积的比例、体积的比例、数量的比例等等都会有着一定的规范,这些既定的比例观念是人们在长期实践中对人体和服装的直接观察中得出来的,其评判的依据是视觉上的平衡与调和。服装是否具有比例美与服装长短的设计、各部件的大小与面积的划分、装饰数量的多少以及上下装服装搭配的关系是否合理密不可分。(图 7-5)

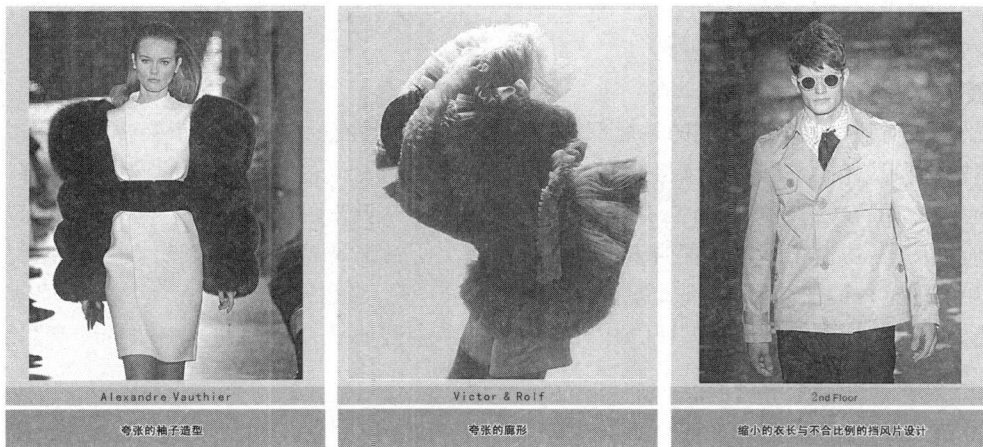

图 7-5　非常规比例标准下的服装造型

(五)对称

　　对称原则要求事物以相同的要素,按照相等的距离由一中心点或线向外放射或向内集中。构成某一图形的各要素,均分别位于基准的点、线或面的对侧等距处。

　　对称的造型原理要求服装以门襟线为中轴,左右两侧的廓型、细节、图案、结构线、装饰等要素都符合同形等量的标准。对称的原则在正装、职业装等较为严谨、传统的品类设计中最为常见,遵循这一原则设计的服装庄重、严谨、有秩序,但同时由于缺少变化而易显得生硬、乏味。

(六)平衡

　　平衡是指对立的各方在数量或质量上相等或相抵后呈现的一种静止的状态。服装造型上的平衡效果可以通过对称和均衡两个途径来达到。这里主要谈谈均衡的特点和表现。

均衡是一种非对称的平衡感觉,是一种相对的对称效果。均衡原则下的服装设计,无论是造型、体量、比例、色彩还是数量上都不完全均等,但非对称的单一元素可以借由其他元素的辅助使其达到不失重心的效果,并引起视觉和心理上的平衡感觉。均衡在形态结构和组合排布上相对比较自由,打破了呆板和严肃的原则,是更为广泛的平衡运用方式。

(七) 对比

对比是把对立的人、事物或同一事物的相反、相对的两个方面并列起来进行比较。

对比原则的运用能够起到突出和强化设计亮点的作用。服装中的对比无处不在,色彩搭配和设计中可以有纯度、明度和色相的对比,服装细节可以有形状、位置、大小、虚实的对比,面料处理上可以有肌理、光泽和装饰的对比,品类的搭配上也可以突出廓型的对比。

(八) 调和

调和指的是各种造型因素的协调关系的表现。调和与对比有着相对应的关系,它将对比(差异)的幅度控制在一定的范围之内。

调和的运用并不局限于只采用完全相同的元素进行设计。只要造型因素具有类似性,同时不同要素能够在质或量上保持一种秩序和统一的关系就能产生调和的效果。调和的服装产品往往需要综合运用以上的多个形式美法则,例如通过对称和交替的方式让各种设计元素达到统一,通过渐变和比例的方式打破过于统一的单调性。即使是对比的方式,只要运用恰当也能产生调和的效果,并增加服装的变化性。

(九) 支配、从属与统一

支配、从属与统一的原则强调的是局部(或个体)与整体之间的关系。对于服装产品来说,服装整体搭配和设计展现出来的风格是整体,单个的品类是局部,品类中的部件设计是局部中的局部,而装饰和局部的亮点设计则是更进一步的分支。一般来说,应当是整体领导、支配局部,局部应当从属、协调于整体。但当设计的出发点是为了突出局部,例如强调超大立体袋的特征时,也会出现整体退居其后,局部支配整体的现象。

服装搭配时往往需要运用支配、从属与统一的原则,通过将色彩、廓型、风格协调的产品组合在一起,达到视觉上的统一效果。

三、应用原理

应用原理主要表现在服装的挑选与穿着规范上,国际上最常见的运用原理是 TPO 原则。TPO 原则是日本男装协会(The Men′s Fashion Unity)在 1963 年提出的。所谓 TPO 即时间(Time),地点(Place),场合(Occasion)的首字母缩写。它指的是人的着装要适应时间、地点和场合的需求。这里的时间包括有季节(春、夏、秋、冬)和时间段(早晨、下午、傍晚、夜间)。

尽管这一原则在 60 年代才正式提出,但这之前,尤其是 20 世纪之前人们的穿着和搭配方式就都严格遵守着这些条例。这些服装的穿着要求不仅反映在时间、地点和场合上,还根据阶级地位的不同有着明确的禁令和规范。反而是到了工业化社会之后,这些严谨的穿着规范才逐渐淡出人们的视线,但这个时代仍有着与之相匹配的穿着礼仪与习惯,并且穿着搭配方式并非越正式越正确,穿着一条牛仔裤出席晚间正式的宴会和穿着燕尾服去观看球赛都是令人尴尬的。因此,设计师在进行服装的搭配设计时,应充分考虑 TPO 原则。

(一) 时间原则

时间原则首先强调服装的选择和穿着应当随着季节的更替而有所变化,很少会有人在炎热的酷暑穿着厚重的毛皮大衣,而在冷冽的寒冬穿着轻薄的吊带衫。这一季节原则的使用目的是为了令人体更加舒适,而与设计和审美的关联不大。因此在面料的选择和设计上,要根据各个季节气候和舒适程度的不同,合理地考量面料的厚薄、透气性和舒适性。当然,随着季节变化越来越模糊以及个性化穿着时尚的风靡,原有的季节性服装搭配方式也有了翻天覆地的变化,这都需要设计师随之调整其设计和搭配的方式。

时间段的服装穿着要求更多地运用在礼服上。这在 20 世纪的男装穿着上尤为明显。当时的男士服装根据时间段的不同分为日间礼服和夜间礼服。常见的日间礼服有晨礼服和散步外套,而夜间礼服则是塔士多和燕尾服。划分日间和夜间的时间点往往因各个国家、各个地区而异,夜幕降临的时刻是通用的划分标准。日本将 18 时作为划分礼仪场合的时间界限,欧美国家以 17 ~ 18 时不等,而有的地区则会定为 20 时,以方便与会者在正常的公务活动后,有充足的时间为晚上的社交活动进行相关的准备。用于夜间场合的服装往往会在面料和装饰上更加注重光泽的使用。(图 7-6)

图 7-6　现代社会仍有着穿着礼服的机会。该图片为 2007 年,布什与夫人劳拉欢迎英国女皇伊丽莎白二世以及菲利普王子时的礼仪着装。由于欢迎仪式从下午才开始,一直会延续到晚上并进入正式的宴会与派对,图中布什与菲利普王子便穿上了本来用于夜间场合的燕尾服

(二) 地点原则

日常生活中,地点原则也同样影响着人们的着装搭配,例如去办公室的着装与周末度假休闲的服装会有着天壤之别,而即使是商务场合,普通的上班场所和重要的商务会议上的着装也是不同的。这些不同的地点都对服装品类的选择和相关设计设定了规范和要求。

（三）场合原则

　　场合原则强调的是按照出席场合的隆重性、与会者以及自身的身份挑选和搭配服装。衣着过于艳丽、华贵，不仅有炫耀之嫌，还可能会喧宾夺主；衣着过于灰暗，则会使人感到压抑或消极。

　　我们常常会在电影中看到，邀请嘉宾出席宴会的请柬上会标明"白领 White tie"，"黑领 Black tie"或者"常服 Informal"的字样，这就是正式场合对来宾的服装做出的最基本的规定。

第三节　服装设计的程序

　　服装产品从最初的灵感、点子到最终成品的完成经过了哪些流程？设计师在进行设计前需要有哪些准备工作，设计的工作量有多大，分别有哪些步骤组成等等这些问题都是这一小节需要解决的问题。

　　服装设计的流程包括四个阶段。所有的工作首先是从相关资料的搜集和准备开始的，接下来是灵感的创意和构思阶段。设计师或设计部门在进行了大量的资料积累和审阅后制定想要表现和开发的主题，并根据这一主题进行发散性思考与创意。接下来是设计阶段。设计阶段是将构思与灵感具体化的重要步骤。最后是制作阶段，进入制作阶段后，设计师更多地是起到指导和协调的作用，以保证最终的产品能够符合最初的创意。（图7-7）

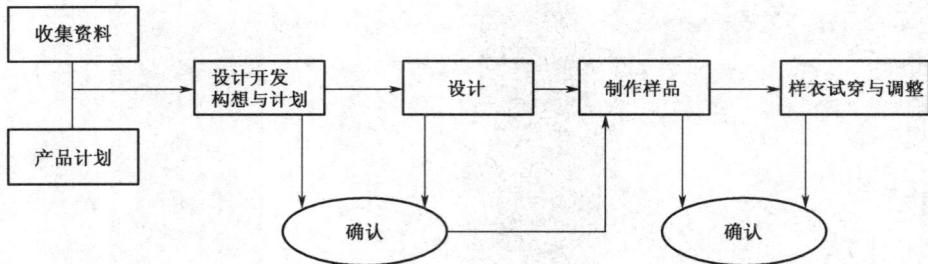

图7-7　服装设计流程图

一、准备阶段

　　服装设计的准备阶段根据设计任务的不同，工作量会有着较大的差异。一般来说，准备阶段包括有计划工作和收集信息工作。

　　对于服装品牌来说，季度性服装产品的开发在进行研发设计之前，首先需要制定一个产品计划。这个计划需要对接下来服装产品的数量、品类构成、设计进度等问题做出规定。而不进行批量化生产的这一类服装设计行为，也应当在创意的最初对服装的穿着对象、用途、表现风格等基本信息有着大致的规划。（图7-8）

某品牌春夏季产品开发进度表

序号	进度	7/10 -7/14	7/17 -7/21	7/24 -7/28	7/31 -8/4	8/7 -8/11	8/14 -8/18	8/21 -8/25	8/28 -9/1	9/4 -9/8	9/11 -9/15	9/18 -9/22	9/25 -9/29	10/2 -10/6	10/9 -10/13	10/16 -10/20
1	洽谈,签订合同	■														
2	市场调研	■														
3	产品企划/沟通定案		■													
4	设计初稿/面辅料收集			■												
5	设计沟通					■										
6	样衣制作						■	■								
7	修正初稿/补充款式/ 补充面辅料								■	■						
8	补充样衣制作/修正										■	■	■			
9	样衣初评审会													■		
10	样衣调整													■		
11	样衣终审会														■	
12	订货会															■

某女装品牌春夏季产品结构表

时段	春	数量	构成比例	初夏	数量	构成比例	盛夏	数量	构成比例	合计
	衬衫	2		衬衫	2		针织衫	4		8
	连衣裙	1		连衣裙	2		衬衫	3		6
	外套	2		外套	3		连衣裙	3		8
基本款	针织衫	2	60%	针织衫	3	50%	裤子	2	50%	7
	背心	1		裤子	2		裙子	3		6
	裤子	2		裙子	3					5
	裙子	2								2
	针织衫	2		衬衫	2		衬衫	2		6
	外套	2		连衣裙	2		针织衫	3		7
形象款	衬衫	1	30%	针织衫	3	37%	裙子	3	30%	7
	裤子	1		裙子	2		裤子	1		4
				裤子	2					2
	衬衫	1		针织衫	2		吊带衫	2		5
点缀款	裙子	1	10%	裙子	2	13%	针织衫	2	20%	5
							裙子	2		2
合计款数		20	100%		30	100%		30	100%	80
上市期限	2月28日—4月8日			4月8日—5月18日			5月18日以后			

图7-8　服装品牌产品计划

　　接下来是收集信息的环节,其主要工作内容是收集各种对服装设计必需和有利的外界信息,目的是为产品创意和研发提供依据。信息收集工作虽然基础,但却是非常重要的环节,一般来说,信息的收集应当满足真实、全面、准确、及时四项标准。对于服装品牌来说,信息的收集工作理应在产品计划表制定之前进行,以提供可靠的数据支持。但考虑到计划的制定往往能够为资料搜集指明方向,提高工作效率和准确率,因此多数企业都会先制定一个基本的产品计划表以指导接下来的信息搜集和设计环节,并在设计理念不断丰富的过程中对该计划进行微调。

　　信息的搜集主要由市场信息和流行信息两个板块组成。主要包括有流行色信息、面料信息、风格款式热点、搭配样式、功能与工艺技术、行业动态、参照品牌特色卖点等等。不同品牌或设计师侧重点的不同决定了信息搜索的范围、信息量的大小以及参考资料的内容。

二、构思阶段

　　构思阶段是设计与产品研发的核心环节。这一活动是一种在掌握了大量感性和理性材料的基础上,策划、选择一种理想的方案,并加以提炼、创意,最终塑造出服装形象的过程。

　　服装设计构思一般是从灵感开始的。准备阶段中获取的大量素材并不意味着能直接转化为设计构思所需的灵感。这一灵感往往是在考察了大量信息的基础上,受到某些外部因素的刺激和激发而出现的奇想和顿悟。它与设计师长期积累的审美观和设计素养密不可分。灵感一旦形成就可以进入主题设定的阶段,接下来便是围绕这一主题,对服装的风格、廓型、色彩、面料、装饰细节、功能、搭配等元素进行大致的构想,描绘出初步的服装设想。在构思阶段,设计师往往会通过一些草图的形式将灵感和创意记录下来。

　　在构思的过程中,设计师不仅需要对服装的造型与表现进行创意,同时还要考虑到该设计的经济性和服用性,若是进行批量生产,成本需要控制在什么范围内? 制作过程中是否有足够的技术和实力来完整、准确地实现设计意图等等。对于创意服装设计来说,其服用性的要求一般低于成衣设计,但仍需要考虑穿着其可穿着性。

三、设计阶段

　　设计阶段是服装设计流程中最重要的组成部分,是灵感与构思的具体实施阶段。

　　在构思环节,设计师已经对设计主题、产品风格、色彩感觉、面料图案、造型与典型细节等有了大致的规划。但这个仅仅还只是一个初步的想法,如何将这个方案表现出来,并且能让结果不仅仅符合最初的创意,同时也满足美感和功能的需求,这是设计阶段需要解决的问题。

　　在设计阶段,设计师需要将文字型的方案或者是简略的手稿翻译成准确的图形。这一图形化的过程往往是通过服装效果图和平面图来实现的,同时,画稿的工作在现代服装设计中越来越多地采用电脑制作的方式。在具体的设计中,设计师应当围绕设计方案的构想和要求对服装的色彩、纹样、廓型、装饰、搭配等方面进行具体创意和表现。

四、制作阶段

　　制作阶段可以分为两个过程,首先是服装样品的制作,其次才是正式成衣的制作与生产工作。

样衣的制作是非常重要的环节。一般来说,服装效果图是无法充分表现实际的造型和穿着效果的,这一点对于平面效果图来说尤为明显。在进行正式的成衣制作之前,设计师们往往会进行样衣的制作以确定服装成品的效果,并加以修改。通常在进行样板制作之后,会选用白坯布作为试制服装的面料,而服装企业的样衣则会直接采用最后成衣生产所需的面料以检测该面料是否能贴切地将原有设计展现出来。在进行样衣制作的时候,尺寸往往会选择服装号型中的中间号型(具体的样衣规格与尺寸可依据设计针对人群的不同进行调整),以方便成衣的样板缩放和批量化生产。

样衣经过试制、试穿、调整后,进入成衣制作的阶段,服装企业根据样衣的尺寸进行号型的推版,并最终生产出符合各个体型特征的服装产品。

第四节　服装设计的思维

任何设计行为都是受到思维活动支配的,服装设计也是如此。无论是感性的设计还是理性的设计,从设计的初始,设计师就应当对众多与服装相关联的因素进行考量,这些因素包括有:服装设计的对象,尺寸规格、风格表现、材料支持等等。设计师们找出这些因素之间的相互关系,然后采用一定的技法和模式,用服装语言将各个因素统一到一起。对这些关系的不同认知和采取方法的不同直接导致了服装理念和样貌的最终差异,因此设计思维的培养是非常重要的。

一、服装设计思维概述
(一)设计思维的内涵

思维是一种以感觉和知觉为基础的高级认知过程,是人们对客观事物的认识、思考和概括。而设计思维则是指在设计创造中对客观反映所进行的分析、推理、抽象等创造心理活动过程。

设计思维活动反映到服装上的结果往往是一种服装设计理念。设计师思维模式和理念的形成一方面来自于各自的艺术修养、艺术观和设计经验,另一方面社会和时代的要求以及其所能提供的想象与实施空间以及相关支持技术也尤为重要。

(二)服装设计思维的特点

总体来说,服装设计思维首先是一种创造性思维。它需要设计师调动一切资源进行打破常规的联想与构思才能获得有别于常规的设计作品。其次,服装设计思维应当是艺术思维与逻辑思维的结合体。艺术思维是以形象思维为主要特征的,这是一种非连续的、跳跃性的思维过程。艺术思维不仅适用于服装设计,还是所有姐妹艺术的思维特征。但作为一门实用艺术,服装设计的构思过程同时还需要环环相扣的逻辑思维模式,设计师必须考虑服装的功能性、如何进行制作、适用于什么人群以及产品的市场效益等等,这些因素都会反映在产品设计的思维过程中。即使是在创意阶段,我们也能发现逻辑思维在其中起到的作用,正是有了逻辑的存在,设计师才能将各种事物变成启发设计的灵感来源。因此服装设计思维并非漫无边际的构想,而是建立在理性基础上的感性设计。

二、服装设计思维分类

(一) 正向设计思维

正向设计思维指的是在设计创造过程中,按照事物发展的常规进程和特点进行思考。这种思维模式是基于现有的经验和常规设计模式来进行的,具有循序渐进、由简入繁、逐步深入的特征。

在服装创意过程中,从正向设计思维着手的构思往往是在确定的起点上,按照既定设想的服装样式或步骤逐步推进的过程。无论是服装的创意还是围绕这一创意的色彩、廓型、细节、相关面料、装饰等构想都符合人们的思维习惯和逻辑规范,显得合情合理。(图7-9)

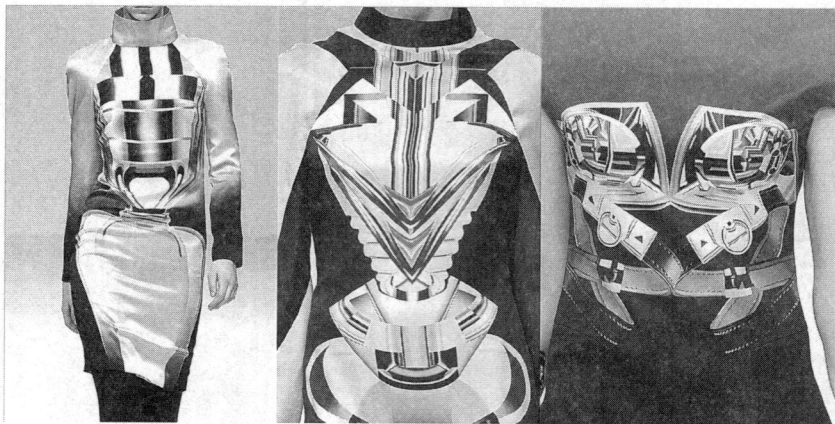

图7-9　设计师 Mary Katrantzou2009 年秋冬季的创意数码印花作品,灵感来源于各式各样的香水,无论是面料的色泽、印花的图样、棱角分明的廓型还是配饰的设计都紧扣香水的元素与特点

(二) 逆向设计思维

逆向设计是针对正向设计而言的,这种采取与传统和习惯相反的思考方式和解决问题的办法与手段称为逆向思维。它没有现成的逻辑和规律可循,需要设计师着力于标新立异和独辟蹊径。当正向思维受到阻碍或者难以突破常规,实现新颖创意时,往往需要采用一百八十度的大转弯进行逆向思考。有些设计理念和创意是无法通过正向思维获得的,但逆向思维却能够打开灵感的另一扇窗。

逆向思维的初级阶段可以先确定逆向思维的原型,即设定一个参照物。以这个正向的、常规的参照物为标准开始逐步否定的设计训练。无论是色彩、形状、方向、大小、位置排布还是材质运用,都可以打破原有的均衡和规律,将看似不合理的设计元素组合起来。但是逆向思维并不是漫无目的的设计与思考,无论是何种突破常规的设计,最后还是需要通过形式美的规律来进行调整和检验。

(三) 纵向设计思维

纵向思维,是一种历史性的比较思维,强调将事物自身发展的过去阶段与现在的状况加以对比,发现事物在不同时期的特点及前后联系,从而把握事物及其发展本质并预测未来的一种思维过程。

纵向设计思维在服装中的运用最常见于对以往服装作品的继承、改良和发展。由于有了历史性的参照模式,纵向设计一般会遵循最明显的途径进行,以保证设计成果符合原有服装的风格特征。但纵向服装设计并不意味着完全地照搬历史上的服装样貌,在现有的许多设计作品中,采用纵向思维进行创意的产品往往与历史上的服装样式有了翻天覆地的差别,有的可能只是借鉴了原有服装样貌中非常细小的一个典型特征元素进行发展。还有的借鉴的不是设计上的特色和典型化细节,而是一种抽象的设计理念和思维,这种情况下的纵向设计产品则完全打破了既定的概念,仍然有着非常大的创新空间。(图7-10)

图7-10 超现实理念在不同历史时期服装产品中的体现

(四)横向设计思维

横向思维是英国学者E·德波诺在1976年针对旧的纵向思考习惯和模式而建立的概念,它是一种截取历史的某一横断面,研究同一事物在不同环境中的发展状况,在同周围事物的比较中找出某事物在不同环境中异同的思维活动。同纵向思维一样,横向思维也是比较性思维。

相比起纵向思维来说,服装设计中的横向思维有着相对更多的取材空间。同一时期,东西方不同文化的产物、不同风格理念的时尚潮流、来源自影像、建筑、科技、家居等其他姐妹艺术和社会经济现象中的元素都可以成为服装设计师进行横向思维的灵感。横向思维能使设计师扩大注意力的范围,使得服装灵感与设计方面的信息搜索过程更富有创造性,通过分析、比较同时期元素的特点和共性,借鉴和吸收其精华,创造出新的服装样式。(图7-11)

(五)创造性设计思维

创造性设计思维是一种高水平的复杂设计思维形式,强调在大量已知信息的基础上,进行多方位的、不因循守旧的、变化的、独特的思维,它是一种多种思维方式的复合行为。创造性思维最初由英国心理学家G.沃拉斯提出,美国心理学家J.P.吉尔福特在此基础上加以发展。

图 7-11   受同一时期科技元素启发的服装理念与产品

　　上文中所提到的逆向设计思维和横向设计思维都是进行创造性服装设计的途径。但创造性思维在服装设计中的运用主要还是体现在发散性思维上。发散性思维指的是人们以某一事物为思维中心或起点而作的各种可能性联想、想象或设想。这种形式的思维模式不仅体现在由一个点开始有条理地发散和想象,更着重强调突破原有思维、设计框架和传统观念的束缚,将能够引起服装灵感的思维网络尽可能地展开。从思维的结果来看,通过创造性设计思维得到的服装产品极有可能与最初的发散点相差甚远,或者是完全颠覆性的概念与设计。(图 7-12)

图 7-12   不同理念的碰撞与融合也是创造性设计思维的典型运用模式。2010 年的春夏 T 台上,不少设计师将华丽的巴洛克、洛可可风格与游牧感觉的波西米亚风结合起来,打造出融合了朋克、混搭、迷幻、既奢华又随意的波西米亚巴洛克式造型

第五节　服装设计的内容

　　服装设计的要素可以大致由廓型、结构、材质和色彩组成。进一步细分后，服装风格和功能设计也是设计的重要表现内容。服装风格和材质会在单独的章节进行详细地说明，本节内容只做大致介绍。

一、服装风格设计

（一）服装风格的定义

　　服装风格是服装所表达出旳精神内涵和文化氛围，是服装整体上给人们带来的感受和倾向。

（二）服装风格的基本类别

　　服装风格的分类有很多，这里只列举最基本、最常见的类别，包括有：经典风格、前卫风格、乡村风格、都市风格、浪漫风格、中性风格、军装风格、商务风格、休闲风格、运动风格、优雅风格、民族风格、中国风格、嬉皮风格、雅皮风格、朋克风格、未来风格、解构主义风格等等。

（三）服装风格设计的要点

　　每一种服装风格都会与其产生的时代背景密切相关，特定时代的政治环境、经济状况、文化思潮、生活方式、艺术发展水平以及科技水平都会对服装风格的产生和变革产生重要的影响。这些背景因素反映到服装上时，往往是通过特定的色彩、廓型、结构和装饰手法表现出来的，因此在进行服装风格的把握和创意时，清楚地了解促使这一风格产生的时代背景是非常重要的。在进行风格的借鉴时，可以根据设计的需求和流行的现状对该风格的某些组成要素进行适度地改变，但必须保留体现该风格的三要特征要素。（图7-13）

图7-13　产生于60年代的摩斯风格——MODS是次文化的始祖，对后来的光头党文化和朋克文化有着深远的影响，披头士乐团和The Who乐团是MODS族的典型代表。这一族群有着挑剔的品味，喜爱爵士乐与R&B，热衷于表现自我。典型的MODS会穿着剪裁优良的意大利西装、七分西裤、针织领带和手工制作的鞋子，并对细节的要求近乎痴狂

二、服装廓型设计

（一）服装廓型的定义

服装廓型（Silhouette）是服装穿着在人体上之后展现出的形状特征，也就是服装外部造型的剪影。廓型的样式和变化对服装款式起着决定性的作用。

（二）服装廓型的基本类别

历史上，服装廓型每经过一段时期都会有新的流行造型出现。现有的服装廓型通常会采用三种方式对其进行分类和命名：以字母命名的廓型，包括有 H 型、A 型、Y 型、X 型、O 型五种基本廓型，在此基础上还可以细分出 I 型和 T 型；以形状命名的廓型，包括有梯型、伞型、钟型、气球型等等，其中某些廓型与字母型廓型有交叉的部分；以历史名称命名的廓型，包括有帝政式廓型、查尔斯顿廓型等。（图 7-14）

H ine	O ine	A ine
H ine	Empire line	Charleston line

图 7-14　服装廓型示例

虽然命名上有着这么多的变化，所有的服装廓型基本上可以归类为三大最基本的样式：直筒式、钟形式以及后裙撑式。其他的廓型都可以从这三种基本样式上发展得出。

（三）服装廓型设计的要点

在进行服装廓型的设计时，最重要的是掌握支撑服装的几个关键部位的变化，即肩部的造型、腰部的松量与腰节的高低、底边线的高低和宽幅、胸部和臀部的贴合程度。初学者在开始服装设计时，可以首先将符合设计需求的这些关键点的位置标记出来，以保证最终的廓型不会走样，同时还可以采用绘制几何廓型的草图或廓型的组合模块来创造新的廓型样式。

廓型的样式往往与服装风格的表现有着密切的关系,例如 H 型服装显得干练、中性,往往会用于职业装束中,而 X 型廓型由于突出了胸、腰、臀的差别,特别能展现女士的线条,常常会与女性化、性感的设计风格相搭配。根据服装风格设计造型,这也是进行廓型设计的要点。

三、服装结构设计

(一)服装结构的定义

服装结构指的是除服装廓型以外的结构形状,主要包括服装局部的边缘形状以及衣片上分割线、省道、褶裥等构造。

(二)服装结构的基本类别

服装结构的基本类别可以分为两大类:

一类是服装局部构件的结构,包括有衣领结构、肩部结构、衣袖结构、口袋结构。衣领的类别包括有圆领、方领、V 领、一字领、荡领、高领、平驳领、戗驳领、立领、青果领、水手领等多种类型;肩部结构包括有圆肩、檐肩、落肩等;衣袖的类别包括有装袖、两片袖、蝙蝠袖、插肩袖、羊腿袖、灯笼袖、长袖、中袖、短袖、半袖等;衣袋的种类主要有贴袋、插袋、嵌袋、立体袋、零钱袋、直开口袋、横开口袋等。除此之外,门襟和袖口等部位的结构也非常重要。

另一类是结构线的造型设计。结构线一般由省道、分割线和褶裥组成。这里的省道、分割线和褶裥都是具有功能的结构设计,而不只是为了起到装饰效果。常见的省道有胸省、腰省、肩省,主要是为了解决人体各部位的松量差异和满足设计需求而产生的。结构线包括公主线、侧缝线等。褶裥包括有箱型裥、明裥、暗裥、缝合裥等。

(三)服装结构设计的要点

服装结构设计是服装衣片缝合的依据。服装结构设计是将服装款式设计意图用平面裁剪或立体裁剪的方式表现出来,其设计要点必须考虑整体结构与局部结构的关系,研究结构处理与制作材料的特性,将服装的风格、品类、时尚与人体的贴合度、舒适度以及工艺流程等因素通盘考虑。

服装结构的丰富变化往往能改变服装的样貌和风格,尤其是现在服装廓型的变化几乎没有创新空间的背景下,结构的创新是非常重要的设计途径。因此在设计时不应当局限于传统概念上的样式和组合方式,这样才能创造出新的服装样式来。

四、服装材料设计

(一)服装材料的定义

服装材料指的是用于服装制作的一切用料,包括有面料、辅料两大类型。

(二)服装材料的基本类别

服装材料由纤维制品、毛皮制品、里料和辅料组成。纤维制品根据纤维种类的不同可以划分为天然面料和化学面料两大类。棉、麻、丝、毛是最常见的四大天然面料,而化学面料则由腈纶、涤纶、锦纶、氨纶等合成面料以及大豆纤维、粘胶纤维等再生纤维素面料组成;毛皮制品主要可以分为皮革制品和皮草制品,具体的分类根据毛皮的来源不同而有着丰富的种类变化;里料和辅料主要由衬里料、衬垫料、填充材料、扣紧材料和装饰材料组成。具体的分类讲解可见服装材料章节。

（三）服装材料设计的要点

服装材料的设计不仅包括有对服装材料成分的选择,还有织物结构和肌理的处理以及面料纹样和光泽的设计。材料的选用首先要考虑它们的特性,一般来说,什么服装选用哪一种面料,或哪种面料适合做哪种类型的服装,已经形成了约定俗成的定式,其次还要结合生产成本和消费水平。纹样的处理上则需运用到形式美的法则,根据服装所要表现的风格进行设计。

五、服装色彩设计
（一）服装色彩的定义

顾名思义,服装色彩即是用于服饰产品上的一切色彩表现,它既包括有服装面料的色彩,也包括有诸如纽扣、饰边等服饰配件的色彩。

（二）服装色彩的基本类别

如果按照色彩的分类标准,服装色彩同样可以划分为 15 个色系。色彩学上,任何色彩的调和都是由红、黄、蓝三原色混合而成的,除开黑、白、灰三个无色系外,三原色加上其混合而成的 9 种衍生色组成了另外 12 个色系:蓝色系、蓝紫色系、紫色系、紫红色系、红色系、橙红色系、橙色系、橙黄色系、黄色系、黄绿色系、绿色系、蓝绿色系。再具体到每一种混合的色彩,服装色彩的种类就数不胜数了。一般来说,进行服装色彩的设计时,大致可以将其分为主体色和点缀色。主体色是服装大面积采用的色彩,多分布在衣身部分。点缀色也称辅助色,可以是小面积衣身或局部结构的色彩,也可以是面料图案上的点缀色彩。

（三）服装色彩设计的要点

进行服装色彩的设计与搭配时,首先要遵循形式美的法则。其次,不同品类的服装在色彩的选择上会存在某些约定俗成的规范,这一点男装比女装更为严格。再次,在色彩的搭配上,人们常常会说无论是纹样的色彩调和还是全身的色彩搭配都应当控制在三套色彩之内。不过,这一点并不是绝对的配色法则,当这些色彩属于同一色调时,即使有 5 种以上的色彩,只要分配合理也能达到视觉上的美观效果。因此在运用色彩时,设计师首先要确定服装主要的色彩基调是什么,再根据这一基调进行其他色彩的调和,以避免出现过于花哨和杂乱的效果。（图 7-15）

图 7-15　日本设计师高田贤三的品牌 Kenzo 以丰富的民族印花和多样的色彩搭配闻名世界,尽管其服装中出现的色彩种类异常繁多,却不会让人产生杂乱无序的感觉

六、服装功能设计

(一)服装功能的定义

服装功能指的是服装产品给人体带来的各种物理或化学反应所引起的功能上的效果。

(二)服装功能的基本类别

按照功效的不同,服装的功能基本可以分为以下几种:蔽体功能,美观功能,包括修饰人体缺陷、增加美观效果等;舒适功能,包括有透气、保湿、滑爽、弹力等功能;防护功能,包括有防风、挡寒、防水、防紫外线、防辐射、抗压、防刺等功能;保健功能,包括有远红外、美白等功能;其他功能,包括有可接收电子信号、可收听音乐等高科技功能。

(三)服装功能设计的要点

任何一种服装产品至少满足两种基本功能,蔽体功能和美观功能,只不过根据设计程度的不同,其美观效果会有所差异。大多数的功能都是由服装面料所决定的,因此服装功能的设计重点在于对面料功能的开发。织物功能的获取可以通过三个途径,首先是采用功能性的纤维,例如牛奶丝纤维织造的服装就会具有舒适、透气、滑爽、抗菌等功能。其次,可以利用织物织造的方法增加产品的功能性,例如加大弹力等。再次,可以通过后整理技术扩展面料的功能,例如纳米后整理技术和涂层整理等。除开面料的功能设计外,服装产品本身也可以通过独特的设计开发其自身的功能,例如通过可拆卸式的设计增加服装的可穿着性和多功能性。(图7-16)

图7-16　多功能夹克的设计

第六节　服装设计的表现

设计表达是指用一定方式借助一定的工具手段,将设计意图表现出来。一件服装的成型往往需要通过构思、设计、选料、裁剪、制作、试衣等程序才能得到完整的设计产品,这其中构思和设计的表达是通过各种不同形式的服装图稿来进行阐述的,它们是服装设计表现的重要载体。

一、服装设计表现的重要性

(一)设计思维和审美情操的具体体现

一百个设计师会有一百种不同的设计表现,即使他们的设计灵感来源于同一种事物,设计手法有着雷同,但在设计表现上多多少少都会有差异。这种差异的存在正是每个设计师对艺术、对美的不同思考和感悟下所产生的。服装设计的表现手法能够有效地展现独特的设计思维和审美情操。通过观察知名设计师的手稿,我们往往会发现他们在设计表现上通常会有特定的表现模式,有的喜欢草图般随性地勾勒,有的喜欢工笔式的细致描绘,有的善用背景和色彩进行烘托,有的则会突出插画般的装饰效果。这些手法的表现正展示了其艺术的喜好和独特的审美情操,并进一步影响到服装的设计与制作上。

(二)设计部门与生产部门沟通的桥梁

服装设计的表现是设计部门与生产部门沟通的重要桥梁。对于服装企业来说,服装的设计和制作往往是由多个部门、多个环节完成的,打板师和生产部门能否读懂设计部门的创意和构思,能否原汁原味地展现设计的亮点,很大程度上需要设计部门提供合理、科学的设计表现稿样。即使是在同一设计部门,设计师之间的沟通也需要有一个统一、规范的表现模式,以保证其他设计师在进行修订、补充时能够看得懂之前的设计意图。

二、服装设计表现的分类
(一)平面表现

采用图纸类型的平面表现是设计师表现思维构想的最基本、最普遍形式,这一表现类型不局限于服装设计,同时也是建筑设计师、环境艺术设计师、视觉传达设计工作者以及其他姊妹艺术从业者最常用的手段。平面表现的方法能够直接、快速地表现设计师的意图,同时也不需要投入过多的资金来实现,是非常经济实惠的表现方法。

按照平面表现的不同形式分类,主要有设计草图、平面效果图、服装效果图和版样图四种。除了设计草图以外,其他三种形式的平面表现都可以有手绘和电脑制图两种方式。

1. 设计草图

设计草图是设计师用于捕捉灵感,记录构思,或一件服装作品雏形的纸面表现形式。设计草图的特点是快速、简洁、概括,并不追求画面的完整性和艺术性。一般来说,草图的形式以线条为主,也可以附加简单的色彩和特征细节的描绘,草图表现对象可以是服装,也可以是配合模特展示的服装图。根据设计构思的侧重点不同,有的服装设计草图会是廓型的描绘,有的是风格的表现,还有的是服装局部细节和独特装饰加工工艺的设计。因此草图的形式非常自由、多样,既可以是整体的特征勾勒,也可以是局部的设计构想。作为供设计师自己或与其他设计师交流的构想初稿,服装草图中往往会加入一些说明性的文字或附加一些直观的面料和纹样。(图7-17)

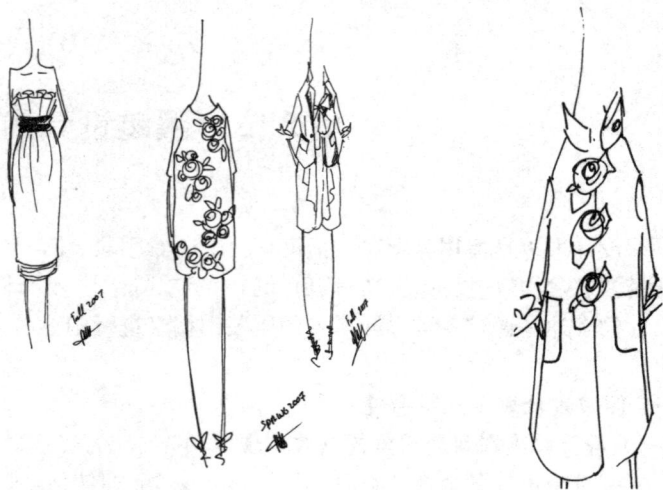

图7-17　设计师 Phillip Lim 的设计草图

由于记录的是设计的最初灵感和原始意念，一般来说，设计草图都是在第一时间将构思表现出来的。同时，由于操作方便、直观等特点，草图也是很多设计师进行设计素材收集与积累的有效途径。

2. 平面图

平面图是设计师与工艺师沟通的桥梁，这是一种只描绘服装的、比例精确的、造型完整的、美观的设计表现形式。平面图是服装企业运用最多的设计形式。一般来说，企业中大约有80%的设计思想都是通过服装平面图来表现的。服装业界，平面图往往有两种形式：一种是我们常常能在趋势手册中看到的平面款式图；另一种是供打样和制版所用的制版平面稿。当然，这两种类型的平面图都是作为产品生产所用的服装表现形式，只不过后者对制图的标准更为严格一些。（图 7-18）

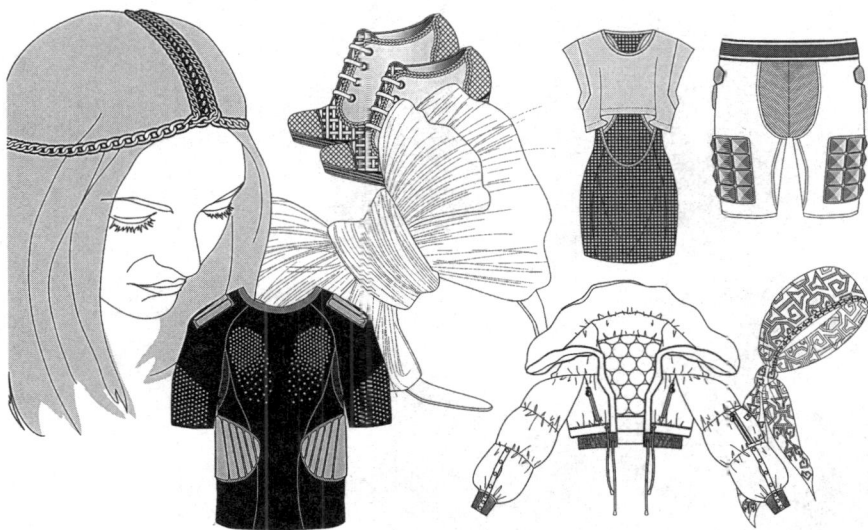

图 7-18   平面图一般为黑白稿，某些为了突出面料或设计亮点会采用彩稿

平面图一般应当由正面图和背面图组成，某些设计还会有侧面图和局部图。由于是为了让服装制作者更清晰地了解设计意图，平面图的绘制必须比例合理、尺寸精确，同时还需绘制出服装的结构线条，并附加必要的工艺文字说明。（图 7-19）

3. 时装效果图

时装效果图是将设计意图通过人体着装形式表现出来的图稿，最能直接反映服装设计的效果，并完整地表达设计意图。效果图由于需要人物的辅助，所以掌握好人体的比例和动态是非常重要的，此外还需对设计的重点（面料的肌理、视觉中心、装饰纹样等）进行详细描绘。针对服装的不同造型和设计特点，效果图中的人体比例和姿势可以进行适时地夸张，以达到突出重点、吸引目光的作用。在表现手法上，时装效果图采用线描稿、黑白稿、淡彩稿、粉彩画等多种形式。（图 7-20）

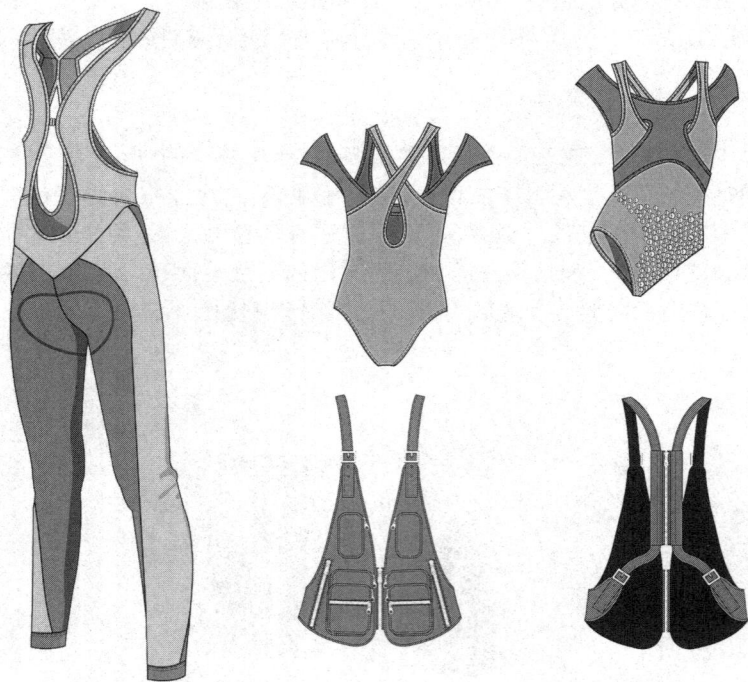

图 7-19   大多数的平面图由正面图和背面图组成

图 7-20   早期的男装时装画

时装效果图根据用途的不同,也可以分为两个大类:服装效果图和时装画。服装效果图多用于参加比赛或对服装设计产品做较为具体的展示以把握服装成品的最终效果(图7-21)。这一类的效果图中,人体比例从7头身到9头身不等,用于实际生产的服装效果图多为7头身的比例。比赛类效果图比生产用效果图更灵活,可以更多地展现设计师的绘图风格;时装画多出现在报刊、橱窗、杂志或各类时尚活动上,其人物造型夸张、构图创新独特、风格强烈、表现方法大胆。时装画强调的是感染力和艺术性,受服装和人体的限制相对较少,有着较大的发展空间。(图7-22)

图7-21　服装效果图中的人物形象生动,往往需要配合服装的功用和风格设计相应的姿势和表现方式

图7-22　Antonio Berardi 与 Antonio Cuitto 的时装画作品充满了场景的描绘

4. 板样

这里的板样指的是平面制板,也就是通常所说的平面裁片。现代服装企业中设计师和制板师的职责是分开的,公司里往往有专门的部门对设计稿件进行制板。但也有设计师不会画图或者对其想要的设计有着十足的把握,因此跳过设计稿的过程而直接在纸上或面料上进行衣片的设计。这种状况下的裁片便是设计师表现设计意图的方式和成果。历史上,在专业服装设计师这一职位出现之前,裁缝和手工从业者往往就担负着设计和制作的双重职责。现在某些设计工作室的从业者仍然保留着直接进行打板的习惯。(图 7-23)

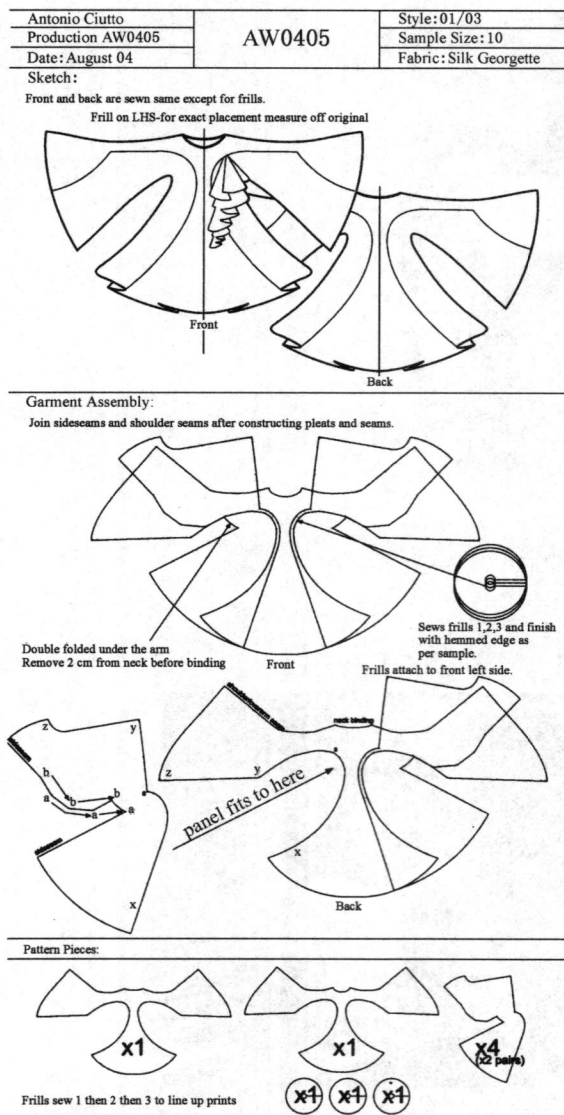

Antonio Ciutto		Style:01/03
Production AW0405	AW0405	Sample Size:10
Date:August 04		Fabric:Silk Georgette

Sketch:
Front and back are sewn same except for frills.
Frill on LHS-for exact placement measure off original

Front

Back

Garment Assembly:
Join sideseams and shoulder seams after constructing pleats and seams.

Double folded under the arm
Remove 2 cm from neck before binding   Front

Sews frills 1,2,3 and finish
with hemmed edge as
per sample.
Frills attach to front left side.

neck binding

panel fits to here

Back

Pattern Pieces:

x1   x1   x4
(x2 pairs)

x1 x1 x1

Frills sew 1 then 2 then 3 to line up prints

图 7-23   典型的板样图稿

（二）立体表现

当有些设计意图无法用平面方式表达时，会采用立体的方式。立体表现指的是通过立体裁剪的方式直接在模特或人台上造型，可以省去平面制版的过程，而且由于能够更好地处理人体曲面与面料的关系，使得服装更加适体（图7-24）。采用立体表现服装灵感的优势有以下几点：

1. 直观性

由于立体裁剪是直接在模特或者人台上模拟成型的，因此设计者可以立竿见影地看到成衣的穿着形态、适体程度以及效果的好坏。同时，在立体裁剪的过程中还可以随时观察设计的效果，边设计边进行裁剪，而此过程中发现的问题也能够得到及时地修正，这是平面裁剪无法达到的。

2. 准确性

相对于平面制版来说，立体表现的方式能够更准确地制作出适应多种人群体型的服装产品来。这一点在制作特殊体型服装时表现得尤为明显。平面裁剪对于服装各部位的缩放尺寸往往只能依

图7-24　立体表现是借助人台这一工具来实现准确造型和独特表现的有力方法

照经验来进行，尽管有一定的数据支持，难免还是会出现误差。但采用立体造型的方式，可以通过在具有特殊体型的模特或人台上造型，而缩小误差值。

3. 灵活性

立体表现的灵活性表现在这一设计方式不仅适合于具有高水平制作技术的专业人员，也适合有着一定基础的初学者。同时，立体剪裁后的衣片，又可以成为大批量生产的样板，在此基础上进行各个档次规格的推版，同样适合成衣产品的工业生产。

（三）虚拟表现

虚拟表现是服装设计师的创造与计算机技术、动画技术的理想结合，被广泛地用于立体时装设计与服装工业、三维影视、计算机广告制作等领域。

虚拟服装设计可以随意选择材料的图案、质地、尺寸，并在三维模特上进行裁剪和假缝，如果样板不合适，计算机会自动返回进行修改，直到合体为止。

服装材料 | 第八章

第一节　服装材料概述

一、服装材料的基本概念

　　口语中,人们常常会将服装材料与服装面料等同起来。严格意义上来说,服装材料的范围更加广泛,它指的是构成服装的全部用料,包括有面料、里料和辅料三大类。具体说来,面料是指构成服装的基本用料和主要用料,一般也是指服装最外层的材料,是体现服装造型、色彩、功能等设计意图的重要部分。里料则用于服装衬里的制作,是通过部分或全部覆盖服装内里而使服装达到里面光滑、美观,穿脱方便等功能的一类材料。除开面料和里料以外,一切用于服装构成的其他用料被称为辅料,它在服装中起着辅助作用。常见的服装辅料包括有拉链、纽扣、织带等等。

　　除开材料以外,还有两个重要的概念:纤维与纱线。通常人们将长度比直径(直径在几微米或几十微米)大千倍以上且具有一定柔韧性和强力的纤细物质统称为纤维。无论是面料还是里料,服装材料大多都是以纤维为主要的材料构成。将纤维捻在一起便构成了纱线,再通过梭织或针织的构成方式生成面料。纤维组成、纱线类别、织物结构都是组成服装面料的基本要素。除此之外,色彩和后整理也是五大要素的重要组成部分:色彩可以增强织物的外观,而后整理则可以满足织物的特定用途。

　　本章节中对服装材料的说明主要集中于服装面料和服装里料。

二、服装材料的重要性

(一)服装造型的物质载体

　　材料是组成服装的最基本的元素之一,是体现设计师创意的物质载体,也是服装生产加工的客观对象。无论是什么风格、什么品类的服装产品都无法脱离材料而存在。面料为服装产品的构成提供了基本的素材与框架,里料从舒适性和美观性上进一步完善服装设计,而辅料则对特定的服装造型和细节处理有着重要的作用。一般来说,不同品类的服装会对其产品的材料构成有着各自惯用的标准,例如西服往往采用毛制品,而夏季的裙装则采用舒适透气的棉麻和丝制品。同样,服装风格的塑造很大程度上也要依靠相应的材料来表现,材料的特性不同,展现出来的服装样貌也会有着很大的差异。服装材料不仅仅是造型的物质基础,也是造型艺术的表现形式。

(二)创新设计的突破途径

　　体现服装材料重要性的另一表现因素是其对创新设计的贡献。就组成服装产品的几大重要要素看来,无论是色彩、风格还是廓型的设计都只能是在有限的范围内进行调整,这一点随着服装产品设计的愈发成熟会更加明显。相比较起来,服装材料的选用和创新再造空间要广阔得多,越来越多的设计师与品牌都开始倾向于通过服装材料的革新设计创造全新的创意产品,即使是最为经典的服装样式,当采用特定的设计手段和加工工艺对其服装材料进行改造后,也会展现出完全不同于之前的创新理念来。

(三)功能需求的重要表现

　　服装产品的功能有很多种:实用功能、审美功能、标识功能等等。展现后两种功能的方法很多,最为典型的包括特定色彩及材料的选择、廓形设计、装饰细节处理等等。但对于实用功能来说,特别是对舒适透气、防风防雨、防紫外线等一类功能有着特殊要求的产品,往往都是通过面料的革新来完成的。服装功能的实现除开纤维本身所具有的特性外,还可以通过织物织造的组织结构和后整理工艺得以实现。

第二节　服装材料的分类

一、纤维制品

纤维是织物最基本的组成部分,可以划分为两大类:天然纤维和合成纤维。这其中又可以根据织造的方式细分为纺织面料类和无纺面料类。

（一）纺织品

1. 天然纤维制品

天然纤维是自然存在的、具有可纺价值的纤维,它是具有一定强度、柔韧度和弹性的细丝状物质。根据来源可以分为植物纤维、动物纤维和矿物纤维,典型的植物纤维包括棉、亚麻等,动物纤维包括绵羊毛、山羊绒、马海毛、桑蚕丝等,而石棉则是典型的矿物纤维。天然纤维主要由棉、麻、丝、毛四大类组成。（表8-1、表8-2、表8-3、表8-4、表8-5）

表8-1　棉纤维分类

分　类		说　明
按棉花的品种分类	细绒棉（又称陆地棉）	长度一般在23~33 mm左右,密度一般在1.67~2.00 dtex的棉纤维。
	长绒棉（又称海岛棉）	长度一般在33~37 mm左右,密度一般在1.18~1.54 dtex的棉纤维。
	粗绒棉（又称印度棉）	长度一般在15~24 mm左右,密度一般在2.5~4 dtex的棉纤维。
按原棉的色泽分类	白棉、黄棉、灰棉	

表8-2　棉织物分类

分　类		常见织物
按棉织物的组织结构分类	平纹类	平布、府绸、麻纱、巴里纱
	斜纹类	哔叽、华达呢、斜纹布
	缎纹类	直贡缎、横贡缎
	起绒类	灯芯绒、平绒
	起皱类	泡泡纱、绉布、轧纹布
	帆布	遮盖帆布、橡胶帆布
按棉织物的色相分类	原色棉织物（又称白坯布）	市布、细布、粗布、包皮布
	色布	各色卡其、华达呢、各色斜纹布、硫化原布
	印花布	花哔叽、花直贡、花府绸
	色织布	线呢、绒布、条格布

表 8-3　麻织物分类

	分　　类	典型织物
按麻织物的品种分类	苎麻织物	爽丽纱、夏布、涤/麻混纺花呢、涤/麻派力司
	亚麻织物	亚麻细布、亚麻帆布、水龙带
	黄麻织物、大麻织物、剑麻织物、洋麻织物	

表 8-4　丝织物分类

	分　　类	常见织物
按丝织物的组织结构分类	桑蚕丝织品类	电力纺、乔其纱、双绉、织锦缎、斜纹绸
	榨蚕丝织品类	榨丝绸、榨丝绉、捻线绸、千山绸
	绢纺丝织品类	绢丝纺、桑绢纺、榨绢纺

表 8-5　毛织物分类

	分　　类	常见织物
按毛织物的生产工艺和外观特征分类	精梳织物类	哔叽、华达呢、凡立丁、薄花呢、啥味呢、直贡呢、派力司、马裤呢、驼丝锦
	粗梳织物类	大衣呢、麦尔登呢、制服呢、啥味呢、法兰绒、大衣呢、粗花呢、海军呢

无论在哪个国家,天然纤维用作服装材料都有着悠久的历史。我国早在 9 000 年前就掌握了植棉、种麻、养羊和育蚕的技术,而埃及在公元前 4500 年左右就有了麻织物。用天然纤维织造的服装陪伴人类走过了非常漫长的一段历史时期。

2. 化学纤维制品

化学纤维是以天然或人工合成的高分子聚合物为原料,经过特定加工制成的纤维。根据高分子聚合物来源的不同,化学纤维可以大致分为再生纤维素纤维和合成纤维两大类。再生纤维素纤维是以天然高分子聚合物为原料,经过纺丝加工制成的。合成纤维是以石油、煤和天然气等材料中的小分子物质为原料,经过人工合成得到高分子聚合物,再纺丝制成。(表8-6)

早在 18 世纪,世界上就有了第一根人造丝。自此之后,化学纤维的发展突飞猛进,无论是纤维的品种、成纤方法、纺丝工艺还是后整理技术都日趋丰富,成为织造服装材料必不可少的纤维原料。

人们熟悉的涤纶、锦纶、氨纶等纤维都是常用的合成纤维,而近几年来,竹纤维、莱卡、莫代尔、玉米纤维等再生纤维素纤维由于性能优良、材质天然,同时兼具天然纤维和化学纤维的特点而备受关注。

表 8-6　化学纤维分类

	分类	常见织物
合成纤维	粘胶纤维	
	醋酯纤维	
	锦纶(尼龙)	
	腈纶	
	涤纶	
	氨纶	
	维纶	
再生纤维素纤维	人造纤维素纤维	粘胶纤维、醋酸纤维、铜氨纤维、
	人造蛋白质纤维	大豆蛋白质纤维、玉米蛋白质纤维、花生蛋白质纤维

（二）非织造布

纺织品材料中除开以上通过制造手段获得的织物外,还有一类非织造布。非织造布也称无纺织物,这是一种由纤维层构成的纺织物,这种纤维层可以是梳理网或由纺丝方法直接织成的纤维薄网或杂乱的纤维元素,经过机械或化学方法的加固而成。几乎所有的纺织纤维原料都可以用于无纺织物的生产,常见的非织造布包括有毛毡、絮棉以及用于工艺定型的各种里衬和填料等等。

二、毛皮制品

自远古时代起,毛皮制品就已经成为人类服装和服饰的主要材料之一。远古人类在学会纺纱织布之前,靠着狩猎动物和采摘植物的方法获得覆盖身体的原料,尤其是毛皮产品,不仅仅可以大面积遮挡身体,还是保暖御寒的优良材料。毛皮制品在目前的织物体系中可以大致分为皮革制品和皮草制品两大类。

（一）皮革类

皮革是经过加工处理的光面或绒面动物皮板的总称,由天然皮革和人造皮革组成。

天然皮革按照来源的不同可以分为家畜革、野生动物皮、鱼蛇皮和禽鸟皮等。常见的家畜革包括有黄牛皮、水牛皮、牦牛皮、马皮、驴皮、猪皮、山羊皮和绵羊皮等;野生动物皮包括羚羊皮、鹿皮、袋鼠皮和麂皮等;鱼蛇皮有鳄鱼皮、蛇皮、蟒皮、鲨鱼皮、蜥蜴皮和蛙皮等;而鸵鸟皮则是典型的禽鸟皮。

人造皮革是一种纺织复合材料,拥有近似天然皮革的外观。这种产品出现的最初目的在于降低皮革制品的造价。人造皮革可以分为人造革和合成革两大类:人造革是以机织布或针织布为底布,并大多以 PVC 为涂层的人造皮革;合成革是以非织造布为底布,PU 为涂层的人造皮革。

（二）皮草类

皮草制品可以是天然裘皮也可以是仿裘皮产品。天然裘皮是经过鞣质加工后的动物毛皮。裘皮的种类也非常广泛,在我国,支张可以制裘的动物有 80 多种,且以人工饲养的皮毛兽为主。

裘皮根据不同的分类标准有着不同的产品组成。按照动物生长的不同环境,可以分为家畜毛皮、野兽毛皮和海兽毛皮;按动物成长的不同时段可以分为胎毛皮、小毛皮和大毛皮。根据毛被的特点、品质和价值可以分为小毛细皮、大毛细皮、粗毛皮、杂毛皮四大类。小毛细皮的典型产品有水獭皮、紫貂皮、黄鼬皮、海狸皮、水貂皮等等;大毛细皮的典型产品包括狐皮、貂皮、猞猁皮、狸子皮等;粗毛皮包括有羊毛皮、狗皮、狼皮和豹皮等;杂毛皮则由猫皮、兔皮等组成。

三、纺织里料与辅料

里料是服装最里层用于覆盖服装背里的材料。除开面料和里料以外,一切用于服装构成的其他用料被称为辅料,它在服装中起着辅助作用,根据作用的不同,辅料可以分为服装衬垫料、填充材料、扣紧材料、装饰材料几大类。

(一) 里料

服装的里料可以分为活里和死里两种。死里将里布和面料缝合在一起不可脱卸,而活里的里布和面料可拆卸脱离,方便清洗。

根据里布的部位可以分为全里、半里、前夹后单里。其中前夹后单里指的是服装的前身全部装配里料,后身上半部分装配里料。

(二) 衬垫料

衬垫料由衬料和垫料组成。

衬料是指在服装的某些特定部位,在面料和里料之间起衬托、撑型作用的材料,例如领衬、胸衬、腰头衬等。常见的衬料包括有动物毛衬(马尾衬、黑炭衬)、棉布衬(粗布衬、牵条布)、麻衬、树脂衬、粘合衬等。

垫料则是为了使服装穿着合体、挺括、美观或弥补体型不足而采用的托垫物,也是完成特殊服装造型的必要材料。常见的垫料有肩垫、胸垫和领垫。

(三) 填充材料

填充材料是指面料与里料之间填充的材料。填充材料可以起到保暖、降温、改变服装体积感,甚至是防辐射和卫生保健等功能。

根据原材料的不同,填充材料可以分为以棉花、丝棉、化学纤维絮片为代表的纤维填充料;以天然毛皮和人造毛皮为代表的毛皮填充料;以鸭绒、鹅绒为代表的羽绒类填充料;其他不同材料混合而成的特殊填充料。

(四) 扣紧材料

扣紧材料在服装中起连接与开合的作用。常见的扣紧材料包括有纽扣、拉链等等。

(五) 装饰材料

对服装起到装饰与点缀作用的材料称为服装装饰材料。常用的装饰材料包括花边、缎带、丝绦和镶缀材料。

花边是具有花纹图案的窄幅织物,多为镂空型。按照制造方式可以分为机织花边、针织花边、编织花边和手工花边。按照加工工艺可以分为抽花花边、烂花花边和刺绣花边等。

缎带是用缎纹组织制造的装饰类带织物,常用于服装的镶边和滚边。

丝绦是用丝线织成的装饰带类织物,常见的丝绦产品为流苏。

镶缀材料包括有珠子、亮片、动物羽毛、水晶等等。

第三节　服装材料的性能

一、服装材料性能概述

服装材料的性能是指服装材料为了满足人体穿着所应具备的性能。服装穿着使用后能否保持优良的外观形态,用该材料制作的服装其缝纫制作过程是否容易,人体穿着后是否有舒适感、透气感,以及是否能为穿着者带来其他功能性的体验等等,只有准确地掌握和了解这些性能,才能按不同的使用要求合理地选择相应的衣料制作服装。

服装材料的性能可以大致分为外观性能、舒适性能、耐用性能和功能性能几大类:

(一)外观性能

服装的外观性能主要是服装材料所展现的风格特征,包括有视觉性能、触觉性能、听觉性能和嗅觉性能。常见的外观性能包括光泽感、色泽感、疏密感、悬垂感、刚柔性、丝鸣感、表面肌理等。

(二)舒适性能

舒适性能是服装材料应有的基本性能之一,常见的舒适性能包括有面料的吸湿性、透气性、透湿性以及触感的舒适度。吸湿性是指服装材料在空气中吸收或放出气态水的能力,透湿性则是指水分子穿过布层的性能,透气性是指当织物两侧存在压力差时,空气透过织物的能力。这三种性能主要取决于纤维的性质,同时也与织物的密度和厚度密切相关。触感的舒适度则是指织物的贴肤感觉以及给人带来的舒适度,它包括有织物的柔和度、刺痒感和粘附感。

(三)耐用性能

服装在制作、穿着和打理的过程中,常常会受到拉伸、摩擦、日晒、洗涤等理化动作,这些动作对服装材料的性能有一定的损害作用,某些织物对这种损害作用有着一定的承受和抵抗能力,这一能力被称为织物的耐用性能。常见的织物耐用性能可以分为耐劳性和耐久性,耐劳性包括有强力(拉伸强力、撕裂强力、顶破强力)、耐磨性、耐晒性、耐热性、色牢度、起毛起球性以及勾丝性。耐久性包括织物的弹性恢复能力、抗皱性、收缩性、热定型性等。

(四)功能性能

服装的功能性能也有很多种类,最基本的当属防护功能,即为了穿着者不受外界不利因素的侵袭而提供的保证安全、适应环境的功能。随着人们对生活品质的要求越来越高,又出现了促进血液循环等功效的保健功能。常见的功能性性能包括有抗静电性、阻燃性、防水性、防风性、防辐射、防紫外线等。

二、常用服装材料性能特征

(一)天然纤维面料

1.棉织物

棉织物是以棉纤维为原料的织物,通称棉布。棉织物的服用特点主要有:吸湿透气性能好,无闷热感;无静电现象;保暖性能较好;穿着舒适,手感柔软,但弹性及保形性较差;织物牢度和染色性能良好,缩水率在4%至10%左右,经济实惠;易起皱,但可通过防皱处理来改善;棉织物耐碱不耐酸,日晒后强度会下降,不易被虫蛀,但容易霉烂变质,在使用和保管中要注意防高温直射、防湿防霉。

现代服装设计中对纯棉以及棉与其他纤维混纺的面料需求量很大,所以棉织物具有广阔的用武之地。棉织物常用于休闲服装和运动服装中,典型的运用品类包括有外套、茄克、裤子、衬衫、T恤等。棉织物与其他织物,如羊毛、羊绒、亚麻等混纺,能形成新的外观和性能,进而改变服装的整体感觉。此外运用现代技术对棉织物表面进行磨绒、磨皱、磨破、做旧、变色等艺术处理也能产生意想不到的设计效果。

棉织物的品种繁多,以下是常见品种的性能介绍。

（1）平布

平布是棉布的主要品种,可以分为细平布、中平布和粗平布三大类,风格多样,经济实用。细平布也称细布,具有质地细腻、布身轻薄、布面均匀、手感柔滑的特征,并富有棉纤维的天然光泽,其用途广泛,经印染后可作为春夏季服装用料,也可作手帕、绣品用料;粗平布也称粗布,具有布面粗糙、手感厚实、坚固耐用的特点,风格古朴粗犷;中平布介于两者之间,适用范围也较广。

（2）府绸

府绸是布面呈现出菱形颗粒效应的平纹织物,质地轻薄、结构紧密、颗粒清晰、布面光洁、手感光滑,并有丝绸的感觉。

（3）卡其

卡其面料品种繁多,主要包括有纱卡其、半线卡其和高档卡其。卡其是一种高密度的斜纹织物,具有质地紧密、纹路清晰、手感厚实、挺括耐穿等特点。经染整加工后,卡其布可用于休闲外套、休闲裤等品类的制作。

（4）灯芯绒

灯芯绒是一种纬向起毛的棉织物,布面呈现各种粗细不同的绒条。特征是手感柔软,纹路清晰,绒条丰满、质地厚实、耐磨耐穿、保暖性好等。灯芯绒适用范围相当广泛,可用于休闲西服、茄克、休闲裤等品类的制作。裁制灯芯绒服装应考虑绒毛方向,防止产生阴阳面。灯芯绒类的服装在洗涤时,不宜用热水柔搓,洗后亦不宜熨烫,避免脱毛和倒毛。

（5）平绒

平绒是用捻度较小、易于散开的经纱或纬纱在面料表面形成均匀、密集分布绒毛的棉织物。其织物质地坚固、绒毛均匀、光泽柔和,绒毛所形成的空气层具有良好的保暖效果。平绒适合休闲便服的制作。

（6）牛津布

牛津布亦称牛津纺,是一种特色的棉织物,多用涤棉混纺纱与棉纱交织,手感松软、光泽自然、穿着舒适,具有粗犷感,适合制作牛仔风格的外套、男式衬衫等。

（7）帆布

帆布是经纬纱均采用多股线制成的粗厚织物,具有紧密厚实、手感硬挺、坚牢耐磨等特点。在服装设计中,帆布广泛应用于外套、裤子等服装制作中。

2. 麻织物

麻织物为麻纤维加工后织成的织物。麻纤维的种类较多,性能各异,依其纤维质地不同可分为苎麻、亚麻、黄麻三大类。这几类麻纺织物以纯麻为主,此外还有与其他纤维混纺或交织的麻织物。

麻纤维属于纤维素纤维。由于麻纤维大都长短不一,集束纤维多,纱条干不均匀等特点,造成了非精纺麻织物表面有粗结纱和大肚纱,构成麻织物独特的粗犷、豪放的风格。纯麻织物具有吸湿放湿速度快、抗断裂强度高、断裂伸长小、不易产生静电、热传导率大等特点。因比,麻纤维服装有穿着感觉凉爽,出汗后不贴身、不霉不烂、较耐水洗等等优点。

由于麻纤维的许多品质与棉纤维相似,利用麻布的特性而进行的设计与棉织物也大体相同。利用其凉爽的特点,麻布通常用来制作夏季的服装,经典的麻织物通常会用来做透气舒适的衬衫、裙子和休闲裤,现在许多西服和西裤也会采用麻纤维制作。以下是麻织物的常用品种:

(1) 美丽纱

美丽纱属于细薄型纯苎麻织物,采用单纱织成,轻薄且略带透明感,具有丝状光泽感和挺括感,华丽优雅,适用于夏季各种男装的设计制作。

(2) 亚麻细布

亚麻细布是指由较细的亚麻纱线织造而成的麻织物,其外观具有竹节纱般的风格。吸湿散湿快,光泽柔和,易洗易烫。

(3) 夏布

夏布是由手工织制的苎麻织物,是我国传统纺织品之一。由于苎麻纤维较长,其织物经精炼、漂白后,颜色洁白,光泽柔和,穿着舒适,具有清汗离体、挺括凉爽等特点,适用于夏季各种服装。

3. 丝织物

丝纤维为天然蛋白质纤维,天然丝绸因其华丽的外观,极佳的穿着舒适性,素有"衣料女王"之称。根据外观及结构特征可分为纺、绉、绸、绫、罗、缎、锦、绡、绢、纱、绨、葛、绒、呢十四种。其主要服用性能特征为:纯丝织物的吸湿性较强;保暖性较好,仅次于羊毛;强度较纯毛织物高,但抗皱性能较差;丝织物的耐热性较好,但耐光性在各类织物中最差,故需避免长期日照。虽然丝绸"性情温柔",适合在女装设计中表现,但并非男装不能涉猎,男装设计也可根据时尚潮流选用丝绸,创造出别样的形象。以下就丝织物常见品种的风格特征和设计应用分别介绍。

(1) 电力纺

电力纺亦称纺绸,利用电动丝织机织造而成,其布身细密轻薄、柔软滑爽。它较绸类飘逸,较纱类紧密,穿着舒适,适合制作衬衫、便服等。

(2) 杭纺

杭纺是一种较重型的电力纺,因主要产地为浙江杭州而得名杭纺。其特征为质地厚实、手感滑爽,色泽自然,穿着舒适凉爽,适用于夏季衬衫、裤子等服装的制作。

(3) 双绉

双绉是采用平经绉纬的制造方法,使得织物表面出现均匀绉纹的丝织物,其缩水率较大。具有手感柔软、轻薄凉爽的特征,适合制作衬衫等。

(4) 碧绉

碧绉亦称单绉,是利用螺旋形捻丝线作纬线制成的丝织物。织物表面形成水波状闪光绉纹,较双绉厚实,具有良好的光泽度,质地柔软,手感爽滑有弹性,适用于衬衫、外衣、便服的制作。

（5）塔夫绸

塔夫绸是一种高档绸,较一般绸类丝织物密度大。塔夫绸的特征为质地紧密、绸面细洁光滑、平挺美观、光泽柔和自然、易皱,适用于节日服装、裙子和头巾的制作。

（6）柞丝绸

柞丝绸是用柞蚕丝为原料织制的绸织物,以平纹和斜纹组织为主。柞丝绸织物有厚有薄,外观形成纬向饱满罗纹,绸身富有弹性,略有光泽,以本白色为主。适合夏季西服套装、便服等的制作。

（7）软缎

软缎以生丝为经,化纤丝为纬,染色后经纬异色,呈现闪色效果。缎面光泽明亮,手感光滑柔软。有素软缎和花软缎之分,软缎适合作为中式礼服、睡衣、棉衣、便服等服装用料。

（8）织锦缎和古香缎

织锦缎和古香缎是中国传统丝织物,是丝织物中最为精致的产品。织造时在经面上起三色以上的纬花,表面均光亮细腻,手感丰厚,色彩绚丽。织锦缎和古香缎均适合中式礼服、便服、睡衣、礼服等品类的制作。

4. 毛织物

毛织物是采用羊毛或其他种类动物毛为原料,或羊毛与其他纤维混纺,经精梳或粗梳毛纺系统加工而成的织物。毛织物具有良好特性,表现在:纯毛织物光泽柔和自然,手感柔软富有弹性;较之棉、麻、丝等天然纤维织物具有较好的弹性及抗皱性,熨烫后其褶裥成型性和保型性较为理想;羊毛导热性较差但吸湿性较好,因而羊毛织物具有较好的保暖性能;毛混纺织物可以提高坚牢度和挺括性,同时也可以降低成本。以下是毛织物常见品种的特性。

（1）派力司

派力司为一种精纺平纹面料,由混色精梳毛纱织成,外观隐约可见其纵横交错的有色细条纹,并在布面上呈不规则十字花纹,色泽以中灰、浅灰、浅米色为其主色,其织物表面光洁、质地轻薄,是夏季套装、礼服、衬衫以及西裤等的理想用料。

（2）凡力丁

凡力丁是采用精梳毛纱织制的轻薄平纹毛织物。经过压光整理后,凡力丁质地细洁、轻薄滑爽,具有较好的透气性和吸湿性,多为素色和浅色,适合夏季服装的制作。

（3）华达呢

华达呢属于高档精纺面料。其布面平整光洁,正面的斜纹纹路清晰紧密,具有一定防水性,手感挺括结实,色泽柔和,主要有藏青、米色、咖啡、银灰等,也有少量其他花色。主要用于春秋西服套装及大衣等的设计制作。

（4）直贡呢

直贡呢,又称礼服呢,是一种历史悠久的传统高级产品。直贡呢是精梳毛纱织制的中厚型缎纹毛织物,为精纺毛织物中经纬密度最大且最厚的品种,其呢面平整光滑,质地细腻厚实,手感挺括,正面呈现75°斜纹,色泽以黑色为主,也有藏青、杂色等。常用来制作礼服、高级春秋大衣、套装等。

（5）马裤呢

马裤呢是精纺毛织物中最重的品种,也是一种高级传统衣料。马裤呢的呢面光洁厚实,手感挺实而有弹性,风格较为粗犷,以黑灰、军绿、藏青为主,也有咖啡、米灰等杂色。主要适用于制作高级军大衣、军装、猎装以及体现粗犷风格的大衣、套装、裤装、休闲装等。

（6）麦尔登呢

麦尔登呢是粗梳毛织物中的主要产品之一,其风格特征是手感丰满,呢面细洁平整,身骨挺实并富有弹性,色泽柔和美观,耐穿耐磨,抗水防风,适用于冬季大衣、外套和春秋外衣和裤子等的设计制作。

（7）法兰绒

法兰绒属于中高档混色粗纺呢绒,色泽主要为深灰、浅灰、奶白、浅咖啡等,其风格特征是呢面细洁平整,手感柔软丰满,绒面细腻,常作为春秋大衣、风衣、套装、西裤等品类的面料。

（8）大衣呢

大衣呢是粗梳毛纱织制的厚重毛织物的统称,品种和风格多样,但都具有保暖性好,质地厚实的特点。主要有拷花大衣呢、平厚大衣呢、立绒大衣呢和顺毛大衣呢等。适用于制作柔软的秋冬外套、大衣等服装。

（9）粗花呢

粗花呢是目前粗纺织物中用量最多的织物,其中有纹面、呢面和毛面之分,多为混纺织物。采用平纹、斜纹或变化组织织成各种造型,形成风格多样的粗纺花呢,粗花呢适用于套装、中大衣等服装面料。

（二）化学纤维面料

1. 涤纶织物

涤纶织物具有较高的强度和弹性,坚固耐用,挺括抗皱,同时吸湿性较小,易洗快干,保形性较好,但透气性差,穿着有闷热感,与天然纤维混纺后可得以改善,因此涤纶织物产品多与棉、麻、丝、毛及粘胶纤维混纺。

2. 锦纶织物

锦纶具有优异的耐磨性,在各种天然纤维和化学纤维中居首位,其强度也很高。较之其他合成纤维,锦纶的吸湿性较好,且质轻,是登山服、运动服和羽绒服等品类的常用面料。

3. 腈纶织物

腈纶有合成羊毛之美称,具有较好的弹性和蓬松度,并且保暖性、耐热性和耐光性都比较好,腈纶织物的色泽艳丽,手感柔软丰厚,但吸湿性和耐磨性均较差。腈纶纯纺和混纺面料主要用于大衣、套装、毛衫和茄克的制作。

4. 氨纶弹力织物

氨纶弹力织物是指含有氨纶纤维的织物,(杜邦公司生产的氨纶商品名为莱卡 lycre）。混用氨纶的比例高低不同,其织物弹性也有所不同,一般具有 15% ~ 45% 弹力范围。氨纶弹力织物能够把舒适性和造型曲线美融为一体,广泛用于各类服装。

5. 维纶织物

维纶有合成棉花之称,吸湿性在合成纤维中较好,耐磨性能好,耐酸耐碱,但染色性、耐热性和外观挺括性较差,多作为低档衣料使用,如工作服、口袋布等。

6. 丙纶织物

丙纶织物具有快干、挺括、价廉等特点,并且是最轻的原料品种,强度和耐磨性能、耐腐蚀性较好,但吸湿性小,舒适性差,不耐热,不耐光。主要为中低档各种服装用料。

7. 玉米纤维织物

玉米纤维可生物降解,织物轻柔滑顺、强度大、吸湿透气性能优良,悬垂性好,并有着丝绸般的光泽和舒适的亲肤感,耐热、抗紫外线,常常用于保暖内衣的制作。

第四节　服装材料的使用与再设计

一、服装材料使用原则

意大利的服装设计师吉安佛兰科·费雷说:"根据我的经验,设计服装作品,一要研究人体动态,另一方面是要注意面料的艺术和形状,因为面料能对人的感情产生很大的分量,所以在创作当中面料是一个很重要的成分。我在设计创作讨程中.特别注重面料是新的还是过时的,以及它的基本形状,然后我把自己的思想画成草图就很快地进行工作,并时时想着人体是运动的,设计出的服装要给人产生一种感受,这种感受应是设计师所要强调的东西,然后再把这种东西告诉制作衣服的人员,让他把这种东西体现出来。"费雷这番话告诉我们,设计师应对服装面料具有敏锐的觉察力并准确地判断其应用的范围,确保织物面料风格与款式风格协调一致,是面料设计的首要条件。

(一)充分考虑材料的特性

一般来说,什么服装选用哪一种面料,或哪种面料适合做哪种类型的服装,已经形成了约定俗成的定式,但有时也会有一些打破常规的大胆设计。不管是常规设计或非常规设计,设计师都应熟练掌握不同面料的性能、质感及造型特色,才能灵活自如地运用面料为设计服务。以上的几个章节里,我们已经探讨了典型服装面料的性能和特点,在进行服装材料的挑选时,这些性能和特点是首要考虑的原则。

(二)针对服装的需求挑选

除开面料的常规选择模式,服装材料的挑选往往还会受到特定设计需求的制约与影响。这一影响有可能来源于造型上的特殊设计,有可能受到流行元素的影响,还有可能是为了符合特定的功能需求。当出现以上几种情况时,就不能按照既定概念中的挑选方法选择面料了,而必须根据服装的需求进行挑选和搭配。

(三)结合生产成本和消费水平

在工业化大生产中,还有一个非常重要的因素会影响到服装面料的选择,那就是生产成本和目标消费群的消费能力。在进行大批量的服装制作时,必须要考虑到目标消费群对产品价格的接受范围,而不能仅仅依照产品设计的风格和需求进行面料选择,必要时降低设计的规格,选择成本更加合理便宜的材料代替高昂的精致面料也是经常会出现的现象。

二、服装面料的二次设计

（一）面料二次设计的重要性

服装面料的二次设计，又称为面料再造，是指根据设计需要，对成品面料进行二次工艺处理，使之产生新的艺术效果。

在服装创作过程中，设计师为了充分表达自己的设计构思和独特的创意，往往需要对常规面料进行大胆革新。在符合形式美的前提下，通过解构、重组、再造等手段将面料塑造成具有视觉冲击力的、独特的、符合服装需求的产品来，它是设计师思想的延伸，具有无可比拟的创新性。

（二）面料二次设计的灵感来源

在进行面料设计之前，我们有必要探讨一下，这些二次创新艺术都是如何得来的，也就是说通过什么样的途径能够获得面料二次设计的灵感。这些影响要素和服装产品的创新源泉大同小异，可以分为姐妹艺术、日常生活、民族文化和创新科技四大类。

1. 姐妹艺术

姐妹艺术一般指的是绘画、雕塑、建筑、音乐、舞蹈、喜剧、电影等艺术，同时设计领域的其他分支如工业产品设计、环境艺术设计等，也是对服装面料设计有着重要影响的姐妹艺术。建筑的独特造型和结构、音乐的韵律和节奏感、绘画艺术中的图案和色彩表现等等都可以成为面料再造中参考的对象。

2. 日常生活

"艺术来源于生活，又高于生活"。无论是面料的设计还是服装的创意，很多都是从日常生活的观察、积累中获得的灵感。自然界中的鸟兽飞禽、各种花卉与植物，生活中从一张揉皱的白纸到涂鸦的墙面，都能够唤起我们创作的灵感。

3. 民族文化

不同地域的民俗文化和民间艺术也是面料创作的重要灵感来源。服装设计师们常常会从各地区风格显著的建筑、服饰、妆容、民间工艺和特色风情等处寻找发挥创意的元素。而这其中民间的手工艺产品如扎染、蜡染等对于面料的二次设计影响最为广泛。

4. 创新科技

面料设计的进步与科技的创新和发展有着密不可分的关系。历史上任何一次面料产业的革新都受到纺织、染整等技术发展的影响。现在这一科技上的进步进一步延伸到其他领域，例如 LED 产品的兴起就对面料的创新设计有着启发。高科技元素不仅能改变面料的外观、风格，也对面料功能的发展有着重要作用。

（三）面料二次设计的造型手段

1. 纹样再造设计

纹样再造设计指的是设计师根据设计需求对面料的纹样进行特殊设计，然后通过印染或绘制的方式实现纹样的创意。常用的方法有丝网印、手绘和喷绘三种。手绘、喷绘都是在面料上绘图，前者是手工完成，多采用丙烯颜料，创作方式自由随意。后者是借助计算机系统，通过数码喷绘技术印出来，色彩丰富，可达到 2 万种颜色的高精细图案的印制，并可进行单件个性化的生产。

2. 结构再造设计

面料的结构再造有两种表现方式，一种是对材质加以物理外力作用，进行拉伸或挤压，使基本造型元素变形。另一种是通过改变、设定特殊的织造结构和工艺获取全新的面料。前一种的典型代表是褶皱面料的处理,这是一种对面料进行褶缝、抽缩或挤压、拧转等处理以改变织物肌理效果的方法。后一种的典型代表多是在针法和经纬纱线排布上作变化,例如进行一些特殊的编结、钩针和棒针工艺等等。绗缝也是一种结构再造设计,指的是在两层织物中间加入适当的填充物后再缉明线,用以固定和装饰,使之产生浮雕效果的工艺手法。这是一种兼具御寒和装饰功能的方法。

3. 破坏性造型设计

破坏性设计是指通过破坏半成品或成品面料的表面,使其看起来不完整、打破原有规律的创意设计。破坏性造型设计的主要手段有撕扯、剪切、磨刮、镂空、抽纱、做旧等等。撕扯是在完整的面料上经撕扯等强力破坏留下具有各种裂痕的人工形态。镂空是刀剪、手撕、火烧、抽纱、打磨、化学制剂腐蚀等方法在面料上做出镂空的花纹或文字。做旧的效果一般用在牛仔面料上,通过水洗、磨刮的工艺达成。这些破坏性的设计操作方法不难、随意性强,极具表现张力。

4. 叠加装饰设计

叠加装饰设计指的是在面料表面通过附加其他材质,使面料的外观更复杂、更有装饰效果。这些叠加装饰设计包括有刺绣、缀饰、钉珠、缝线、镶拼等等。刺绣是一种用彩色丝线绣制花纹的工艺,常见的有彩绣、缎带绣、包芯绣、贴布绣、网眼绣、褶饰绣等。钉珠是在面料表面装饰珠子或亮片的艺术手法。除此之外,布片、扣子、链条、金属、线绳等等都可通过钉缀在面料上设计造型。镶拼是把各种面料进行有组织地拼接的手法。

5. 民间工艺处理

民间工艺处理指的是借助民间工艺手法对面料进行改造,最常见到的设计方法包括有扎染和蜡染。扎染是一种先扎后染的防染工艺,通过捆扎、缝扎、折叠、遮盖等扎结手法,使染料无法渗入到所扎面布之中的一种工艺形式。蜡染通过将蜡融化后绘制在面料上封住布丝,从而起到防止染料浸入。

以上都是最基本的面料二次设计方法,在实际的操作中还可以进行组合运用,以最大限度发掘原料的潜在表现力,加强产品主题与设计特征。

服装结构 | 第九章

第一节　关于服装结构

一、服装结构的概念

服装结构是指组成服装的各部件的形状、材料的组合形式和相互之间的关系。包括服装各部位外部轮廓线相互结合的关系、内部的结构线以及各种材料的构成关系。服装结构是由服装的款式造型和实用功能性决定的。

服装结构设计,其内容是研究服装结构的构成特征、变化规律以及造型技术、表现手法。它是一门以服装的二维平面形式,即服装结构制图来阐述和表现服装结构的内涵,各部位的相互关系,以及功能性和装饰性技术,分解与剖析服装构成规律和方法的学科。它的知识结构涉及到人体解剖学、人体工程学、服装材料学、服装卫生学、服装款式设计、服装生产工艺学、美学、数学和计算机技术等多方面的知识。

服装结构设计是服装生产制作的依据。在进行结构设计时要考虑到工艺制作的要求,提供合理的、优化的系列样板,充分考虑到样板的制作是否能够和工艺制作相符,是否能够使大批量的裁剪、缝纫工艺顺利有效地进行,这具有规范生产、提高生产质量和工作效率等作用。它是现代服装设计中间部分的重要一环,是承上启下的关键。

二、服装结构的作用

(一)设计思维转化为实物的环节

完整的服装设计的内容,是由款型设计、结构设计和工艺设计三部分组成的。款型设计是一项将构思、想象转化为可视化造型艺术的过程,属于形象思维中的视觉艺术内容。服装款型设计要求解决款式造型、质地面料、色彩纹样图案及点缀装饰、配附件等,绘制服装效果图并辅以文字说明。服装结构设计是根据款型设计要求和服装效果图,在分析和了解穿着对象的特点以及掌握款型、面料、色彩服用特性的基础上,通过立体与平面等方法做出服装结构制图、制定服装规格、完成服装样板推档等技术设计。

结构设计是将设计思维转化为实物的必要环节。通过结构设计,将设计效果图分解展开成平面的服装裁片结构图,为裁剪制作服装做准备。在结构设计的过程中,既要实现造型设计的意图,又要弥补造型设计的某些不足,它既是款式造型设计的延续和发展,又具有再创作和检验款型设计效果等作用。

(二)确保设计可行的重要保障

服装整体结构设计是在全面考虑服装设计与服装工艺等因素后进行的综合设计。它与服装造型设计、服装工艺设计有着密切的联系,是将平面设计图转化为现实作品的一个必要的手段。服装造型设计是否合理,穿着是否舒适合体,通过结构设计可以进行验证和修正。

结构设计首先要考虑款式在结构上是否符合逻辑。由于"原型设计"乃至"立体裁剪"等等不同方式的基础是人体,因此,不管何种造型,或变型、或移位、或夸张、或添加,一定要在可行的前提下保证穿着的合体与舒适,然后才能增添美感。现代服装造型中,尤其是一部分运用夸张手段的创意系列服装,主要依赖于结构设计的支持。结构设计在把造型设计的意图转变成现实的过程中,还要弥补造型设计的不足,进而为工艺设计提供合理的方案,为部件的吻合和各层材料的形态配伍提供必要的参考。服装整体结构设计必须考虑款式造型要素、人体要素、工艺要素、服装面料要素,这是确保设计可行的重要保障。

(三)拓展设计思维的技术手段

现代的服装设计在注重款式外观设计之余越来越重视结构设计的重要性。市面上出售的服装,但凡比较有设计卖点、价格比较昂贵的商品,基本上在结构设计方面都比较用心。优秀的结构设计可以拓展设计思维,使原本优秀的设计锦上添花,突出和展示设计的精华所在。

结构设计首先要考虑到外观设计的意图,并以设计意图为原则进行。要注重服装各个点、线、面之间的关系,而且巧妙地与人体结构结合。如上衣省道可隐藏在艺术性分割线中。要避免服装造型设计与结构设计分离的现象。一些服装款式虽视觉效果优美,但结构不合理,穿上以后不符合人体,无疑成为设计的败笔;或是只考虑结构方式的可行性而忽略造型,在设计上分割凌乱、比例失调,服装失去了整体美感。所以造型设计和结构设计是相辅相成的。

第二节　服装结构的分类

一、衣领结构

衣领紧靠人的面部,在服装中占据最醒目的位置,它将人的视线引向穿着者的面部和肩部,衬托出人的脸颊和脖颈,并且美化肩部,构成服装的视觉中心之一。衣领兼有装饰性与实用性的功能,其造型的成功设计,对表现现代服装造型设计的艺术风格起到重要的作用。衣领造型是否优美得体直接影响到人的脸型、体形的视觉感受。追求衣领造型与服装款式造型风格的一致性,能使服装显现统一高雅的格调。因此,在现代服装设计中,领型设计始终处于重要的地位。

为了如实地反映领型设计效果,使领型既能符合生理上舒适合体的穿着需求,又能符合心理上装饰美化的穿着需求。了解衣领分类特点、构成原理等内容显得尤为重要。

(一)衣领的分类

领型的分法很多,从结构上可以把领型大致分为以下几种类型:无领类、立领、翻折领三类。这三类领型各自又包括了许多具体的造型。

1. 无领

无领身部分,只有领窝部位,并且以领窝部位的形状为衣领造型线。根据构造有前开口型和套头型两种。无领式领型并非是一种简单除去上领的形式,而是突出领围线的设计,追求领围线与体型完美结合、修饰美化颈部和脸部的设计。这类领型的变化也较多,常见的形式有:方领、圆领、"一"字领、"V"字领等(图9-1、图9-2)。

图9-1 "—"字领

图9-2 "V"字领

2. 立领

是指呈竖立状的领型,包括领座和翻领两部分,这两部分是依靠缝合而相连的衣领。立领可分单立领和翻立领两种,其中单立领的衣领只有领座部分,翻立领的衣领包括领座和翻领两部分(图9-3)。立领具有简洁实用的特点,深受人们欢迎而成为流行至今的传统领型。

3. 翻折领

包括领座和翻领两部分,但两部分是用同一块面料相连在一起。根据翻折后在前衣身呈现的线的形态,可分为直线状、圆弧线状、部分圆弧部分直线状等三种翻折领(图9-4)。

图9-3 翻立领

图9-4 翻折领

（二）衣领构成要素

1. 领窝部分

领窝是衣领结构中最基本的部位,起到安装领身或独自担当衣领造型的作用。

2. 领座部分

领座是可单独成为领身部位,或与翻领缝合、连接在一起,形成新的领身。

3. 翻领部分

翻领是必须与领座缝合或连裁成一体的领身部分。

4. 驳头部分

驳头是与领身相连,且向外翻折的衣身门襟的一部分。

二、衣身结构

衣身结构是服装的主体部分,起着修饰美化和保护躯体等重要作用。衣身结构设计不仅涉及衣身的合体性与适穿性,而且直接涉及与领、袖等部件的吻合关系。

衣身结构是根据服装用途、穿着对象以及款式造型、面料质地性能等所采用的技术内容的具体表现。因此,在掌握衣身结构时,首先要了解衣身的分类特点和衣身基本结构的构成特点。

（一）衣身的分类

衣身的分类较多,按衣身的外形特点划分,有合体服装与松身服装。

1. 合体服装

合体服装是指按体形制作的服装。这类服装的放松量较小。但应指出,合体并非如实地裹紧或暴露体形,而是在掩盖和修饰体形缺陷的前提下,有选择地反映体形之美的部分。

2. 松身服装

松身服装是指不完全合体的服装。这类服装的放松量较大,而且是以追求夸张造型来美化修饰体形,从而表达设计风格。

（二）衣身结构的构成特点

衣身基本结构是由领口、肩部、袖窿、腰部和衣身框架组成的,它们不仅涉及服装内在的合体性、舒适性,而且还涉及服装外表的平衡协调感。

1. 领口部位

领口与衣领、前后衣片相连,是平衡领口周围舒适合体的主要部位。在衣身结构中,前横开领过小将会导致前衣片门襟重叠;反之,前横开领过大则会出现前衣片门襟"豁开"现象。这都属于不平衡的典型例子。

2. 肩部结构

肩部处于衣身结构的上部,它由肩宽、肩斜和肩斜线组成。由于肩斜线与前、后衣片相连,两端分别与领、袖相接,所以属于上衣转力点的敏感区域。如果肩斜线过低,肩部的着力点下移至肩端点,那么穿着时会使人觉得肩端受压,具有沉重感。肩斜线过低时,在领肩部周围会出现横裂形不平状。反之,肩斜线放高,肩线着力点上移,则具有舒适感和易活动的特点。但是肩斜线过于高而平,也会在肩部产生下垂性皱纹,影响服装的合体、美观和平衡。

3. 袖窿部位

袖窿是涉及衣袖和前胸、后背平衡、合体的主要部位。袖窿在人体中的对应部位是腋窝。

了解袖窿不仅是要掌握腋窝的静态状况,而且要掌握由人体活动特点和穿着层次变化规律直接影响到的服装袖窿深和窿门宽部位的合体、平衡内容。

4. 腰部变化

腰部变化主要反映在直腰与收腰款式和连腰与断腰结构中,这样,如何解决胸围和腰围差则成为主要内容。

三、裙子结构

裙子是女装中的重要种类,注重款式的多样性与美观性。其结构设计是将人体的下肢看成一个整体,其特点是无裆缝、呈筒状结构,相比裤子结构,其结构制图方法较简单。

裙装的款式丰富多样、造型美观,流行元素的变化主要是长度变化和造型的不同。掌握基础裙类的结构制图,是掌握裙子结构制图方法的基础。

(一)裙的基本造型

裙的基本几何造型指的是裙片的基本几何形态,从外部轮廓来分,有 H 形(矩形)、A 形、V 形、O 型四大类,其中,A 形裙和 V 形裙是由矩形裙派生出来的,它们是一切裙外形的基础。裙子无论怎么变化都与这四种基本类型相关。只有通过分析裙子效果图,得到裙子造型的基本特征,才能选择出适当有效的纸样设计方法。

1. H 形(矩形)裙

此类裙型最容易识别,它在众多的裙子造型当中是一种特殊状态,因为它正好处于贴身的极限,如西装套裙、一步裙、窄摆裙等都属于此类。(图9-5)

2. A 形裙

A 形裙是现代最流行的一种裙的造型。特点是,裙摆边常比臀围和腰围处宽裕得多。此造型淡化了臀部的宽度,使腰部显得更纤细,很好地强化了女性纤巧柔美的身材。其风格有飘逸感,轻松休闲,是现代女性最常选择的裙子造型。

3. V 形裙

此类裙型通过夸张臀围来烘托穿着者的细腰,是一种极具时髦性的裙型。风格上,能充分展现体形美。(图9-6)

图9-5　H 形裙

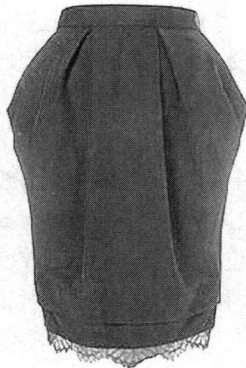

图9-6　V 形裙

4．O 型裙

这类裙型腰部收紧然后向下逐渐增大，在下摆部分又向内收，形成中间外扩的造型。给人可爱、活泼的感觉。

（二）其他分类

裙子还可以根据长度、立体轮廓、用途、裁剪、缝制方法等分出更多的类别。总的分为直裙、斜裙和节裙，直裙就是裙的基本型，如 H 形、A 形等；斜裙也称喇叭裙；节裙也称塔裙（图 9-7）。按裙子长短，可分为超短裙、短裙、中裙、长裙等。按裙子内部结构，可分为紧身裙、多节裙、多片裙、明裥裙、暗裥裙、活褶裙、百褶裙、小喇叭裙等。按腰部形态，可分为低腰裙、无腰裙、装腰裙、连腰裙、高腰裙。

（三）裙子长短和裙摆大小的确定

裙子长短和裙摆大小是裙子风格的两个重要因素。

1．裙长

拖地长裙：裙长拖地，出现在社交场合。

长裙：裙长至小腿 1/2 处以下，不拖地，能掩饰腿部缺陷。

中长裙：裙长至小腿中部左右，较适合中、老年人穿着，表现出成熟、稳重的感觉。

齐膝裙：裙长至膝盖处，适合各种年龄层穿着，能展现年轻人的活泼一面，且便于活动。

短裙：裙长至膝盖以上 10 cm 处，适合年轻人穿着。多用于职业套装和时装上。

超短裙：又叫迷你裙，长度在膝盖以上约 20 cm 处，用于青少年时装或运动装。

2．裙摆

裙摆部位的变化相当丰富，且变化很大，是裙子廓形变化的重要因素。从服装机能上来看，裙摆设计的大小跟人体下肢的运动范围有关。裙摆设计时要考虑到人的行走、跑步、上下台阶、站立、坐下等下肢部一系列动作，如下摆围过小的造型，就要考虑开衩等功能性设计。

图 9-7　塔裙

四、裤子结构

裤装是人体下装的主要品类，其种类繁多，款式变化大。

（一）裤装种类

1．按长度分类

超短裤：长度在大腿根部左右，裤长 $<0.4\,h-15\,cm$ 的裤装（图 9-8）。

短裤：长度在大腿中部左右，裤长为 $(0.4\,h-15\,cm)\sim(0.4\,h+5\,cm)$ 的裤装（图 9-9）。

中裤：长度在膝盖上下，又叫五分裤，裤长为 $(0.4\,h+5\,cm)-0.5\,h$ 的裤装（图 9-10）。

中长裤：长度在小腿上下，又叫七分裤，裤长为 $0.5\,h\sim(0.5\,h+10\,cm)$ 的裤装（图 9-11）。

长裤：长度在脚踝骨以下，裤长为 $(0.5\,h+10\,cm)\sim(0.6\,h+2\,cm)$ 的裤装（图 9-12）。

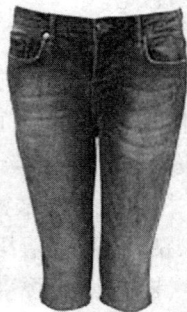
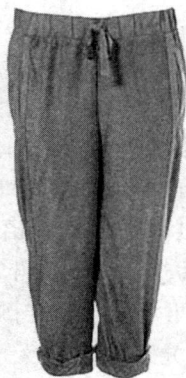

图9-8　超短裤　　　图9-9　短裤　　　图9-10　中裤　　　图9-11　中长裤　　　图9-12　长裤

2. 按腰部形态分类

装腰裤：裤身与腰头分开裁剪再缝合。

连腰裤：裤身与腰头相连在一起裁剪。

低腰裤：裤腰在腰线以下。

高腰裤：裤腰在腰线以上，腰宽 3～18 cm。

3. 按臀围宽松量分类

贴体裤：臀部贴体，臀围放松量为 0～6 cm（图9-13）。

较贴体裤：臀部较贴体，臀围放松量为 6～12 cm（图9-14）。

较宽松裤：臀部较宽松，臀围放松量围为 12～18 cm（图9-15）。

宽松裤：臀部宽松，臀围放松量为 18 cm 以上（图9-16）。

图9-13　贴体裤　　　图9-14　较贴体裤　　　图9-15　较宽松裤　　　图9-16　宽松裤

（二）裤装结构原理

裤与裙都属于下装的结构范畴,它们都起着包裹人体臀部、腹部和下肢部的作用。但裤与裙不同的是,裤子将人的两腿分别包裹起来,这形成了与裙子的最大区别,具有轻快和极好的活动机能。相对来说,裤子的结构比裙子复杂一些。

1. 上裆部位

上裆部位是指腰节到臀股沟之间的部位,它覆盖人体的腹部、两侧髋骨部及臀部等,是裤子结构设计的重点。

上裆长:在裤子基本型中,上裆尺寸包含了腰头宽的一半,所以当确定了腰头结构后,应在裤子前、后裤片的腰部平行处去掉腰头宽的1/2,目的是保证腰头置于腰线中央,这种处理方法适合于任何裤腰头的设计。

臀围放松量:人体的净体尺寸与放松量是构成成衣规格的两个主要因素。净体尺寸是固定值,放松量是变量,它是决定服装成衣规格的关键。

前、后腰线:裙子和裤子的前腰线结构基本是相同的,而后腰线却明显不同,裤子由于后翘的影响使后腰线呈斜线状,主要原因是裤子裆部产生的牵制作用。

前、后裆弧线:裤子裆弯的形成是和人体臀、腹部与下肢连接处所形成的结构特征分不开的。由于腹凸靠上且不很明显,所以前裆弧线弯度小而平缓;而臀凸靠下且明显突起,所以后裆弧线弯度大而深。大小裆弧线可以互借,其前提是满足合体与活动的需要。

后翘与后裆斜线:后翘是指后腰线在后裆缝处的抬高量,是为了满足人体蹲、屈等活动的需要。后翘实际上增加了后裆斜线的长度,大小一般在2.5 cm左右为宜。后裆斜线的倾斜度是由臀围和腰围的差数决定的,确切来说是由臀部凸起程度决定的。臀凸大,其斜度就大,臀凸小,其斜度就小,即后裆斜线的倾斜度是可以调整的。

2. 下裆部位

下裆部位是指臀股沟到裤口之间的部位,它覆盖着人体的下肢部,是裤子结构的另一组成部分。

下裆长:可直接测量,由臀股沟至裤口处,也可以用裤长减去上裆长。筒形裤的基本裤长在踝骨点,喇叭裤的基本裤长盖过脚面。

膝围线:膝围线的位置设置在人体的髌骨附近,考虑裤子造型的美观性,即有修长之感,一般取在髌骨略向上些。膝围线可根据裤子廓型选择位置,如喇叭裤可上下浮动,直至与上裆线重合。

膝围宽与裤口宽:两者的宽度变化导致了裤子的廓型变化。如膝围宽大于裤口宽2 cm为筒型裤;膝围宽大于裤口宽2 cm以上为锥型裤;膝围宽等于或小于裤口宽为喇叭形裤。

烫迹线:烫迹线对裤子造型至关重要,是产品质量的重要依据。烫迹线必须与布料的经纱平行。前裤片部分以烫迹线为对称轴,即烫迹线两侧面积相等。后裤片下裆部分在裆宽处略大于侧缝,男性1~1.5 cm,女性1~2.5 cm。

第三节　服装结构设计的要素

一、人体要素

（一）服装与人体的关系

服装因人体而产生,并忠实地服务于人体,所以,服装设计是否合理,是否准确,最终的检验结果只能通过人体才能得到。所谓"量体裁衣",就是说的这个问题。可见服装结构设计的原理、技巧、方法的产生与发展,都离不开"人体"这个最基本的因素。只有对人体的外在特征、运动机能及运动范围有了较全面与深刻的了解,才能真正地掌握服装结构的设计理论。

服装与人体有着十分密切的关系,这种关系主要表现在服装与人体形态特征、服装与人体活动规律、服装与人体比例及服装与体型差异等若干方面。

1. 人体的形态特征

人体的形态特点与服装直接有关。人体的体表形态特征是由人体的骨骼、肌肉和皮肤共同形成的。骨骼是人体的支架,它决定着人体的基本动态,人体外形的体积和比例受人的骨架所制约。骨骼外面附着肌肉,有的地方肌肉丰满隆起,有的充填于骨骼之间。人体靠肌肉的收缩牵动骨骼产生动作。肌肉是人体表面形态的决定因素,肌肉发达可使体型丰满,肌肉干瘪则使体型瘦小,因此,人体呈现不同的体态与肌肉发育状况有着直接关系。皮肤作为保护层,一般不会造成人体表面形态的大起大落,但皮下脂肪的增多或减少会影响人体正常的外部特征。

在一定条件下,人体的高度和围度决定服装规格的大小。人体体表的高低起伏决定着收省、打褶及工艺归拔的程度,人体的关节运动影响服装最低放松量的大小,人体的和谐比例意味着服装局部规格可按比例推算求得。人体的体型差异产生了"量体裁衣"的概念,因此要充分理解和掌握人体的造型与结构特点,熟悉人体各个部分之间的尺寸规律,对人体知识及其与服装的关系进行全面深入地研究,了解各个部位的静态结构与动态结构之间的差异,使服装结构符合人体工学的要求,并起到弥补人体之缺陷的作用,强调服装制板中各个部位尺寸和放松量分配更加合理,使结构设计更具合理性与科学性。

2. 人体的活动规律

服装不但要符合人体外型静态的需求,还要考虑到适应人体活动的要求。因为人是要活动的,需要直接或间接地从事生产劳动才能生存。在进行结构设计时,必须遵循人体运动需要的原则。对人体运动方式及其规律性的把握,处理好人体运动规律对服装的影响是进行结构设计的关键。

人体的每个关节都可带动肢体做一定角度和方向的运动,因此衣服的结构也必须考虑肢体的生长方向、运动角度、可动范围,并适当地加入松量,这样各个部位的活动才能自如舒适。如果放松量过小,例如紧身胸衣等类的服装,会极大限制人体的活动;如果松量过大,例如古代中式服装的宽袍大袖等造型,也会让人觉得累赘,同时也不利于人体活动。这就要求我们必须研究人体的活动方式及其规律性,弄懂人体对衣片的影响,从而找到适合人体运动的服装结构形式。从人体运动状态及其变化规律可以看出,人体的动作容易受到牵制的部位是上衣的胸围处和下装的裆处,这两处是服装结构设计中的关键部位。例如进行女上装胸省的设计时,不仅要了解胸围的测量方法,同时也要理解人体运动舒适量变化区域,才能准确把握胸围的放松量尺寸并加放到适当位置,再根据款式、风格等外部因素,最终决定这个微妙而富于变化的省量。

3. 人体的比例关系

人体是大自然进化的杰作,有着整体与局部、局部与局部的不同的比例关系。标准的人体比例是服装结构设计的依据,它是经过人体数据分析后得出的并且带有审美要求的数值,与每个实际的人体比例略有不同。在实际生活中,标准比例的人体是少之又少,但它给人们服饰生活提供了一个美的比例标准,不标准的人体正是通过服装结构的调整来达到标准的视觉效果。

目前,在服装领域,无论是欧洲还是亚洲都采用"头长"作为人体比例单位。欧洲人种一般倾向于8头长为最佳的人体比例,亚洲人种则以7.5个头长为最佳的人体比例。所以在服装设计绘画效果图时,把模特都画成8头体或8头以上高。在服装结构的研究中,中国、日本、韩国都常以7头体为标准。

4. 人体的体型差异

在人体体型中存在很大的差异,从横向分为男女性别的差异,从纵向分为年龄的差异,于是在服装中就出现了男装、女装、儿童装、少年装、青年装、中老年装等多种结构上的特征。所以在学习服装结构设计制图时,必须要研究人体体型的差异,掌握人体性别及不同年龄的差异特征,为结构设计制图提供造型依据。

男女性别的体型差异主要是针对成年人而言,具体表现在以下几个方面:

肩部:女性肩部较窄,男性较宽。

胸部:女性因乳房的隆起而使胸部起伏变化很大,男性胸廓显得很宽,很少起伏。所以在结构设计制图时女性服装离不开胸省、袖窿省、腋下省、公主线等的设计。

腰部:女性腰节线相对较高,又因胸、臀的丰满使腰部显得很细,相比之下男性的腰部就显得低而粗。

臀部:女性臀部因骨盆大而丰满,男性相对较窄。

四肢:女性的四肢较细,男性较粗。

在整体的躯干廓型上男性呈倒梯形,女性呈正梯形状。在躯干与四肢比较上,男性躯干略短,四肢略长,而女性却相反。男性的骨骼粗壮、肌肉发达,致使男性体形显得高大、健壮;女性的骨骼相对男性窄小,肌肉也不如男性发达,但脂肪比男性多,再加上胸、腰、臀所构成的S曲线致使女性体形显得纤小、柔美。

在不同的年龄阶段,人的体型也有很大的差异。人从出生要经历婴儿期、幼儿期、学龄前期、学龄期、少年期、青年期、中年期、老年期。到了青年期,人体的生理发育都已成熟,所以其体型的差异就从性别差异来观察。掌握不同年龄段的形体特征对结构设计制图非常重要。

针对不同年龄段的服装结构设计,既要考虑头身的比例,又要满足体型的差异。在童装的结构设计时,除了要考虑美观以外,更重要的是考虑儿童生长发育的功能性需求。如婴幼儿服装要尽量减少分割线,开口要方便,整体结构要简单,部位的结构要有童趣;学龄前和学龄期的童装要考虑满足他们多动的天性,服装的放松量相对较大;少年的身高一般和成年人差不多,但生理发育还不成熟,同时还要考虑到多变的心理状态;中青年人要考虑他们成熟的着装需求观念;老年人的服装除了要考虑如何对其体型扬长避短外,更重要的是舒适性。

总之,面对人体复杂多变的个性区别、性别区别、年龄段区别,服装结构设计制图的技术含量要靠丰富的实践经验和对人体工程学的深入研究才能真正领会和提高。

（二）人体测量

人体体型特征是进行服装结构设计的基础。要把人体体型各部位的特征用精确的数字表示出来就是人体测量。服装行业的人体测量，不同于体格检查的量体，它是根据服装款式造型与人体体型特点，逐部位测量体表的各个部分和加放松量的过程。人体测量能了解人体尺寸大小，了解人体与服装结构形态之间的关系，是服装结构设计的可靠依据。

自古以来我国的服装师傅们在长期实践中总结出"量体裁衣"的经验，这四个字精辟地概括了人体与服装造型间的关系。它既说明了量体与裁剪的基本方法和依据，同时又说明了造型技术与人体结构关系的重要性。这里除了用软尺测量人体有关部位的长度、围度和宽度尺寸外，还涉及到对生理、心理需要，体型特征、活动范围、职业、年龄、文化修养、习惯爱好、穿着场合和环境气候，以及服装构成要素中的面料质地、款式造型、色彩纹样的特点与属性等因素的分析和了解，才能对"量体裁衣"做出正确的判断。

测量要做到准确、全面，首先必须掌握和了解测量时的要求及注意事项等。

1. 测量要求

要了解人体的体型结构，熟悉跟服装有关的人体部位，只有熟悉人体，然后才能做到测量准确。

要熟悉服装的品种和款式的区别。首先，不同种类的服装，测体的部位不同，如上衣测体时只涉及躯干和上肢，而马夹也是上衣，但与上肢无关；其次，服装的款式和造型也影响量体，如牛仔裤比一般裤子的腰围、臀围紧凑，量体时，腰、臀尺寸不宜过松。

要根据被测者的性别、年龄、体型、性格、职业、爱好及习惯等特点完成人体测量。一般来说，男装较宽松，易活动；女装较紧凑、合体；儿童装宜宽大；老年人服装要求宽松、舒适。另外，了解服装的穿用条件，掌握一般的衣料知识和服装的加放松量等，也是正确测量人体的辅助因素。

2. 测量注意事项

量体时要留心观察体型特征，如有特殊部位，应做好体型符号记载，以备裁剪时参考。同时，测量者要认真听取被测量者的意见和要求，尤其要问清楚款式的特点和穿着习惯。

使用工具软尺时，不能拉得太紧或太松，以顺势贴身为宜。测量长度时，应要求被测量者取直立或静坐两种姿势。直立时两脚要合并，且成60度分开，全身自然伸直，头放正，双眼正视前方，两臂自然下垂贴于身体两侧。静坐时，上身自然伸直与椅面垂直，小腿与地面垂直，上肢自然弯曲，两手平放在大腿上。

进行人体测量时，长度测量一般随人体起伏，通过所需经过的基准点而进行测量。围度测量时，右手持软尺的零起点一端紧贴测量点，左手持软尺沿基准线水平围量一周，以放入两指松度为宜，不能过紧或过松。

测量人体尺寸时应在内衣上进行，测得的尺寸为净尺寸。测量时要按顺序进行，以免有部位漏掉。上衣一般以测量衣长、背长、胸围、腰围、臀围、肩宽、袖长、领围等为序。裤子的测量顺序为：裤长、股上长、腰围、中臀围、臀围、大腿根围、脚口。

3. 基本部位的测量方法

（1）长度测量

身高：身高指人体立姿时从头顶点垂直向下量至地面的距离。

衣长：衣长指从第七颈椎点垂直向下量至所需要的长度。

背长：背长指从第七颈椎点随背形垂直向下量至腰围线。

前腰节长：前腰节长指从颈侧点经过胸高点量至腰围线的长度。

后腰节长：后腰节长指从颈侧点经过后背肩胛骨量至腰围线的长度。

袖长：袖长指从肩端点沿手臂量至所需要的长度。

裤长：裤长指从腰部最细处向下量至所需要的长度。

腰长：腰长即臀长，从后腰节点沿臀部体型量至臀突点。

股上长：股上长也称上裆长或立裆长，从后腰节点量至臀下线。通常被测者坐在凳子上，然后从腰线随体量至凳子平面，也称为"坐高"。

下裆长：下裆长指从臀下线量至脚底的长度。

膝长：膝长指从腰围线量至膝盖中点的长度。

（2）围度测量

胸围：胸围指经过胸高点沿胸部最丰满处水平围量一周的长度。

腰围：腰围指经过腰节点沿腰部最细处水平围量一周的长度。

臀围：臀围指经过臀突点在臀部最丰满处水平围量一周的长度。

中臀围：中臀围指在腰围线至臀围线的1/2处水平围量一周的长度。

颈根围：颈根围指经过侧颈点、颈椎点、颈窝点，沿颈根部围量一周的长度。

腕围：腕围指腕关节处水平围量一周的长度。

臂围：臂围指手臂最宽处水平围量一周的长度。

（3）宽度测量

肩宽：肩宽指经过第七颈椎点，从左肩端点量至右肩端点。

胸宽：胸宽指经过胸部，从左腋点随体水平量至右腋点。

背宽：背宽指经过背部，从左腋点随体水平量至右腋点。

二、产品要素

从服装结构设计的角度来看，影响服装结构设计的产品要素主要是指服装的款式、材料和工艺，三者在一定程度上决定了服装的结构特点。

（一）服装款式

服装款式又称服装造型，它是服装穿着后所占空间的面积和外形轮廓形状的总称。服装的造型特点直接影响到服装结构的设计。服装款式的命名是在服装的品种类别、零部件外形与部件组合形式中，以具有特征的表现形式进行的。从服装类别上分，有内衣、外衣及单衣、夹衣、棉衣类；从服装品种上分，有衬衫、针织衫、茄克、西装、连衣裙、风衣、大衣等品种；从服装部件外形上分，领的外形、袖的形状及袋形、门襟形状等都是服装款式命名的主要依据。例如，常见的青果领一粒扣西服、泡泡袖针织衫、插肩袖大衣等等，都具有一个或几个部件的不同形式，并独具一格地区别于其他服装。除此以外，如以人名、地名、用途命名的服装，像中山装、列宁装、夏威夷衫、雨衣、礼服等等，凡此约定俗成的款式名称又成为该服装款式的代名词。

不同的服装款式有着不同的造型特征。在掌握服装变化时，首先要抓住在服装结构设计中起着奠定基调作用的外形特征。归纳千变万化的服装外形，大致可分为以下六种基本造型，用英文字母 H、A、T、V、X、O 等表示不同的外轮廓造型。

H 字形轮廓，具有修长、安详、庄重、流畅、不贴身的特点（图9-17）。

A 字形轮廓,具有稳重、安定、充满青春活力的上紧下松的特点(图 9-18)。

T 字形轮廓,具有简单、大方,呈自然、皱褶状的松身特点。

V 字形轮廓,具有夸张肩部,活泼、潇洒的特点,充分体现男性化魅力(图 9-19)。

X 字形轮廓,具有窈窕、优美、自然的美感,能体现女性体型线条的特点。

O 字形轮廓,具有扩张肩部,收缩下摆,显示夸张、柔和的造型特点(图 9-20)。

图 9-17　H 字形轮廓
Yves Saint Laurent 09 秋冬

图 9-18　A 字形轮廓
Yves Saint Laurent 08 秋冬

图 9-19　V 字形轮廓
Martin Margiela 08 秋冬

图 9-20　O 字形轮廓
Balenciaga 1954 年的蚕茧型外套

应当注意,以上六种外形轮廓造型与人的体型是完全不同的两种概念。其中,服装造型可以适应人的体型,把人体的线条、风韵、劲健等直接地呈现出来,表现人体的自然美,这种服装就称作紧身合体服装;也可以采用夸张和修饰人体的方法,在适应时代流行的需要下,创造出庄重、飘逸、洒脱、柔和、豪放等各种新的美感,服装的流行风格就是通过服装的造型表现出来的。

总之,服装款式是服装造型中的重要标志。它是一个可独自成型的部件,也是从属于服装总体的造型,直接影响和制约着服装结构的特点。在结构设计时必须顺应款式特点,进行相应设计。

(二)材料特性

服装材料是构成服装的物质基础,它包括面料、里料、衬料及配件等。服装材料的质地性能是表现服装风格的物质基础,不同的面料所具备的特性不同,比如厚料所表现出的沉重感、坚实感,轻薄料所表现出的轻盈感、飘逸感,硬挺料所表现出的挺拔感、锐利感,以及柔软料所表现的舒畅感、悬垂感,这些都是面料的特性给予人的感觉。不同的服装面料具有不同的性能,不仅影响服装造型,同时也影响着结构设计。

根据面料的质地和性能,在结构设计的处理上应采取不同的应对方法。服装材料有表现粗犷豪放风格的,也有表现婉约细致风格的,但必须与结构设计制图相配合才能表达出来。粗犷豪放风格大多用直线分割设计制图,婉约细致的风格大多用曲线设计分割制图。柔软下垂感好的面料,如真丝双绉、真丝绢纺等面料,在胸省量的处理上相对要稍微大一些,侧缝下摆处起翘要多一些,否则,下摆前后会呈现波浪状而不是水平状。挺括的面料,如近几年较流行的复合涂层面料,胸省量相对要小一些。天然织物具有可塑性,如真丝类、纯毛类、纯麻类织物在受热后通过归拢、拔开等工艺处理后变为立体的形状,更加符合人体的外形,从而达到服装的外表美观。化纤类织物面料具有不可塑性,所以在结构设计时不能考虑归拔处理这一环节,必须要通过结构处理才能达到理想的状态。同一面料的经、纬丝缕伸缩弹性不同,斜向富有弹性,易弯曲延伸,因而不同的衣片应采用不同的丝缕方向来体现优点。

材料的缩率也影响服装结构。材料的缩率包括水洗缩率、熨烫缩率、热烫缩率。在结构设计时必须加上缩水率数值,才能保证成品洗涤熨烫后尺寸的稳定性;还有对于羊毛等面料在结构设计制图时一定要考虑面料的热缩性能,因为衣片在粘黏合衬时会因遇热而产生热缩现象。不同的面料对服装结构的缩率、经纬丝缕、放松度有着不同的影响,结构设计的目标是在不影响设计完整性的前提下,根据材料性能慎重地改善服装样板的实用性,提高服装材料的利用率和充分利用材料的性能。

(三)工艺特征

结构设计虽然是在生产工艺的前期,但工艺要素对结构设计也会产生一定的影响。服装结构设计中结构线的形态能影响服装加工的外观质量,影响加工的难易性。服装结构设计制图的目的,不仅要符合款式造型与功能的需要,还要最大限度地考虑减少成衣制作的难度。在保证款型不变的前提下,要尽量降低工艺难度,使工艺简便、缝制简单,提高生产效率,这在现代化的工业生产中表现的尤为重要。

另外,在服装结构设计过程中,不同的制作工艺与设备也影响着服装结构设计。如不规则底摆采用不同的设备与缝制方法所放的缝份量、折边量是完全不同的;在袖的制作中,采用肩压袖或袖压肩的工艺,在进行结构设计时,必须考虑不同的吃势。折边的不同处理也影响服装结构制图,通常有门襟、里襟止口、衣裙底边、袖口、脚口、无领的领圈、无袖的袖窿等。对于袖窿、无领领口,一般可以采取贴边、翻边、滚条三种形式,缝份量也完全不同。对于肩部需装垫肩的服装要减小肩部倾斜度;对于需要加衣里的服装,在配制里样板时应比面样板稍大,以免夹里牵制面料,影响服装的外观造型。

从以上分析我们可看出,在绘制服装结构制图时并不是单纯地绘制服装结构图,而是要把人体特点、款式造型、材料特性以及工艺限制等因素进行融会贯通,只有这样,才能使最后的成品服装既符合设计者的意图,又能保持服装制作的可行性。

第四节　服装结构设计的方法

服装结构设计制图因成品规格的数据处理不同、用途不同和制图手段不同,所绘制的结构图则有很大的差别。了解服装结构设计制图的种类及对服装的影响,是使服装达到设计师所希望的外观效果的关键所在。

目前服装结构设计的方法有两大类,即平面结构设计和立体结构设计。这两种方法相辅相成,在很多时候同时使用,一般平面结构设计注重计算,立体结构设计注重造型。

一、平面结构设计

平面结构设计制图法是依据测量不同部位的数据,按照一定的比例关系将款式设计图分解为各个部位的衣片结构图的方法。

在人体形态较简单,款式固定,材料硬挺的服装结构设计中,常采用平面结构设计。它具有低成本、高效率、稳定性好的特点,但对款式较复杂的服装则不能以平面结构设计的方法直接进行制图。

由于测量的部位、计算的方法、分配的比例不同,平面结构设计又可分为原型制图法、比例分配制图法。

(一)原型制图法

服装原型亦称服装基型、服装总样,它是服装制图的基础和工具。原型制图法是解决服装制图和解释服装出样技术的重要方法。

服装原型来源于人体,但是它又不同于人体原型。它是在掌握人体外形条件及活动特点后,在人体原型基础上加放活动所需的基本松量,并按一定的衣片分割方法获取的纸型。服装原型可以从立体裁剪中获取,也可以通过人体测量和简易的比例计算方法直接绘制。为了便于原型法的推广和应用,主要采取由上衣、下裙、袖子三部分组成基本纸型的形式进行构图。(图9-21)

原型法的原理是将大量测得的人体体型数据进行筛选,求得人体基本部位和若干重要部位的比例,并用这种形式来表达其余相关部位结构的最简单的基础样板,然后再用基础样板通过省道变换、分割、收省、折裥等工艺形式变换成结构较复杂服装的结构制图方法。这种方法适合

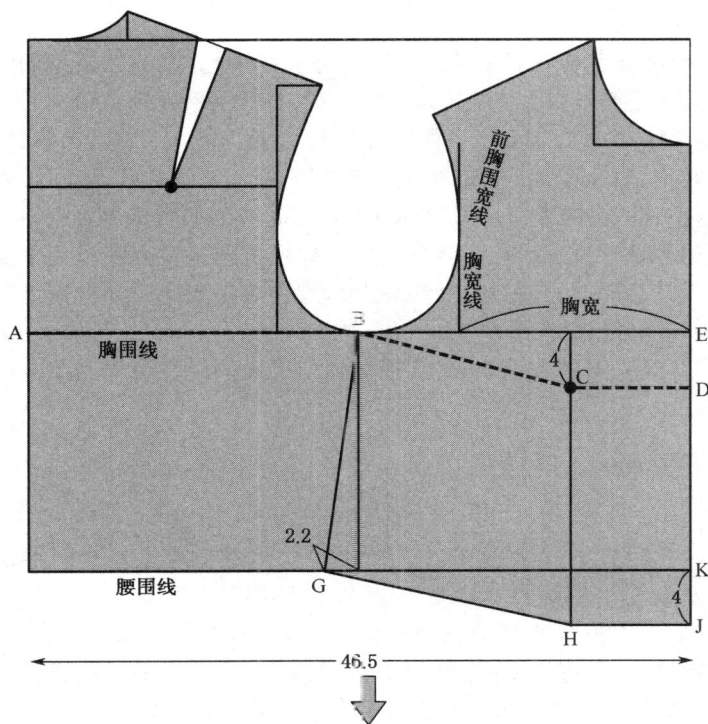

图 9-21　原型制图法的基本纸型

款式多变的服装制图,但款式变化的加减量需根据经验、审美观点而定。

(二) 比例分配制图法

比例分配制图法是一种常见的平面结构设计制图法,也是我国应用最广泛的一种制图方法。它是根据测量人体的各个部位的净尺寸,按照款式设计的要求,加放一定的放松量为成品尺寸数据,然后把获得的成品尺寸数据按照一定的比例加减某一定数,对衣片内在结构的各部位进行直接分配的制图方法。

比例分配制图法的特点是简便、快速,有一定的科学计算依据,对于成批生产的普通款式很适合,但不适合款式多变和复杂的服装结构制图。常用的方法有胸度法和短寸法。

1. 胸度法

胸度法是上装以胸围为基数,下装以臀围为基数,以比例的形式推出其他部位的尺寸而进行的结构制图。按比例形式可有三分法、四分法、六分法、八分法、十分法等。其中十分法运算方便,常单独使用或与其他方法混合使用,较为合体的服装常用三分法、六分法、十分法,较宽松的服装及上身装常用四分法、八分法。胸度法要求测量的数据少,制图快捷,但对一些特殊体型的服装适应性较差。

2. 短寸法

短寸法是按人体与服装结构有关的各个部位测量尺寸,然后依据这些数据结合服装结构进行制图的方法。常用于单件高度贴体的服装结构设计,一般用于高级定制店。短寸法的关键是测量点的确定度,需要积累一定的经验,不过这种方法更加直观,得到的数据也更加准确。

二、立体结构设计

立体结构设计制图法常被称为"立体裁剪",是一种以实物在立体人台上进行直观造型的结构设计方法。西方许多国家常用立体裁剪作为服装结构设计的手段,在我国被普遍认识和了解是在 20 世纪 80 年代。它的基本流程是将坯布铺在准备好的人台上,用剪刀和大头针等工具,将坯布在人台上边裁剪、边固定、边观察、边造型,经过假缝,将坯布制成一个完整的廓形,再试样修正,将达到设计要求的坯布样取下、拆开、铺平,"拷贝"成纸样,最后将得到的纸样放置到布料上进行画样、裁剪,完成整个立体结构设计过程。在服装款式的立体形态较复杂而不能用平面结构设计的方法直接确定和分解设计意图时,常采用立体结构设计,它有利于研究复杂造型与平面制图之间的关系,效果直观,但效率低、稳定性差。

在现代服装结构设计中,为了达到完美的三维效果,常把立体与平面的结构设计制图方法结合起来用。

三、服装结构设计的流程

(一)明确分工与职责

按照目前服装行业通行的工作岗位分工,在产品设计开发环节,可以分为服装设计师、服装样板师和服装样衣师三个主要工作岗位。服装设计师负责款式设计,服装样板师负责结构设计,服装样衣师负责样衣制作。按照工作程序来说,服装设计的下道工序是服装样板,服装样板的下道工序是样衣制作,因此,服装设计师与服装样板师的沟通比较频繁,前者将自己的设计意图尽可能清晰地解释给后者。服装样板师则较多地对服装样衣师进行制作上的指导,后者将按照前者的意见完成样衣的制作。

在这个过程中,服装设计师可以直接对服装样衣师进行设计意图的解释和提出制作效果的要求,服装样衣师也可以将制作中发现的结构和工艺问题反馈给服装设计师和服装样板师,提出自己的处理意见。只有三者密切配合,才能最终完成产品设计开发工作。

根据上述分工与职责,服装结构设计的任务主要是由服装样板师完成的。

(二)审视和分解款式

在进行结构设计之前,服装样板师首要先审视设计图稿。这一环节是要求判断设计图稿中的服装属于何种类型、主要功能是什么,以及穿着对象的性别、年龄以及季节、区域、用途和穿着方式,还要看清服装款式的外部形态与比例关系(如服装的长短、宽松度)以及内部比例关系及分割形式(如领的横开领大小、直开领的高低、袖的形态、分割线的形状、分割以后服装面积的比例关系等)。更为重要的是,这个环节要理解设计师的原始设计意图。

其次是分解款式部件。这一环节要求从设计图稿上分清可以直接观察到的部件结构,如部件的组成及其相互之间的连接形式、穿脱形式、各部位的舒适量,以及部件的透视结构(即从设计图稿中难以观察到的款式细节,如掩盖部位的结构、里布结构、面布与里布的结合结构等)。

对设计图稿的审视和分解是结构设计的必要前提,因为并非所有设计意图都是合理的、清晰的。有些款式设计所表达的结构是不能分解成平面结构形式的,或者本身就存在着矛盾,因此,在进行结构设计时,除了要体现款式设计特点外,还需将款式设计表达不完善的部分进行结构合理化处理,如增加分割线或省道、改变结构线的形状或位置,再进行结构设计。

(三)制板

制板又称制版、打板,即设计和制作样板,是服装行业对(样板)结构设计的俗称。严格来说,设计样板和制作样板有较大的区别,前者是对设计图稿的结构性解释,带有对原始的款式设计进行合乎产品制作要求的再设计成分,其工作结果是服装结构图。后者是对样板与样衣制作连接的工艺性解释,必须完成与衣片一样的、可直接用于裁剪的分解纸板,其工作结果是一整套包括贴边、里料等在内的纸质服装裁片。因此,在分工明确的服装企业,样板设计和样板制作是分开的,称为样板师(即结构设计)和制板工(即样板制作)。在小型服装企业,这两个环节往往由服装样板师合并完成。

不同款式的服装,其结构设计的步骤也是不尽相同的,在此,以女式基础款半裙为例说明结构设计的具体流程。

1. 确定制图规格

根据服装设计图稿,确定样板的基本规格。半裙制图规格的内容包括号型、裙长、腰围、臀围、臀长、腰头宽等具体数据(表9-1)。

表9-1　制图规格

号型	裙长(SL)	腰围(W)	臀围(H)	臀长	腰头宽
160/68A	60	70	94	18	3

2. 制图步骤

（1）画出基础线:包括基准线、上平线、下平线,形成一个矩形,尺寸依据为:长 = SL − 3,宽 = H/2。

（2）画出结构线:包括臀围线(臀长 = 18)、前后裙片的分界线、前后臀围的大小(前臀围 = H/4 + 1,后臀围 = H/4 − 1)、前后腰围的大小。

（3）画出轮廓线:包括侧缝劈势(即裙子腰侧的造型)、侧缝线。

（4）画出内部结构线:包括省道的数量、长度、方向以及收省量的大小。

（5）画出腰头结构:包括腰头的长度、宽度。（图9-22）

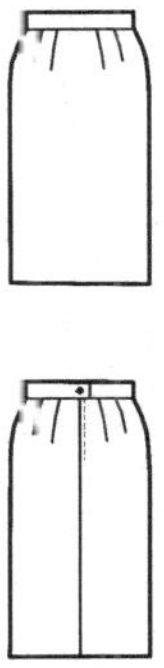

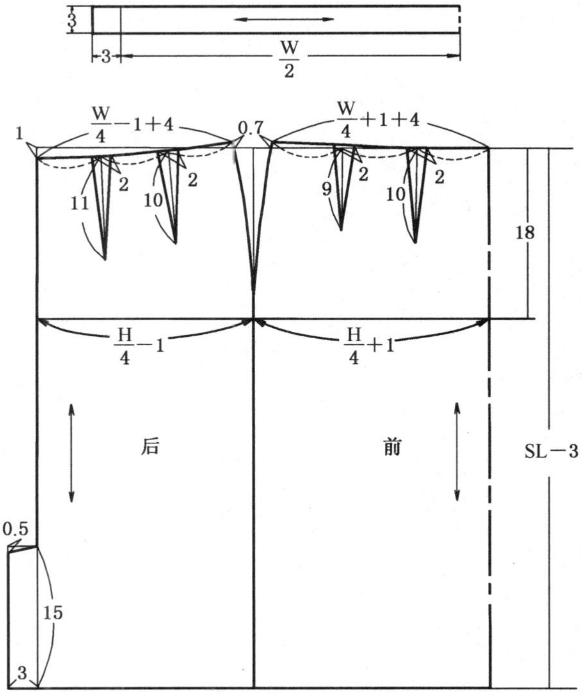

图9-22　女式基础款半裙结构图　作者绘制

服装工艺｜第十章

第一节　服装工艺的概念

一、定义

工艺是指人们按照事先设定的目的,利用生产工具与生产技术对各种原材料或半成品进行加工或处理,最终使之成为制成品的方法与过程的总称。简而言之,工艺是一个生产过程中用到的工具和技术的集合。

服装工艺是指服装产品从概念到实物的过程里所用到的方法和流程的总称,也是其从材料到产品的生产过程的工具与技术的集合。按照这一定义,从理论上说,服装从概念到实物的每个环节都不同程度地存在着不同性质或不同表现的工艺。就实践而言,服装工艺是指款式设计完成之后的制版、裁剪、缝制、定型、包装等整个加工过程所用到的方法与流程,特指带有生产特征的加工过程。

服装工艺流程是实现从设计的图形结果到实物成衣的关键作业环节,在服装结构设计合理以及服装材料选择匹配的前提下,其优良程度直接决定了成衣的加工效果。

二、特征

服装工艺具有如下几个主要特征:

(一)多样性

由于不同企业在生产设备、生产能力以及工人熟练程度等方面存在一定差别,因此对于同一种产品或同一种材料而言,不同企业制定的工艺可能是不同的。即使是同一个企业在不同时期制定的工艺,也可能随着其对工艺的认识不同和改进而采用不同的工艺。可见,就某一产品而言,工艺并不是唯一的,而是多样的。

(二)相对性

由于衡量角度不同,工艺并无优劣之分。服装行业将工艺大体上分为传统工艺与现代工艺,两者解决的问题不同,完成的效果各异,需要的条件不一,很难简单地分出高低。因此,一些看似落后的传统工艺依然具备了存在下去的理由,一些看似先进的现代工艺却一时难以推广。

(三)多因性

服装工艺本身具有一定的价值,正确的服装工艺是服装产品增值的重要原因。然而,服装工艺的价值不仅仅是机器加操作,也不光是工具加经验,还有其他文化、流行、审美等社会人文因素。因此,在某种产品中,这也成为一些效率低下的手工工艺反而比高效率的现代工艺更具有价值的原因。

三、要素

服装工艺的发挥受到多方面因素的制约,在采用某种服装工艺时,应该考虑以下几个主要因素:

(一)材料的局限性

服装的面、辅材料是裁制服装的物质基础,掌握服装原料和辅料的性能特点,可以在服装工艺设计时更加合理地使用或采取必要的技术措施,使原料和辅料上的疵点、色差、纬斜、缩水率、色牢度和耐热度等质量上的问题,在生产过程中减轻或完全消除,以避免其对服装产生的不良影响。比如,在裁剪前要严格检查原料,疵点超过标准规定的坚决不使用;在裁片移动时,应采取相应的措施以预防经纬结构比较松散的织物四周的丝缕散脱,而导致的缝头不足或规格不足;对经纬密度较紧、经纬纱支较细的织物,在制定缝纫工艺时应注意针线粗细的配合和针距密度的控制,防止针杆过粗或针距过密对缝纫牢度的影响;在采用镶、嵌、滚、荡工艺时,一定要对所使用的材料做好严格的色牢度测试,褪色的材料坚决不能用,其色牢度低于四级的镶嵌线色料要谨慎使用,以防止嵌线料褪色,影响服装产品的质量。

（二）造型的有限性

利用某种工艺手段对服装材料进行适度改变,达到设计目的,是服装工艺的功效之一。这种改变一般是指不通过裁剪而改变衣片的原有尺寸,使衣片的原有造型出现二维或三维的变化。从造型角度出发,影响面料可塑性的主要因素是面料的伸缩力、抗皱力、回弹力、抗玉力等,还有面料处于悬、垂、荡、摆中的状态等等。确定服装造型的主要环节是款式设计和结构设计,尽管服装的制作工艺对服装造型的塑造具有一定作用,但是这种作用的程度是有限的,因此,对服装造型的塑造不能过分依赖于服装工艺。在服装工艺设计时只能适度考虑面料的线条改变和整形变化的可能,正确认识并掌握面料的挺括与轻柔、悬垂与坚挺的差异。比如,轻薄滑爽的丝绸面料怕挤压、易褶皱、塑型差、惧高温,所以在熨烫时应特别注意要运行慢、用力轻,在整个过程中熨斗始终运用归烫、手提平烫等熨烫技巧,目的是把丝缕归正、烫紧,不能在省道的地方形成弯曲、悬皱不平服等的现象。

（三）机械的优越性

在服装生产的过程中始终要借助机械设备来进行,机械的生产效率直接影响到生产效率和产品质量。因此,选择性能良好、效率较高的设备也是服装工艺设计的关键因素。在选择设备时也要考虑对该设备的利用率,既要与企业的生产现状相比较,在经济上是否合算,又要与企业长远发展方向是否相适应等方面考虑。此外,大多数服装企业的设备管理与技术管理之间存在一道无形的隔阂,互不沟通,管设备的人员不懂技术,管技术的人员不懂设备,在设计工艺时难以充分发挥设备和技术的作用。为此,工艺设计者应了解和掌握现代服装工业的设施装备和高新技术的应用与发展,才能合理安排工艺规程,更好地发挥设备的功能,努力提高产品质量。

（四）制作的合理性

服装工艺的合理性主要体现在有一套科学合理的工艺流程。虽然在服装行业内信奉"慢工出细活"的准则,但是,在市场需要"快速时尚"的推动下,这种传统观念必须改变,取而代之的是尽可能先进合理高效的生产工艺。不够合理的工艺设计不但会降低加工效率,浪费生产资源,甚至还可能造成产品质量问题、影响产品的交货期等。因此,在设计工艺流程时要以制作的合理性、便利性和经济性为前提,根据企业自身的加工特点,选择最适合表现某一产品特点的工艺,制定效率更高的工艺方案。

第二节　服装工艺的分类

从生产加工的角度来看,服装工艺主要分为裁剪工艺、手针工艺、机缝工艺、熨烫工艺、刺绣工艺、印花工艺以及洗水工艺等几大类。

一、裁剪工艺

裁剪工艺是服装进行正式生产的第一道工序,它的任务是根据所要生产的服装样板,将面料用裁剪设备切割成不同形状的衣片,以供缝制成衣所用。

裁剪是服装生产过程中的基础性环节,直接影响着产品质量的好坏,无论对工艺技术还是加工设备都有很高的要求。因此,保证裁剪质量是提高成衣质量和生产效益的关键,还要有科学的工艺要求,严格的生产管理,来保证裁剪高效优质。

裁剪工艺一般要经过制定方案、排料划样、铺料、裁剪、验片、打号等工艺过程。

(一)制定裁剪方案

在服装生产过程中,面料实行成批裁剪,而每批面料的数量和规格却不尽相同,需要经过多次铺料与裁剪。为避免裁剪的盲目性造成人力、物力、时间的浪费,必须预先制定科学合理的裁剪方案。裁剪方案不仅为各种工序提供了生产依据,而且能够合理地利用生产条件,充分提高生产效率,有效节约原材料,为优质高产创造条件。

制定裁剪方案是根据生产服装的款式、数量、规格、颜色搭配等因素,计划需要裁剪的床次,每床需要铺料的层数,每层面料的规格搭配,每种规格裁剪的数量等内容。对于每批服装如何进行裁剪,方案并不是唯一的,究竟采用哪种方案,要根据具体的生产条件确定。因此,制定裁剪方案必须遵循一定的原则进行,包括:符合生产条件、提高生产效率、保证生产质量、节约面料用量。按照这四个原则,经过分析比较,在多个方案中选择相对最好的一个。

(二)排料划样

裁剪方案制定以后,要进行排料和划样。排料也称排版,是将各规格衣片的样板按照一定的要求安排在最短长度的唛架内,即设计裁剪排料图的过程。划样是将排料的结果画在纸上或者面料上,以备裁剪。排料划样是裁剪过程中必不可少的一道工序,不仅为铺料裁剪提供依据,而且对面料的消耗、裁剪的难易、服装的质量都有直接的影响,是一项技术性很强的工作。

排料前必须清楚产品的设计要求和制作工艺,对使用的材料性能特点有所认识。通常情况下,先按照一定比例进行缩图排料,确定之后,再根据缩图进行1:1的实样排料。排料时,在保证质量的前提下,应尽量省料,一般要遵循以下几个原则:

1. 正反面正确与衣片对称

大多数面料的正面和反面存在着差异,而服装制作一般都要求使用面料的正面作为服装的表面。同时,服装上许多衣片具有对称性,例如衣袖的左右片、裤子的左右片等。因此,排料时既要保证面料的正反面一致,又要保证衣片的对称性。

2. 丝缕与图案的方向正确

面料有性能特点不同的经向和纬向之分。经向挺拔垂直、不易拉伸变形,纬向略有伸长,斜向围成圆势时自然顺滑。因此,不同衣片在用料上有直丝、横丝和斜丝之分。在排料时,应根据不同部位的制作要求,按照相应的丝缕方向排列,绝不能把直丝变成横丝或斜丝排列。为了排料时确定方向,样板上一般都画出经纱的方向,排料时把它与面料的经纱方向保持平行。

部分面料有倒顺毛区分,当从两个不同方向观看面料时,呈现出不同的特征和规律。例如表面起绒或起毛的面料,沿经向毛绒的排列就具有方向性,当从不同方向看面料时,会出现不同的色泽,不同方向的面料手感也不一样。因此,在排列具有倒顺毛的面料时,除了注意面料纱线的方向,还要注意倒顺毛的区分,保证首尾方向正确,避免出现上下颠倒或者衣片外观不一致的问题。

面料上的具象图案一般均具有方向性,例如植物、动物、山水等。排料时要保证方向正确,避免出现首尾颠倒的错误。

3. 避免色差与对准条格

服装面料在印、染、整理的过程中,经常会产生色差。色差的情况有多种:同色号不同缸次染色形成的缸差,同匹面料左右两边色泽不同的边色差,前后段面料色泽不同的段色差等。当遇到有色差的面料时,在排料过程中应该采取相应的措施,避免同件服装出现色泽不同的衣片。有边色差的面料,排料时应将相组合的部件靠同一边排列,零部件尽可能靠近大身排列。有色差的面料,排料时应将相组合的部件尽可能排在同一纬向上,同一件衣服的各片,排列时不应前后间隔距离太大,距离越大,色差程度就会越大。

条格面料的服装在设计时一般都有一定的要求,比如相连接的两片衣片保持条格图案的连贯衔接,或者要求左右衣片对称等。因此,在排料时必须将样板按照设计要求摆放在相应的部位。

在实际生产中,裁剪要达到对格的目的,需要排料、铺料、裁剪三道工序相互配合,共同完成。保证条格对应的方法有两种:一种是准确对格法,另一种是放格法。准确对格法是指在排料时将需要对条、对格的两个部件按照要求准确地排好位置,划样时将条格划准,保证缝制组合对应准确。放格法是指在排料时先将相互组合的部件中的某一片排好,而另外衣片不按照原样划样,而将样板适当放大,留出余量,先按放大后的毛样进行开裁,待裁下毛坯后再逐层按对格要求划好净样,剪出裁片,与另一裁片进行组合缝制。

4. 节约面料的使用数量

在保证设计和制作要求的前提下,应尽量做到减少面料的使用,节约用料。决定用料多少关键之一在于合理的排料方法。要做到面料的充分利用,排料时需要反复进行试排,不断改进,最终选出最合理的排料方案。在排料时遵循下列方法,可以有效地提高面料利用率。

先大后小:先将主要部件较大的样板排好,然后再把较小的样板排列在大的样板的间隙中或者周围剩余的部分。

紧密排列:样板形状各不相同,直的、斜的、弯的、凸凹的等,应根据不同的形状采取直对直、斜对斜、凸对凹、弯与弯相顺的方法,尽可能减少样板之间的空隙,充分利用面料。

缺口合拼:有的样板具有凹状缺口,但这个缺口又不能插入其他部件。此时,可以将两片样板的缺口拼在一起,使两片之间的空隙加大,便可排放另外的小片样板。

大小搭配:同时要排几件服装的样板时,应将大小不同规格的样板相互搭配,统一排放,使不同规格的样板之间可以取长补短,实现合理用料。

目前,稍有规模的服装企业均已采用电脑排料,即把服装样板形状输入到电脑中的服装 CAD/CAM 软件,在电脑自动计算和人工修整之后,由电脑控制的绘图机把结果自动绘制成排料图。

(三)铺料

铺料是按照裁剪方案所确定的层数和排料划样所确定的长度,将服装面料重叠平铺在裁床上,以备裁剪。铺料直接影响着生产的顺利进行和服装的质量,是一项比较重要的裁剪工序,对工艺技术存在以下要求:

布面平整。不能有折皱、起伏、歪扭等情况。

布边对齐。确保每层面料的布边上下垂直对齐,不能有参差错位的情况。

减小张力。铺料时尽量减小对面料施加的拉力,防止面料的伸拉变形。方向一致。对于有方向性的面料,铺料时应使各层面料保持同一方向。

对准条格。对于条格图案的面料,铺料时应使每层面料的条格上下对正。

长度准确。铺料的长度要以划样为依据,原则上应与排料图的长度一致。

(四)开裁

裁剪是服装生产中的关键工序,既检验了之前工作的实际效果,又为加工的顺利进行做准备。因此,保证裁剪质量是决定产品质量与生产效益的关键。

传统的手工裁剪是单纯用剪刀进行的,不但效率低而且精度差。在工业化服装生产中,必须使用优质高产的裁剪生产手段。当前服装生产中常用的裁剪方法因设备不同而异,具体见本书第十一章第三节的"裁剪设备"。

(五)验片

验片是对裁剪质量的检查,剔出不符合要求的衣片,进行修整或者补裁。目的是避免残疵衣片投入缝制工序,防止影响生产顺利进行和产品质量问题的发生。验片一般是依靠人工目测进行的,发现有疑问的裁片,应立即挑出,及时处理。

(六)打号

打号也叫划号,是把经过验片程序的衣片按铺料的层次由第一层至最后一层打上顺序号码。目的是为了避免服装裁片因位于匹料的不同位置而可能存在的色差,还可以按照号码将裁片分发到制定的生产班组,既可防止半成品在生产过程中发生混乱,也有利于跟踪生产质量。

为了便于缝制工作顺利进行,打号完成后要将衣片根据生产的需要合理分组,捆扎好送进缝制车间。

二、手针工艺

手针工艺是服装缝纫中使用布、线、针等材料和工具通过手工进行操作的基础工艺。手针工艺是一项传统工艺,灵活方便,能代替缝纫机尚不能完成的技能,特别在服装的装饰点缀时,手针工艺是不可缺少的主要技法之一。

(一)工具

1. 手缝针

手缝针是最简单的缝纫工具,针的号型大小随衣料的厚薄、质地及用线的粗细而决定。

2. 顶针

顶针又称针箍,用于保护手指在缝纫中免受刺伤,有帽式与箍式之分。

3. 剪刀

有裁剪刀、缝纫小剪刀、刺绣剪刀等种类。裁剪刀与缝纫小剪刀要求尖部合口锋利,刺绣剪刀要求细长而翘起。

4. 蹦架

有圆绷与方绷之分,圆绷用竹材制成,有固定式和可调节式两种,适用于小件刺绣;方绷用木材制成,大小可以调节,用于刺绣大件绣品。

(二) 针法

手缝针法种类较多,按缝制方法可分为平针、回针、斜针等;按线迹形状可分为三角针、竹节针、十字针等。以下介绍常用的几种手缝针法,从其运用范围、缝制技法要点等方面分别加以阐述。

1. 绗针

绗针是中国传统手针工艺的基本针法之一,有长、短绗针之分。

短绗针是起固定作用的基本针法,将手针由右向左,间隔一定的距离构成线迹,一般连续运针 3~4 针后拔出。常用于手工缝纫、装饰点缀、抽碎褶等(图 10-1)。

长绗针用于两块或以上布料的临时固定作用,起针时线不打结,由右至左,以 3 厘米左右长(根据需要)的针距运针(图 10-2)。长绗针亦有众多变化,如正面长、反面短;正反面短、中间长。

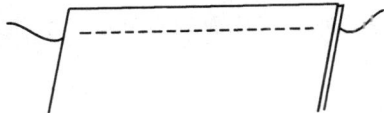

图 10-1　短绗针

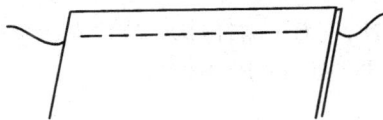

图 10-2　长绗针

长短绗针综合了长绗针与短绗针的特点,以一长一短的针迹运针。此针法多用于临时缝合布料等(图 10-3)。

2. 回针

回针是先向前运一针(针迹约 0.3 厘米),然后后退一针(约 0.9 厘米),面料正面的线迹平行连续,有时为斜形,针迹前后衔接,外观与缝纫机线迹相似,反面针迹有重叠。由于此针法牢固,常用于加固某部位的缝纫牢度(图 10-4)。

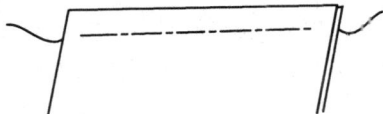

图 10-3　长短绗针

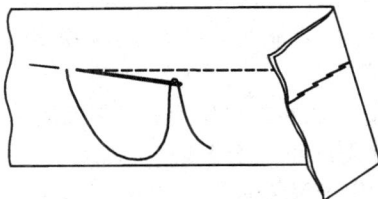

图 10-4　回针

3. 扎针

　　扎针也称斜针,线迹为斜形,针法可进可退。主要用于固定部件的边缘部位(图10-5)。

4. 纳针

　　纳针亦称作人字针、八字针,上下面料缝制后形成弯曲状,底针针迹不能过分显见,主要用于纳驳头部分(图10-6)。

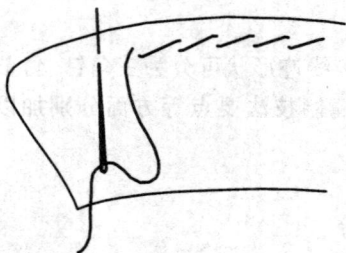

图10-5　扎针

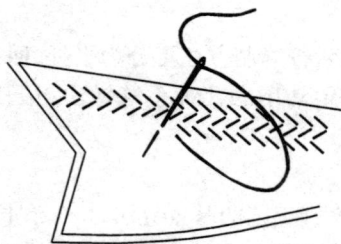

图10-6　纳针

5. 缲针

　　缲针有两种,一是明缲,二是暗缲。

　　明缲以直针斜线浅挑,针迹为斜势,故亦称其为斜针。由右至左运针,以正面的线迹小而整齐为好,且线的色彩宜与面料相近,多用于固定服装的贴边和袋夹里等(图10-7)。

　　暗缲又称暗针,正面不露针迹,线迹隐藏于贴边的夹层中间,亦有正反面均不见针迹的,主要用于服装的贴边等处(图10-8)。

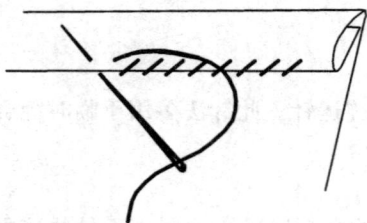

图10-7　明缲

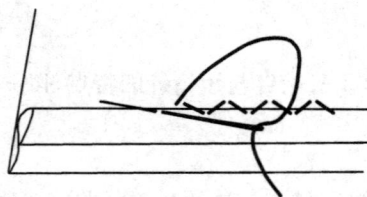

图10-8　暗缲

6. 三角针

　　三角针也称花绷针,针法呈交叉之势,自左向右倒退,将布料依次用平针绷牢,要求正面不露出线迹,常用于固定衣服的袖口边、底边、裤边等(图10-9)。

7. 套结针

　　套结针在操作时先在封口处用双线来回横挑2或3针做衬线,然后在衬线上插入竖线,套线上抽,重复至横挑线长度。竖线线迹需密而整齐,且必须缝住衬线下面的布料,作用是加固服装开口封口处,如常用于服装的开叉、拉链、插袋的止口处等(图10-10)。

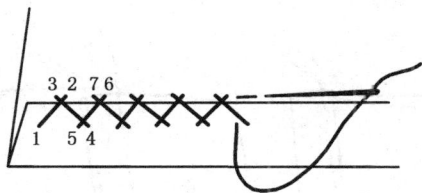

图 10-9　三角针

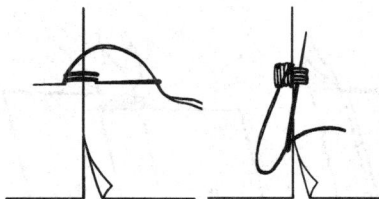

图 10-10　套结针

三、机缝工艺

机缝工艺是指利用缝纫机等设备将衣片结合起来的方法。衣服是由不同的缝型连接在一起的,缝型即缝纫组合的缝线形状。由于服装款式不同以及适用范围不同,因此在缝制时,各种缝型的连接方法和缝份的宽度也有不同,缝份的加放对于服装成品规格起着重要的作用,以下介绍几种常用的缝型。

(一)平缝

平缝也称合缝,指把两层缝料的正面相对,在反面缉线的缝型(图 10-11)。这种缝型宽度一般为 0.8~1.2 cm。将缝份倒向一边的称倒缝,缝份分开烫平的称分开缝。在缝制开始和结束时作倒回针,以防线头脱散,并注意上下层布片的齐整和松紧。在缝纫工艺中,平缝是最简单最常用的缝型,广泛使用于上衣的肩缝、侧缝,袖子的内外缝,裤子的侧缝、下裆缝等部位。

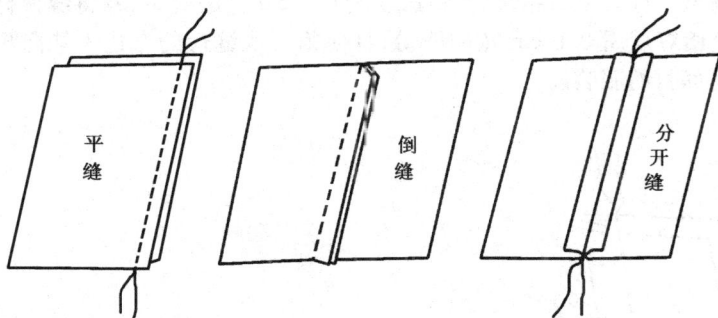

图 10-11　平缝、倒缝、分开缝

(二)扣压缝

扣压缝也称克缝。先将缝料按规定的缝份扣倒烫平,再把它按规定的位置组装,缉上 0.1 cm 宽的明线(图 10-12)。扣压缝常用于男裤的侧缝、衬衫的覆肩、贴袋等部位。

(三)内包缝

内包缝又称反包缝。将缝料的正面相对重叠,在反面按包缝宽度做成包缝。缉线时注意正好缉在包缝的宽度边缘。包缝的宽窄是以正面的缝份宽度为依据,有 0.4 cm 、0.6 cm 、0.8 cm 、1.2 cm 等(图 10-13)。内包缝的特点是正面可见一根面线,反面是两根底线。常用于肩缝、侧缝、袖缝等部位。

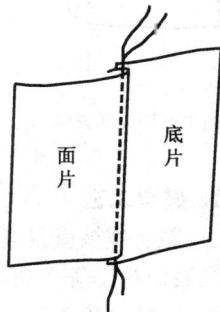

图 10-12　扣压缝

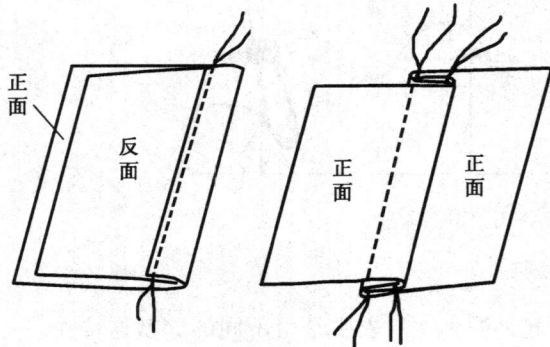

图 10-13　内包缝　　　　　　　　　　　　　　　图 10-14　外包缝

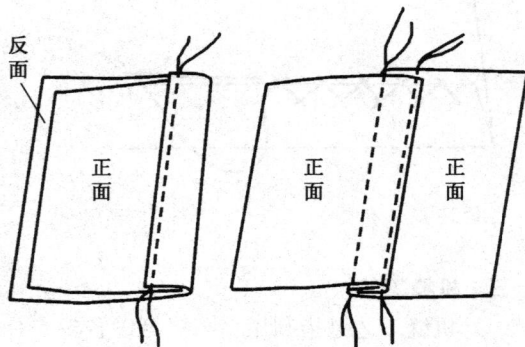

（四）外包缝

外包缝又称正包缝。缝制方法与内包缝相同，将缝料的反面与反面相对重叠后，按包缝宽度做成包缝，然后距包缝的边缘缉一道 0.1 cm 宽的明线。包缝宽度一般有 0.5 cm，0.6 cm，0.7 cm 等多种（图 10-14）。外观特点与内包缝相反，正面有两根线，反面有一根底线。常用于西裤、夹克衫等服装中。

（五）来去缝

来去缝是正面不见缉线的缝型。缝料反面相对后，距边缘缉 0.5 cm 宽的缝份，并将缝份修剪成 0.3 cm 宽，再将两缝料正面相对后缉 0.6 cm 宽的缝份，且使第一次缝份的布边不能露出（图 10-15）。此工艺适用于细薄面料的服装。

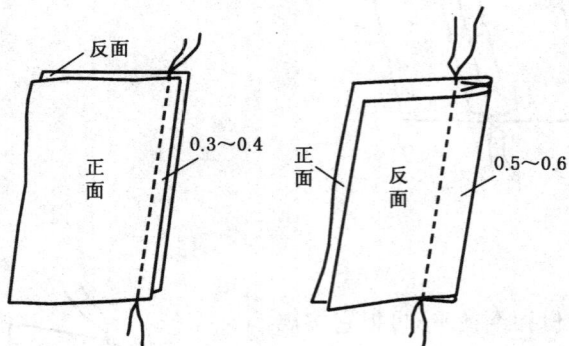

图 10-15　来去缝

四、熨烫工艺

服装熨烫就是利用织物湿热定型的基本原理，以适当的温度、湿度和压力，改变织物的结构、表面状态等性质的工艺方法。熨烫工艺直接影响到服装的外观形象，是服装加工过程中非常重要的一道工序。

（一）熨烫的作用

服装熨烫的重要性,不仅是因为它能弥补缝纫工艺中的缺陷,而且还因为它能够完成裁剪、缝纫工艺中所不能完成的工作。一般来说,服装熨烫工艺的作用主要有四个方面,即成型、烫平、褶裥与粘合。

1. 成型

服装加工的过程是一个由布料到服装、由平面到立体的过程。要达到立体造型的目的,除了通过衣片的结构设计与省位处理,还必须借助熨烫工艺改变织物组织密度与纱线形态来完成。利用熨烫来塑造服装立体形状的过程即是成型,成型就是通常所说的"推、归、拔",这个过程可由熨斗手工完成,也可以借助特定的熨烫机械来完成。

服装工艺中的"推、归、拔"其含义是:"归"是使服装材料的组织或其组成纤维归拢;"拔"是使面料组织及纤维拉长;"推"则是归的继续,是将归拢时出现的余量推到一定的位置,予以定位。推归拔工艺的作用程度受到纤维性能、织物组织等因素的限制。例如,对于没有热塑性的棉、麻、丝等材料所构成的服装,推归拔工艺则多局限于改变织物组织的疏密结构。

2. 烫平

服装在加工过程中因存放、搬运、挤压等原因会造成布料皱折不平,影响服装的外观质量。熨烫使面料恢复弹性,变得平服、顺滑,增强服装的美观度。

3. 褶裥

褶裥(如裤线、群褶线等)是增进服装审美的一种重要形式。褶裥的形式有两种,一种就是单纯利用熨烫工艺,使构成织物的纤维与纱线弯曲而形成褶裥;另一种是持久性褶裥,即先用开口缝线假缝缝制,而后再用熨烫工艺,将缝制的折痕压平而固定在一定的位置上形成褶裥,或利用熨烫与化学处理相结合的方法而形成的持久性褶裥。在缝制的过程中,类似于缝制贴袋四边的折烫处理,也属于褶裥,这种处理是为了降低缝纫难度,提高缝纫速度与质量。

4. 粘合

不少服装(如西装)需要在一些部位加固一层或几层衬里,以增加服装挺括性。衬里是利用热熔粘合的原理,在一定的温度、压力、时间条件下,通过压烫将粘合衬布与服装固为一体。在大批量服装生产作业中,一般采用专门的热熔粘合机来完成,效率高、质量好且稳定。而在小批量的生产作业中,往往采用熨斗及部分夹烫机械来完成,效率低、质量差且不稳定。

上述四方面作用不是独立进行的,在一次熨烫操作过程中,大多能同时实现几个不同的作用,如成型与粘合同时,也可以起到烫平的作用。除上述几个主要作用外,由于熨烫工艺中采用的温度较高加上吸风烫台的配合,因此还兼有消灭细菌和除尘清洁的作用。

（二）熨烫的过程

按服装在加工过程中的熨烫程序,可以将熨烫程序分为产前整烫、粘合整烫、中间熨烫与成品整烫四个步骤。

1. 产前整烫

产前整烫是在裁剪之前对服装的面料或里料进行的预处理,以使服装面料或里料获得一定的热缩并去掉皱褶,以保证裁剪衣片的质量。

2. 粘合整烫

粘合整烫是对需用粘合衬的衣片进行粘合处理,一般在裁片编号之后进行。使用粘合衬可使缝制的服装挺括、不易变形。

3. 中间熨烫

中间熨烫就是在服装的缝制过程中,对服装的组件进行的熨烫加工,如分缝、去折、成褶、固衬、成型等,又称作小烫。中间熨烫不但可以确保下道缝纫工序的顺利进行,提高缝合质量,而且有时还可以节省部分缝纫工作。对某些服装(如西装)来说,中间熨烫更为重要的作用往往是对服装所进行的热塑定型处理,满足人体表面复杂的曲面要求,使服装能够美观合体。

4. 成品整烫

成品整烫又称大烫,是指服装在制成后出厂前以及在穿着过程中的整理与熨烫。

(三)熨烫的工艺条件

服装熨烫的工艺条件实际就是构成服装的纺织材料湿热定型的条件,要求在一定的温度、湿度与压力下,通过一定的时间来完成。温度、湿度、压力等几个条件可使织物达到变形,但定型不能在加热过程中产生,而是在冷却中实现的。根据服装材料性能以及熨烫方式的不同,可选择的冷却方式有自然冷却、冷压冷却以及抽湿冷却等,采用合理的冷却方式可提高定型效果。

1. 温度

温度是熨烫工艺中最重要的一个因素,它是使服装材料变型与定型的关键。织物在高温条件下,分子链的相对运动较活跃,此时的织物变得柔软,容易使其变形并被固定在新的状态下。

温度的高低必须适中,温度太低纤维的变形能力小,达不到热定型的目的;温度太高,又会使服装材料变黄烫焦,手感发硬,甚至会发生熔融粘结现象,破坏织物的服用性能。温度的重要性不仅表现在温度的高低上,而且还表现在作用时间的长短上,即经过一定时间较高温度的处理后,必需迅速冷却,才能使纺织材料固定在新的形状上,并能获得手感柔软、富有弹性的风格。

2. 湿度

湿度的作用是使纤维润湿、膨胀伸展。在潮湿情况下,由于水分子进入纤维内部改变了纤维分子间的结合状态,使得织物变得柔软,容易变形,并在湿热的条件下塑造成所需要的形状。

3. 压力

压力是熨烫过程必不可少的一个条件,由于大多数纤维都有一个明显的屈服应力点,如果外力超过这一点,就会使织物产生变形。但是压力不能过大,否则对熨烫质量没有好的影响,反而使极光现象有所增加。因此,无论是服装熨烫机械的设计,还是服装熨烫实践过程中,压力控制一定要适中。

4. 时间

由于织物的导热性差,即使是很薄的织物,上下面的受热都有一定的时间差,因此熨烫时要有一定的延续时间,才能达到熨平或定型的目的。此外,对某些织物加湿熨烫,是使纤维降低弹性并达到定型的目的的,所以在造型的要求达到以后,必须将织物附加的水分完全烫干蒸发,才能取得较好的定型效果,这样的熨烫过程必须保证有充分的延续时间。

五、刺绣工艺

服装的刺绣工艺在我国已有悠久的历史,发展到现代已达到成熟完善的工艺水平。这里介绍一些简单的基础刺绣方法,常用于童装、女装、时装等的装饰。

（一）平绣

平绣是指按照一定的形状,一上一下在布料上穿刺,所有针迹呈平行状的刺绣方法(图10-16)。

（二）缎纹绣

缎纹绣类似于平绣,针迹长短交错,呈平行状或扇状,似真丝缎的纹路,有光泽感(图10-17)。

（三）轮廓绣

轮廓绣是按照图案的方向进一针、退半针,交错前进的刺绣方法(图10-18)。

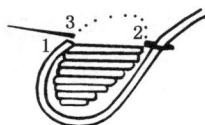

图 10-16　平绣　　　　　图 10-17　缎纹绣　　　　　图 10-18　轮廓绣

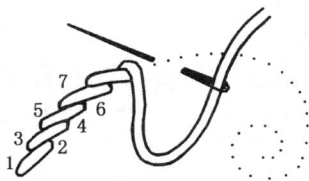

（四）直线绣

直线绣从1点出针,2点进针,3点再出针,线迹呈放射状(图10-19)。线以粗些的为好,线与线之间需松散些。

（五）织补绣

织补绣是一种相邻两排针迹交错排列,正、反两面线迹长度相等的刺绣方法(图10-20)。

（六）双套绣

双套绣是一种左右两针相互交错,线迹中间呈突出辫状的刺绣方法(图10-21)。

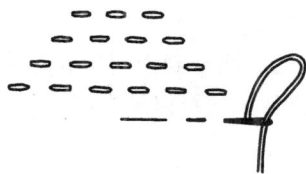

图 10-19　直线绣　　　　　图 10-20　织补绣　　　　　图 10-21　双套绣

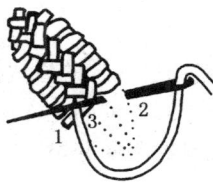

（七）人字绣

人字绣是一种左右两排针迹各自平行,左右呈一定角度的刺绣方法(图10-22)。

（八）打子绣

打子绣先平缝一针,然后在这一针上绕结两次,再穿入布料固定。注意线可多几股,不要拉得过紧(图10-23)。

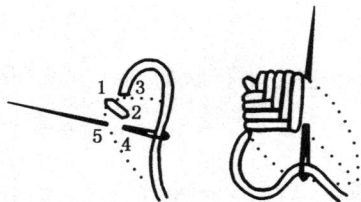

图 10-22　人字绣

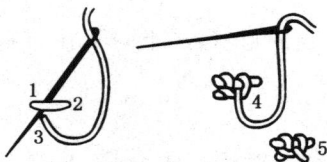

图 10-23　打子绣

（九）绕针绣

绕针绣在出针后,线在针上绕 2~3 圈,然后在出针位置旁边将针穿入布料,拉紧缝线(图 10-24)。

（十）套结绣

套结绣从 1 点出针,2 点入针,在 3 点出针时不要将针从布料中拔出,将线在针上绕圈,然后用左手轻轻压住绕线,右手将针拔出,在靠近 4 点位置入针固定(图 10-25)。

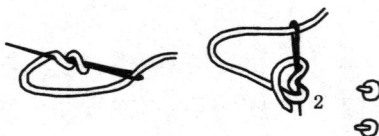

图 10-24　绕针绣

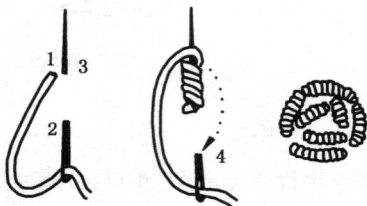

图 10-25　套结绣

随着科技进步和设备更新,在服装工艺上的刺绣早已摆脱手工作业,出现了多功能电脑绣花机,无论是色彩层次还是图案构成,都与手工刺绣技术有较大差异。服装刺绣的题材也比较丰富,除花鸟、建筑、人物、植物、几何等图案外,不少品牌的标记也采用刺绣工艺。

六、印花工艺

印花是把染料通过一定的方法按照确定的图案印到面料上的工艺。印花工艺有多种,可以按照不同的方式分类,各种印花方法可以独立使用也可以结合应用。

（一）按照所用染料的不同分类

1. 水印

水印是利用水性颜料进行印花的工艺。优点是手感柔和,色浆能够渗透到面料纤维里面,色牢度较高,不会粘身,没有坠感,不会影响面料原有的质感,成本较低,比较适用于大面积的印花图案。缺点是覆盖力不强,只适合印在浅色面料上,例如白色、浅黄色面料。中间色调面料印中间色容易产生混色,比如红色面料印蓝色容易出现预料之外的紫色等,颜色也不太鲜艳,长期使用会有褪色效果,属于较低档的印花种类。

2. 胶印

胶印是利用胶浆颜料直接覆盖在面料上的印花工艺。优点是覆盖性非常好,深色面料也能够印制浅色等任何颜色的图案,而且有一定的光泽度和立体感,颜色比水浆更加鲜艳,成衣看起来更加高档。缺点是手感较硬,不适合大面积的图案,容易粘连和不透气,成本比水浆稍高。

3. 油墨印花

油墨印花主要针对风衣、尼龙、皮革、塑料、羽绒面料等布纹很密的面料。优点是色泽鲜艳细腻、色牢度好、易干燥、细节表达准确,缺点是生产过程中气味难闻,所使用溶剂容易挥发,需通过高温才能干燥。

4. 烫金烫银

烫金烫银的原理是在印花浆中加入特殊的化学制剂,通过热转印方法在面料上呈现金属质感的颜色。优点是有金属光泽,外观高档、时尚,颜色鲜艳持久、不褪色,缺点是目前烫金箔质量不稳定,进口的价格较高不利小批量生产,耐洗水性不好,需有经验的员工操作生产。

5. 植绒

植绒是在面料上先印出需要形状的浆料,然后进行静电植绒、烘干、清理的印花工艺。植绒工艺印制的产品立体感强,颜色鲜艳,手感柔和,不脱绒耐磨擦。棉布、丝麻、皮革、尼龙布、各种PVC、牛仔布、树脂无防布等都可印制。

(二)按照工艺手法的不同分类

1. 转移印花

转移印花是比较流行的一种印花技术,原理是先用印刷方法将颜料印在纸上,制成转移印花纸,再通过高温高压把颜色转移到织物上。一般用于化纤面料,特点是颜色鲜艳,层次细腻,花型逼真,艺术性强,但该工艺目前只适用于涤纶等少数合成纤维。转移印花工艺简单,投资小,生产灵活。但是,相对其他工艺方法这种转移印花的成本比较高。

2. 皱缩印花

皱缩印花又称凹凸印花,是利用能使面料纤维膨胀或收缩的化学品,通过适当处理获得表面有规律凹凸花型的产品,如用烧碱作膨化剂的纯棉印花泡泡纱。

3. 平网印花

平网印花的印花模具是固定在方形架上并具有镂空花纹的花版。印花时,花版紧压织物,花版上盛色浆,用刮刀往复刮压,使色浆透过花纹到达织物表面。无花纹的地方有膜层封闭网眼,色浆不会透过。平网印花生产效益低,但适应性广,应用灵活,适合小批量多品种的生产。

4. 圆网印花

圆网印花的印花模具是安装在循环运行的导带上方的圆筒状筛网,筛网上是和所印图案一致的镂空花纹。印花时,色浆输入网内,贮留在网底,圆网随导带转动时,紧压在网底的刮刀与花网发生相对刮压,色浆透过网上花纹到达织物表面。圆网印花可以连续加工,生产效率高,但是花纹精细度不高,印花色泽不够鲜艳,在颜色的选择上也有一定的局限性。

5. 颜料印花

又叫涂料印花,由于颜料是非水溶性着色物质,对纤维无亲和力,其着色须靠能成膜的高分子化合物(粘着剂)的包覆和对纤维的粘着作用来实现。颜料印花可用于任何纤维纺织品的加工,在混纺、交织物的印花上更具有优越性,且工艺简单、色谱较广,花形轮廓清晰,但手感不佳,摩擦牢度不高。

七、洗水工艺

所谓"洗水",就是人工做旧的工艺,是现在国际时尚休闲品牌的普遍工艺。经过洗水处理的衣服更加自然舒适,更有层次,面料的稳定性更好,还能达到特殊的艺术效果,最常见的是牛仔裤。根据洗水的过程和应用的主要材料,洗水又可以分为以下几种类型:

(一)普洗

普洗即普通洗涤,是将人们平日所熟悉的洗涤改为机械化,其水温在 60℃～90℃左右,加入一定的洗涤剂,经过 15 分钟左右的洗涤后,过清水加柔软剂即可,使织物更柔软、舒适,在视觉上更自然更干净。通常根据洗涤时间的长短和化学药品的用量多少,普洗又可以分为轻普洗、普洗、重普洗,这三种洗法没有明显的差异。

(二)石洗

石洗即在洗水中加入一定大小的浮石,使浮石与衣服打磨,打磨缸内的水位以衣物完全浸透的低水位进行,以使得浮石能很好地与衣物接触。在石磨前可进行普洗或漂洗,也可在石磨后进行漂洗。根据不同要求,可以采用黄石、白石、人造石、胶球等进行洗涤,以达到不同的洗水效果,洗后布面呈现灰蒙、陈旧的感觉,衣物有不同程度的破损。

(三)酵素洗

酵素洗又称酶洗,是一种先进的、环保的洗水方法。酵素是一种纤维素酶,在一定 pH 值和温度下,能对纤维结构产生降解作用,使布面较温和地褪色、褪毛,并得到持久的柔软效果。也可以和石头并用称为"酵素石洗"。

(四)砂洗

砂洗多添加一些碱性、氧化性助剂,根据衣服的组织结构、经纬密度、纱支粗细和捻度等条件选取合适的膨化剂、砂洗剂和柔软剂及适当的工艺条件进行洗涤。其原理是织物在松弛状态下进行膨化、松散,借助机械摩擦作用,使衣物洗后有一定褪色效果及陈旧感,若配以石磨,洗后布料表面会产生一层柔和霜白的绒毛,再加入一些柔软剂,可使洗后织物松软、柔和,从而提高穿着的舒适性。

(五)化学洗

化学洗是通过使用强碱助剂来达到褪色的目的,洗后衣物有较为明显的陈旧感,再加入柔软剂,衣物会有柔软、丰满的效果。如果在化学洗中加入石头,则称为化石洗,可以增强褪色及磨损效果,从而使衣物有较强的残旧感。化石洗集化学洗及石洗效果于一身,洗后可以达到一种仿旧和起毛的效果。

(六)漂洗

漂洗可分为氧漂和氯漂。氧漂是利用双氧水在一定 pH 值及温度下的氧化作用来破坏染料结构,从而达到褪色、增白的目的,一般漂洗布面会略微泛红。氯漂是利用次氯酸钠的氧化作用来破坏染料结构,从而达到褪色的目的。氯漂的褪色效果粗犷,多用于靛蓝牛仔布的漂洗。漂白后再进行石磨,则称为石漂洗。

(七)破坏洗

破坏洗是成衣加入一定份量的酶,经过浮石打磨之后产生一定程度的破损,然后进行柔软处理。洗后衣服产生明显的残旧效果,有一种柔圆滑腻的感觉。一般破坏洗多用于斜纹布等布身较厚的衣服。

（八）雪花洗

雪花洗是先把干燥的浮石用高锰酸钾溶液浸透,然后在专用转缸内直接与衣物打磨,浮石打磨在衣物上,高锰酸钾即把摩擦点氧化掉,使布面呈不规则褪色,雪花效果对板以后取出衣物放在洗水缸内,用清水洗掉石尘,接着用草酸中和,最后上柔软剂清洗干净。

（九）猫须

猫须是工艺中最常见也最复杂的工序,可分为普通猫须、立体猫须、手缝猫须、马骝猫须、手抓猫须和树脂猫须等等,常见于牛仔裤中。其中前几种为常规猫须,而最后的树脂猫须是具有真实立体感的猫须。

（十）碧纹洗

碧纹洗是专为经过涂料染色的服装而设的,其作用是巩固原来的艳丽色泽及增加手感的柔软度。

第三节　服装工艺的设计

一、工艺设计的概念

工艺设计是指为了达到某种加工效果而对原辅材料、工艺种类、流程编排、生产设备、生产场地等工艺要素进行的统筹与选择,它是工业生产活动的主要依据之一。工艺设计的主要内容包括产品方案、工艺流程、生产组织、劳动定员、技术标准、经济指标、外协条件等,上述各项均有比较细致的分项内容。

服装工艺设计是按照服装造型设计、结构设计的意图,采取一系列的技术措施,对服装的裁剪、缝纫、锁钉、熨烫、包装等过程的操作细节进行设计。工艺设计是服装生产技术准备工作的重要组成部分,是在完成了款式设计、结构设计这两个阶段之后的产品实物化的具体实现,是将设计师的设计构思完美体现的重要过程。

二、工艺设计的作用

服装工艺设计是指导服装生产的重要手段,也是服装总体设计的有机组成部分。只有充分发挥工艺设计的功能,才能促进生产发展,提高服装的总体设计水平。强化工艺设计意识,注重发挥工艺设计效果,将会产生以下六个方面的作用。

（一）有利于发展新品种

注重工艺设计,可以在缝制方法、缝型结构方面有所创新,设计出新的工艺形态,将会有利于推广新工艺、开发新品种。

（二）有利于采用新技术

工艺设计水平的提高,有利于发展 CAD 服装设计辅助系统、CAM 电脑裁剪系统、高频缝纫和超声波缝纫系统、立体蒸汽熨烫、立体包装、防缩、防霉、防蛀、免烫等新工艺和新技术,提高企业的技术含量。

（三）有利于提高产品附加值

简单的工艺、低档的产品只能是廉价商品。只有提高工艺设计水平,展现商品的新面貌,提高产品的使用功能和欣赏价值,才会提高商品的附加值。

（四）有利于提高生产效率

低水平的手工作业、落后的生产组织和生产形式,只能靠原始的加班、加点来提高生产效率。设计出新的工艺流程和工艺方法,才是提高生产效率的根本途径。

（五）有利于提高产品质量

落后的生产形式和简单的工艺方法是产生质量问题的隐患。强化服装工艺设计,创造一个科学合理的工艺过程,是提高产品质量的有力保证。

（六）有利于降低材料消耗

服装企业的材料消耗是企业产品成本的重要组成部分。研究和推广新的工艺设计方案,制订科学合理的原辅料定额,以最低的原料、辅料消耗,生产出合格的优质产品,方能使企业获得较好的经济效益。

三、工艺设计的要点

（一）全面领会款式设计的意图

在进行服装工艺设计的时候,需要全面领会款式设计的要点,使工艺终始为整体效果和设计者的意图服务。服装的款式造型设计属于艺术创作的范畴,造型设计只完成了服装设计的一半,要将服装款式效果图变为成品实物,还必须有结构设计、工艺设计的配合,尤其在设计功能性服装时,工艺设计则要满足对其功能的需要。比如消防服装,在造型设计上既要满足其攀高的职业需要,又要阻燃、阻水、耐磨,具有强牢度,在工艺上要保证颈部和袖口不易进水,服装上还要配有挂钩绳索等装置。总之,服装的工艺要为服装的设计服务,在进行工艺设计时要全面领会款式设计的意图。

（二）忠实执行结构设计的要求

工艺是完成服装加工的手段。在进行服装生产工艺设计时,必须要忠实于结构设计的要求,按照结构设计来安排相应的裁剪、缝制、熨烫工艺等。

从造型出发,工艺设计是加强形的特征,如用线条感强调形,用衬里手段巩固形。不同的工艺会给结构带来差异性的视觉效果,甚至影响服装的风格造型。比如,为了达到翘肩的效果,要根据结构设计考虑是否需要使用垫肩,以及使用什么样的垫肩。因此,在充分掌握服装工艺的基础上,工艺设计始终要参考结构设计的要求,在满足结构设计的基础上力求工艺简化,以突出结构和造型设计。比如装饰性省缝的虚实处理、强调线感的公主缝等等,都通过精制的工艺而起到"画龙点睛"的效果。随着工业技术的发展,结构与工艺的设计会有新的技术不断呈现,对设计来说可以充分利用新工艺、新技术,从而把服装内容表现得更加丰富。

（三）适当修正结构设计的不足

在忠实执行结构设计的基础上,服装工艺还要适当修正结构设计的不足。服装的最终效果要以立体状态下的视觉为准,特别强调外轮廓的顺滑自然、转折处的衔接过度。尽管要忠于结构设计,但是最终还是要满足舒适性的特点,从人体轮廓的构成考虑工艺的适应性,及时修正结构设计的不足。例如,人体颈部为圆柱体略向前倾斜,肩部近似梯形,所以,在肩部组合时后肩片要注意略放吃势。其次,服装要满足人体动态活动的需要。手臂的弯曲和前后移动,大腿和小腿的伸曲和臀部的突起,虽然在袖片和裤片的结构上已采取技术措施,但是,在设计具体工艺时还要注意缝型、吃势以及某些部件设置的前后、高低等要求。

四、工艺设计的内容

从服装行业的特点来看,服装工艺设计的主要内容有:工艺流程设计、工艺方案设计、工艺形态设计、工艺缝型设计、工艺文件设计、工艺卡设计、工艺装备设计、工艺标准设计等。

(一)工艺流程设计

工艺流程,也就是工艺作业的程序,行业中称为生产流水线。作业程序前后的安排是否合理,关系到作业效率与产品质量。服装企业的工艺流程有:生产管理流程、裁剪工艺流程、缝纫工艺流程以及锁钉、整烫、质量检验、包装等。对于每一个部位作业的工艺来讲,比如做领、做袖、做袋等,也有作业程序的问题,称为分部工艺。总之,凡有工艺作业的场合,必然有工艺流程设计。工艺流程设计的结果可用工艺流程图的形式表现。

工艺流程图是表示整个工艺流程内在的顺序关系,以及描述这些流程中的操作者及对操作的要求,每一个工序要花多少时间,操作要点是什么,用什么工具,用什么材料,要达到什么样的指标以及安全事项等等。实现工艺流程的重要保证是操作者的职业素质,因此,工艺流程图还可以细化到具体的各个岗位,具体到每一个环节,供操作者使用的执行标准等。以上这些工作都要以工艺流程图为基础而展开。

(二)工艺方案设计

工艺方案设计即生产加工工艺方法的选择和设计,是指导企业生产工艺方案设计和工人操作工序的技术文件。企业生产工艺方案设计即根据不同的生产品种设计具体的工艺加工方法。服装企业的工艺方案设计应与材料检验、材料测试、裁剪、缝纫、锁钉、整烫、包装、机修保养等紧密联系。根据企业生产的品种不同,工艺方案也不完全相同,比如羽绒产品的冲绒,牛仔服产品的水洗,高档服装的定形免烫处理等工艺方案的设计。

工人操作工序是指在服装生产流水线中一些独立作业的起始步骤,比如衬料冲裁、衬料粘合、袋布缝合等工序的作业方法,以及缝型、行次、行距、针码密度等方面的技术规定。同时也包括相互作用的组装工艺步骤,比如前后衣片组合、装领、装袖、面子和里子的缝合等。对组装工艺方案的设计,就是把流水线的支流与主流工序进行合理的组合、装配与衔接,使它达到最为理想的工艺效果。另外,为了达到最佳工艺效果,工艺方案设计还包括作业人员必须遵循的规定,即所谓的工艺守则设计,比如各规格产品先后投产程序的规定,工具和设备使用的规定等。

(三)工艺形态设计

工艺形态是指加工成的服装部件的表面形状,比如领子形状、袋布形状、袋口形状、袋盖形状、袖衩形状等。工艺形态的变化可以使产品有别致、新颖的感觉,工艺形态设计可以通过形态规格的变化、形状的变化、形态移位等手法来增加工艺形态的花色品种。

(四)工艺缝型设计

缝型即缝纫组合的缝线形态,是组合服装的基本要素。缝型设计应达到两个目的,一是缝纫要牢固,使缝纫结合处有较好的强牢度,耐洗、耐磨、耐穿;二是缝纫表面形态优美,比如缝份的宽窄、止口的线距、缉线明暗、用线粗细、配线颜色等。

(五) 工艺文件设计

工艺文件是指导生产加工的重要文件,可以分为三大类,一是基础工艺文件,即常规产品的工艺方法,比如生产衬衫和西服的企业,必须对工人进行衬衫或西服基础工艺的技术培训;二是专用工艺文件,即企业专门为某客户或某品牌设计的专用工艺文件;三是反映客户要求的工艺文件,即贸易公司向工厂下达的工艺文件,这类工艺文件主要是为了确保合约的履行,向工厂提出的工艺要求。

(六) 工艺卡设计

工艺卡的设计是企业工艺文件的细化。企业工艺文件是针对企业全体人员的,并用于指导生产全过程,而工艺卡的设计是分别针对各工序的个别操作者的工艺方法。工艺卡的编写要详尽明了,图文并茂,通俗易懂。工艺卡不仅是企业指导班组工人生产的重要文件,同时也是工艺纪律检查和工序质量验收的重要依据。

(七) 工艺装备设计

工艺装备设计是计划和安排生产中涉及到的各种装备、器械、工具的使用、维护和检查工作,主要包括裁剪工具、缝纫工具、锁钉工具、熨烫工具、检验工具、包装工具等,其目的在于确定各种工艺设备的配比关系、提高各工艺装备的使用效率,在保证产品质量的前提下,确保生产的顺利进行。

(八) 工艺标准设计

工艺标准就是企业内部为了实现工艺文件规定所设计的工艺达标文件。工艺标准是依据产品加工工艺特点、生产工艺要素和有关工艺文件,并结合生产实际情况加以统一形成的标准,其主要内容包括:工艺文件的格式、工艺文件的说明、工艺文件的管理等方面的标准。

第四节   服装工艺的流程

服装工艺流程因服装品类的不同而不同,其中的差异相去甚远,不能一概而论。如前所述,合理的工艺流程是正确进行服装加工生产的基本前提。在此,以制作一件男式长袖衬衫为例来简单说明服装工艺的完整流程。

一、款式特征概述

男式长袖衬衫的款式特征为:普通小尖领,翻门襟,7粒扣,左胸一只贴袋,宽松式直腰身,双层过肩,平下摆,袖窿缉明线,袖口收两个褶,剑式袖衩,圆角袖头。

二、男式衬衣工艺流程

(1) 检查裁片

① 数量检查:对照排料图,清点裁片是否齐全;

② 质量检查:认真检查每个裁片的用料方向、正反、形状是否正确;

③ 核对裁片:复核定位、对位标记;检查对应部位是否符合要求。

（2）熨烫门襟、里襟

（3）烫胸袋

（4）缝贴袋

（5）缝商标

（6）装过肩

（7）做袖

① 缉袖衩;

② 做袖克夫。

（8）装袖

（9）缝合摆缝、袖底缝

（10）装袖克夫

（11）做领

① 裁配领面、里、衬;

② 烫领;

③ 缉翻领面、里、衬;

④ 翻烫翻领、缉压明止口;

⑤ 裁配底领面、里、衬;

⑥ 底领夹缉翻领;

⑦ 缉压底领上沿明止口;

⑧ 做好装领三眼刀。

（12）装领

① 装领;

② 缉领。

（13）卷底边

（14）锁眼

（15）钉扣

（16）整烫

① 检查成衣,剪净线头,清洗污渍;

② 领子烫挺,前领口留窝势,不可烫死;

③ 袖烫平,收褶处按褶裥烫平;

④ 放平,熨烫后衣身;

⑤ 熨烫门里襟,不拧不皱。

服装生产 | 第十一章

第一节　服装生产的概念

一、定义

服装生产是指在服装企业按照行业本身的特点和规律,参照政府发布的各项相关政策和技术标准,有计划、有组织、有目的地进行加工服装的活动。通过服装生产,各种与服装相关的生产要素被整合成为可供人们穿着的服装。

二、特征

(一) 生产之间的协作性

随着科技的进步和设备的不断更新,服装生产方式也由现代的批量性成衣生产代替了传统的个体或作坊式生产。现代服装生产已经发展成熟,各工序之间既存在着严密的相关性又各自独立,有机结合,相辅相成。要保证生产顺利有序的进行,需要各方面的有效配合,包括劳动技能、工艺流程、管理流程以及部门之间、工序之间的相互协调,形成有效的检查和督促。广泛的协作不仅是在企业内部,还会延伸到供应商等有关生产协作单位。由此可见,广泛的生产协作性是服装生产的特征之一。

(二) 生产技术的专业性

市场所能见到的服装款式各式各样,生产所用的专用设备等技术条件也种类繁多。服装的品种很多,无论服装的面料是什么类型,无论穿着用途是什么,这些服装的生产都需要各种专业设备的配合并采用流水作业来完成。由于现代服装生产的分工越来越细,工人的技术能力越来越单一,因此,一个单独的服装企业不可能具备任何品类服装生产的能力,即使是大型服装集团公司,也很难完成所有品类服装的生产。各大品类服装在加工上形成的巨大差异,造成了一个工人往往只会操作其中的少数工序,技术全面的工人很少,这就迫使服装生产技术出现了专业性特征。

(三) 材料质量的可靠性

服装加工对材料有着很强的依赖性。在加工的过程中,服装生产是一个只改变面辅料的形状,而不改变面辅料的性能的过程。因此,服装生产过程要求服装材料的质量十分可靠,一旦面辅料上存在质量问题,会在服装上反映出来,并且影响到服装的质量。所以,在服装的实际生产中,对面料上的疵点、色差要进行严格检验,对辅料存在的质量缺陷也要严格把关。未经检验、测试合格的原辅料绝对不可以投入生产。

(四) 服装生产的季节性

服装生产的数量和品类受到季节性因素的影响很大,如夏天只穿一件单衣,而冬天,里里外外要穿一整套服装,因此,夏装生产与冬装生产在生产计划的安排和技术难度上形成很大的差异。服装的生产将按照使用季节、技术难度和交货时间的要求,制定合理的生产计划。

三、要素

在现代化大生产的条件下,服装生产要素一般包括以下内容:

（一）生产人员

服装生产人员是指拥有服装生产技术技能的全体服装生产企业的劳动者,他们的专业素质和操作技能直接关系着生产进程和生产质量。

（二）生产物质

服装生产物质是指服装生产所需的一切物质条件,包括材料(如面料,辅料)、机械设备和能源等。

（三）生产技术

服装生产技术是指保证各生产要素在生产过程中形成一个有机体的专门技能,包括工艺标准、工艺流程、加工方法等。

（四）生产资金

服装生产资金是指服装生产过程中需要投入的生产成本。资金是服装企业生产的重要因素,任何一个生产环节都需要投入一定量的资金。

（五）生产时间

服装生产时间是指顺利完成生产所需要的时间保证。生产进度应该在生产计划中做好详细安排,在质量、数量等方面符合生产计划的要求。

（六）生产信息

服装生产信息是指服装在产品的类型、数量、质量等方面的指导性生产依据。服装款式千变万化,时尚潮流不断更新,需要大量的市场信息配合生产,同样生产中的信息也会反馈到市场。

四、分类

根据不同层次的消费者对衣着的不同需求,服装生产可以分为不同的方式进行。

（一）成衣化生产

成衣化生产是指采用现代化的工业标准方法,按照一定的款式和尺码来加工制作服装的生产方式。成衣化生产的衣服是大批量的,完成生产阶段后通过不同的渠道销往各地,促进了服装业在制造和零售等方面的现代化。其特点是整合和利用各种资源进行流水线生产、机械化生产和自动化生产,服装质量稳定。此外,由于是大批量生产,成衣化生产的成本比订制生产的成本低,消费者在市场上可以买到物美价廉的服装。但成衣化生产也受很多因素的影响而带有一定的市场风险,如服装潮流、季节变化、经济增长与衰退等因素的影响。

（二）半成衣化生产

半成衣化生产是指以工业化标准生产为基础,由客户对某些部位提出特殊要求,结合工业化生产的方法,投入工厂生产线完成加工。这种生产方式既克服了成衣化生产的不可变更性的缺点,又能够满足具有一定特殊性的客户需求,也弥补了单件定制对尺寸规格过于苛求等不足,比较符合大规模工业化定制服装的要求,如银行制服、企业工装等。

（三）定制化生产

定制化生产是指按照个别顾客的体型为标准,量体裁衣,单件制作的生产方式。由于是按顾客的体型、尺码及个别要求而缝制,定制服装穿起来更加适合顾客的身材要求。定制服装有以下的优点:不同体型的人均能得到合身的衣服;由于衣服是按个别顾客的要求缝制的,顾客可以决定衣服的款式和衣料,做成的服装更能反映穿衣者的喜好和风格。不过,由于每个顾客的要求不一样,定制服装难以形成批量,生产的时间成本较高,定制衣服的价钱也因此而比较昂贵,并因生产人员技术水平的高低而在品质方面难以做到整齐划一。

(四)家庭式制作

家庭式制作是指穿着者自己购买面料,根据自己的体型、款式、要求,在家里自行完成服装的制作。一般来说,家庭式制作服装的目的不是用来交换的,而是出于兴趣爱好或自给自足,因此,严格来说,此类服装的制作不能算作是普遍意义上的生产方式。其制作方式可以按照自己的要求随意设计制作,但是因为个人的手艺有限,通常制成的衣服会存在一定的问题。

第二节　服装生产的流程

服装生产是一项比较复杂的工程,必须按照一定的流程才能有条不紊的完成。以下是服装生产的几个主要环节。

一、设计环节

(一)款式设计

一般来说,大部分有规模的服装企业都会雇用设计师来设计新款服装,以满足顾客的需求。设计工作主要包括两方面的内容:一方面,设计师需要根据流行趋势和市场信息来设计并绘制各款服装;另一方面,设计师根据设计的服装款式,还要选择合适的面料、辅料,并了解服装厂的设备和工人的技术。

(二)样板设计

款式设计完成之后,需要按照设计的款式图绘制纸样。在成衣行业中,第一个绘出的纸样一般称为头样或原样,而头样通常是标准尺码或中间尺码。样板均为加放缝份后的毛板,还要画出面料的经纱方向,打出对刀剪口、定位孔等标记,并标明号型规格。

(三)样衣制作

初步的头样完成后,根据头样缝制样衣。样衣制作通常只做一件或数件样品,由板房内技术熟练的样衣工人来完成。当样衣完成后,如果某些地方不符合设计师或顾客的要求需要进行修改时,通常都需要从初步的头样开始改动,可能需要反复数次修改,直至顾客满意为止,样衣制作才算完成。

(四)纸样放码

当服装样衣为客户或者公司内部确认之后,下一步就是按批量生产要求绘制不同尺码的纸样。将标准纸样进行放大或缩小的绘图,称为"纸样放码",又称"推档"。目前,服装厂多采用服装 CAD 系统来完成纸样的放码工作,在不同尺码的纸样基础上,还要制作工业样板。

二、裁剪环节

（一）订购和检验面辅料

纸样和样衣最终确认以后，就需要根据生产所需订购面料及辅料。这个环节需要给予重视，否则很容易出现问题，例如：估计用量过多会造成资金浪费，估计用量过少可能导致延迟交货；如果面辅料出现质量问题，在成品时才出现，严重者可能导致客户退货，造成更大的损失。

为确保所投产的面料质量符合成衣生产要求，面料进厂后要进行数量清点以及外观和质量的检验，没有经过检验合格的面料不可盲目投入生产。通过对进厂面料的检验和测定可有效地提高服装成品的合格率，这是把好产品质量关的重要一环。

面辅料检验项目很多，如面料色差、疵点、缩水率的检验，粘合衬的粘合牢度、温度、压力的检验，拉链的顺滑程度、尺寸长短、模拉强度的检验等等。对不能符合要求的物料不予投产使用。

（二）裁剪

裁剪前先要根据样板绘制出排料图，"完整、合理、节约"是排料的基本原则。

整个裁剪工艺过程都需要认真控制每一个细节，以确保裁片的品质。这项工作可以再细分为以下各项工序：

1. 制定裁剪方案

裁剪车间接到生产任务单后，首先要制定一个合理的裁剪方案。内容包括：确定铺布的床数、每床铺布的层数、每层面料剪切的规格数和件数等内容。这样，不仅使排料、铺料等工作能顺利进行，而且提高了裁剪的效率。

2. 排唛架

为了准确裁剪大量成衣，需采用特别的裁剪工具来完成。把确认后的纸样画在和所裁剪面料等宽的裁床专用纸上，并排列成一个组合，这个组合在行内叫排唛架。唛架的作用是把面料的用量降到最低，通过唛架计算出最准确的用量。唛架的编排是一项技巧工作，必须考虑多项技术需求，例如：布纹的方向、布料的幅宽、布料的性质、尺码的组合及预备拉布的长度等等。目前，这项工作都由电脑辅助完成。

3. 铺料及裁剪

铺料的任务就是按照唛架的长度以及裁剪方案所确定的床数和层数，把面料一层一层地平铺在裁床上，然后整理面料，使布面平整、布边对齐、减少拉力。整理好之后将唛架放在整叠衣料上面，然后，裁剪技工会按照唛架上衣片的形状来裁剪衣料。如果款式需用里布或衬布，所需的过程也大同小异。

（三）验片、划号、粘合、分包

裁剪完成后，为了保证服装的质量和缝制工序的顺利进行，裁剪车间还要对裁片进行验片、划号、粘合与分包等工作。

1. 验片

验片是对裁剪质量的检查，目的是查出不合要求的衣片，将其更换掉，避免不良衣片流入缝制工序，影响生产的顺利进行。检查后对不符合要求的裁片，要及时修补好，不能修补的则要进行补裁。

2. 划号

划号是把裁好的衣片按铺料的层次由第一层至最后一层打上顺序号码。划号的目的是为

了避免服装形成色差。缝制时必须将同一编号的裁片组成一件服装。划号还可以避免半成品在生产过程中发生混乱,便于出现问题时查对。

3. 粘合

为了增加服装的耐用性和美观度,在某些衣片上需要粘合衬布。裁片在进入缝制车间前,利用粘合设备对需加粘合衬的裁片进行粘合加工。粘衬工序需要控制好时间、压力和温度三要素。根据粘合的效果进行调整粘合机器的运行速度,达到粘合的最佳效果。

4. 分包

为了方便生产,避免混乱,裁片投入缝制车间之前还要进行分包捆扎,按编号将一件衣服的所有衣片放在一起。分包时,要注意不要打乱编号,小片裁片不要散落丢失,捆扎要牢固,由裁剪车间送至缝纫车间继续加工。

三、缝制环节

缝制是整个服装加工过程中技术性较强,也较为重要的成衣加工工序。它是按不同的款式要求,通过合理的缝合,把各个衣片组合成服装的一个工艺处理过程。

(一) 缝合

缝合是服装加工的核心工序。根据款式和工艺要求,服装的缝合可分为机器缝制和手工缝制两种。一般来说,车缝工序都是按照流水线进行,由不同的工人来车缝衣服的不同部分。

(二) 整烫

服装加工过程中,除对衣片各部位进行缝合外,为使服装成品各缝口平挺、造型丰满、富有立体感,需要对服装进行大量的熨烫加工。熨烫一般可分为中间熨烫(小烫)和成品熨烫(大烫)两种。中间整烫是在缝制加工过程中,穿插在各缝纫工序之间进行的熨烫工作,包括部件熨烫、分缝熨烫和归拢熨烫等。成品熨烫是对缝制完的服装成品做最后的定型、保型以及外观处理。目的是保证服装线条流畅、外形丰满、平服合体、不易变形,具有良好的穿着效果。

(三) 检验

缝制、整烫完毕后,就要进行成衣品质检验,这是使产品质量在整个加工过程中得到确认的一项十分必要的措施,在服装生产过程中起着举足轻重的作用。

成品检验的内容包括以下三方面的内容。①外观质量的检验。这是对成衣整体造型及各个部位的检验,主要检查左右是否对称、高度是否一致、线条是否流畅、有无明显错误等。②尺寸规格的检验。这是对照工艺技术标准,用量尺测量成衣各部位尺寸,检查成品的尺寸是否超标。③加工质量的检验。此项检查的内容与产品的种类和要求密切相关,通过目测、对比、尺量等方式,对照工艺要求,检查服装的加工质量。检验人员需根据一定的标准来判定产品合格与否,属于允许范围内的差距判定为合格品;超出允许范围内的差距判定为不合格品。

四、包装

包装的目的之一是确保服装呈良好的状态被运送到指定地点,二是为了激发消费者的购买欲望。操作工人按照包装的工艺要求将每一件制成并熨烫好的服装整理好,放在包装袋里,运送到交货地点。

第三节　服装生产的设备

服装生产的设备主要包括缝纫设备、针织设备、绣花设备、熨烫设备、裁剪设备、检验设备。

一、缝纫设备

缝纫加工是服装生产中工作量最大的一道工序。在现代化服装生产过程中，为了达到优质、高产的目的，一般需要根据服装的面料性能、款式特点、缝纫部位、缝迹形式等因素，选择与之相应的缝纫设备。

按照用途，缝纫设备主要包括缝制类设备和锁钉类设备两大类，而每一类设备又可细分为多种类型。各种缝纫设备都有专门的用途。

（一）缝纫类设备

缝纫类设备种类较多，根据不同线迹的需求和功用，主要分为以下几种机械：

平缝机，分为单针平缝机和双针平缝机；

链缝机，分为单针链缝机、双针链缝机、多针链缝机；

暗缝机，主要用于扎驳头、缉领角；

绷缝机，分为双针绷缝机和三针绷缝机；

包缝机，分为单线包缝、双线包缝、三线包缝、四线包缝、五线包缝；

套结机，主要用于裤襻、袋口、扣眼等部位的套结、加固。

（二）锁钉类设备

锁定类设备主要包括锁眼机和钉扣机两大类。

锁眼机，分为平头锁眼机和圆头锁眼机。平头锁眼机又可以分为平缝锁眼机、链缝锁眼机、自动锁眼机；圆头锁眼机可以分为普通圆头机、鱼尾形圆头机、锁眼套结机。

钉扣机，分为平缝钉扣机、链缝钉扣机、两眼钉扣机、四眼钉扣机。

二、针织设备

针织设备按照纬编和经编工艺的不同分为纬编机和经编机两大类。

（一）纬编机

纬编机即生产纬编针织物的针织机械，纱线沿纬向喂入织针进行编织。纬编机按其针床形状可分为圆型纬编机和平型纬编机。

1. 圆型纬编机

圆型纬编机是指织针配置在圆形针筒上，用以生产圆筒型纬编织物的针织机，简称圆纬机。常见的圆型纬编针织机有多三角机、毛圈针织机、提花圆机、棉毛机、长毛绒针织机、罗纹机等。

多三角机用于编织单面针织物，因三角成圈系统多而称多三角机。这种机器生产效率高，可织制各种不同花色较大花型的单面提花的针织物。毛圈针织机是用以编织毛圈组织针织物的针织机。毛圈织物适于做服装、家庭用品和某些工业材料。提花圆机是编织提花组织和复合组织针织物的圆型纬编针织机。提花圆机适用于织制针织外衣和装饰用品的坯布。

2. 平型纬编机

平型纬编机即横机,指针床为平行的纬编机,主要用来编织外衣成形衣片。

横机适合棉、毛、麻、丝、羊绒,及各种化纤、混纺纱线的编织。产品能够随意编织平纹、罗纹、间色、坑条、扭绳、珠地、打花等花式的内外服装、手套、帽子、围巾等;也能够作为编织各类服装的领、袋、罗纹口等部件的辅助设备。横机是生产羊毛衫的主要生产设备。

电脑数控横织机是纺织机械中机电一体化、智能化程度较高的一种产品,与普通横机相比,在编织功能上增加了无虚线提花、集圈花、吊目花等,克服了手工翻针的麻烦,具有工艺简单、效率高、性能稳的特点,是理想的多功能工业用提花横机。

(二)经编机

经编机是把平行排列的经纱编织成为经编针织物的针织机。经编机种类很多,按结构特点主要有特里科型和拉舍尔型两大类。

特里科经编机也称高速经编机。常用来编织蚊帐、头巾、床单、小花纹家用织品等组织结构较简单的经编针织物。拉舍尔经编机常用来编织窗帘、台布、床罩、毛毯、花边饰带、女性内外衣、渔网、包装袋等组织结构比较复杂的针织物。

为了适应生产专门制品的需要,尚有许多专门用途的经编机,例如花边机、渔网经编机、长毛绒经编机、包装袋经编机等。

三、绣花设备

电脑绣花机是当代最先进的绣花机械,它能使传统的手工绣花得到高速度、高效率的实现,并且还能实现手工绣花无法达到的"多层次、多功能、统一性和完美性"的要求。

电脑绣花机品种繁多,规格各异。按照刺绣的样式可以分为:普通平绣机、金片绣机、毛巾绣机、缠绕绣(绳绣)机、激光绣机、植绒绣机、成衣帽绣机等,同时有多种功能混合的高档机型,如三合一(平绣+金片绣+缠绕绣)、四合一(平绣+金片绣+简易缠绕绣+毛巾绣)等。

(一)平绣机

平绣机是以平针针法进行刺绣的机器。平绣系列电脑绣花机广泛应用于时装、窗帘、床罩、玩具、装饰品、工艺美术品等的刺绣工艺。我们在日常生活中穿的服装的图案、标志,多采用这种设备进行刺绣。

(二)金片绣电脑绣花机

金片绣系列电脑绣花机是在普通平绣机的功能基础上增加金片绣功能,具有普通平绣、平绣金片等混合刺绣功能,广泛应用于时装、手袋、婚纱、毛衣、鞋帽、窗帘、床罩、饰品、高档工艺品等的刺绣工艺。

(三)毛巾绣电脑绣花机

毛巾绣电脑绣花机是专门生产毛巾绣绣品的刺绣设备。毛巾绣以其立体感强、层次丰富、色彩绚丽等特点,多运用在儿童服装、家居装饰、女士鞋帽等的刺绣工艺。

(四)缠绕绣多功能电脑刺绣机

在亮片绣刺绣机的基础上,通过优化设计整合添加特种绳带绣机头,形成混合型机种。实现平绣、亮片绣与特种绣的任一功能,形成三种基本刺绣的组合,俗称"三合一"。缠绕绣以其丰富多变的造型,在服装、家居饰品中运用广泛。

（五）电脑绣花多合一混合绣机

电脑绣花多合一混合绣机器将普通平绣、绳绣、金片绣、毛巾绣等特种刺绣融为一本,选配平绣头,金片装置,简易缠绕头等装置,实现平绣、毛巾、链式、简易盘带和金片多种混合刺绣功能,俗称"四合一"。绣品典雅、时尚、立体感强,广泛用于服装、窗帘、床上用品、工艺品等的刺绣工艺。

（六）多功能多头成衣帽绣刺绣机

多功能多头成衣帽绣刺绣机具有平绣、成衣绣、筒式绣等功能,可以在袜子、手套、裤脚口、口袋、高尔夫头套等筒型服饰产品上进行刺绣。

四、熨烫设备

根据不同的熨烫要求,可采用不同的熨烫设备。熨斗的重量和底板的形状,根据其使用的不同要求而有所区别,一般缝制过程中采用的熨斗重量较轻,底板形状窄而尖,而大烫用的熨斗则重量较重,底板形状宽而钝。针织服装的熨烫由于以烫平为主,所以多使用特别宽大底盘的专用熨斗。在工业化服装生产中,普遍采用的是蒸汽熨斗和蒸汽电熨斗。现代熨烫设备可以分为如下几大类。

（一）熨斗

1. 蒸汽熨斗

蒸汽熨斗是指利用蒸汽作热源,使熨斗达到一定的温度再进行熨烫的烫斗。这种熨斗的底板设有蒸汽槽的穿孔,使用时需配备提供蒸汽汽源的锅炉,或蒸汽发生器等装置。蒸汽熨斗与供汽装置间用管线连结,通过管线把蒸汽输送到熨斗中去,蒸汽从熨斗下面孔隙中喷出,或使蒸汽从排汽管排出。蒸汽熨斗优点很多,具有喷汽流畅、温度均匀、使用安全、熨烫效率高、节能效果好的特点,适用于各种面料服装的熨烫。为了提高熨烫质量,熨斗的使用必须配合吸风烫台进行即时抽湿干燥冷却,才能发挥优良的作用,在实际生产过程中,蒸汽熨斗、蒸汽发生器与吸风烫台的配合几乎遍及服装熨烫作业的每一个环节。以往缝制流水线中使用的吊瓶蒸汽熨斗也几乎被这种组合所替代。

2. 电熨斗

电熨斗是利用一个电发热元件进行加热,使底板温度逐渐上升,达到一定温度后,利用金属底板储存的热量进行熨烫。这种电熨斗又可分为普通型、限温型与调温型三类。由于电熨斗需要进行人工喷雾加湿,因此,除部分粘合作业中使用外,已基本上不再使用。

3. 蒸汽电熨斗

蒸汽电熨斗采用电热元件进行加热,其熨斗底板有蒸汽槽的穿孔,可利用电热蒸汽进行自动加湿。把水加入并通电后,就会产生蒸汽,按下喷汽开关,蒸汽就能够从熨斗下面喷出,蒸汽的强弱还可以根据需要调节。在熨斗前方还装有喷雾嘴,按下喷雾开关,就能喷出水雾。蒸汽电熨斗克服了人工低温喷雾加湿的缺点,同时热蒸汽可以更有效地将热量传递到衣物表面,因此大大提高了熨烫质量和工作效率。在熨斗上装有调温刻度盘,通过转动刻度盘上的旋钮,就可任意选择熨烫温度。蒸汽电熨斗使用范围比较广泛,可以熨烫丝、毛、麻及化纤等各类织物。

蒸汽电熨斗有直接蒸汽熨斗与轻触式吊水熨斗两种。直接蒸汽熨斗其储水器在熨斗内,具有占用空间少,操作灵活的特点。轻触式吊水熨斗,采用专门的吊挂水箱贮水,可减轻熨斗的负担,并有利于蒸汽雾化。目前在工业化服装生产中,蒸汽电熨斗已得到十分广泛的应用。

(二) 压烫设备

压烫是利用上下烫模的相互作用完成熨烫的方法。压烫设备可分为夹熨与模熨两大类。

1. 夹熨

夹熨是把布料或成品服装平放于特定安置的平面上,然后再利用另一平面,对其施加一定的压力,达到热定型的目的。夹熨机械单机较多,其主要构成与模熨机械大致形同,但夹熨机械的上下烫模与模熨机械不同,它们多为平面或略有凹凸。

由于夹熨机械一般为单机,适应性较强,因此,容易被小工厂或小批量服装生产者采用,从而在一定程度上代替了专用性较强的模烫机械。另外在干洗行业也有一定的运用。

2. 模熨

模熨的过程是服装被模熨机械的上下熨模夹紧,烫模喷出高温蒸汽,从而赋予布料以可塑性而进行成型加工,并通过烫模利用真空泵产生的强烈吸引力来吸收湿气,使布料冷却定型完成熨烫过程,如帽子、领、袖与胸罩罩杯等的成型加工。

在模熨机械中,上下烫模是两个关键的部件。由于模熨机的上下烫模是针对服装各部位的造型特点而设计的,因此,它对于提高服装的质量无疑起着十分重要的作用。当然,由于模烫机械占地面积大,能耗较高,且专门性较强,因此多为专业化大批量生产使用,在西装生产中使用的服装压烫流水线就是不同种类模熨机械的组合,但是不适合于小厂及小批量的服装生产。

(三) 人像蒸汽熨烫机

人像蒸汽熨烫机,又称立体整烫机或整体整烫机。它是一种先进的自动烫衣设备,不仅省时省力又能保证整烫质量。人像整烫机有人形模具,整烫时,把衣服穿在人像模具上,开足蒸汽,衣服在强大压力蒸汽的冲击下,膨胀伸展开来。然后加风,使水汽比例逐渐降低,再关闭汽阀就变化冷风,使衣服迅速冷却随即定型。

人像蒸汽熨烫机的应用范围比较广泛,它可以广泛应用于各类大衣、外套、内衣等的熨烫;对于绒类织物(如平绒、灯芯绒)及毛皮织物,采用人像蒸汽熨烫,可防止倒绒倒毛现象;尤其对于轻薄织物(如真丝、人造丝等)更可显出人像熨烫的有益之处。由于人像蒸汽熨烫是将整件衣服一次烫完,因此,它的服装整体熨烫造型效果较好,而某些局部效果则显然不及模熨等熨烫方式。

人像熨烫的效率较高,除将衣服取走的动作,其余全由机械自动完成,整个过程仅为几十秒钟。同时由于自动化程度比较高,设备的操作也非常简单。虽然优越性很多,但是价格较为昂贵。

(四) 压褶机

压褶是在一定的温湿度条件下,利用一定的压力将布料塑造成一系列尖形或圆褶裥的过程。压褶除采用手褶、夹熨机或熨斗压褶外,还有专门的压褶设备。尤其是在形成一些较为复杂和精细褶的过程中,使用专用压褶机可提高质量,提高生产效率并可大大降低成本。

现代压褶机采用电脑控制,可以根据不同要求制作出多种美丽的褶裥花纹。经过压褶工艺处理的服装由于其特殊的面料肌理,呈现特别的艺术效果,深受一部分消费者的欢迎。

(五) 热熔粘合机

热熔粘合机是粘合衬布压烫加工的专用设备,热熔粘合主要有传输带式粘合机与滚筒式粘合机两种类型。发热元件是热熔粘合机的主要部件。热熔粘合工艺参数主要有温度、时间与压力,工艺参数的确定主要取决于衬布热熔胶种类特征与面料的性能。

(六)衬衫熨烫机

衬衫的主要熨烫部位是袖口与领型,因此,衬衫熨袖机与熨领机是衬衫生产中的主要熨烫设备。此外,衬衫立体整烫机也是衬衫制作中的关键设备。衬衫立体整烫机的使用一般分为套衣、熨烫、脱衣三个环节,一个行程即可对衬衫前后面、肩育克、肩部等整个衬衫进行熨烫。

五、裁剪设备

裁剪工具与设备通常有三类,即手剪工具、机械裁剪设备及特种裁剪设备。

(一)手剪工具

手剪工具即常用的裁剪刀,适合手工少量裁剪,使用机动灵活,适用范围广泛,但劳动强度较大,效率较低。

(二)机械裁剪设备

根据裁剪设备所用刀片的形状可以分为直刀式裁剪机、带刀式裁剪机、圆刀式裁剪机三种。

直刀式裁剪机又称电剪刀,刀片为长条片状钢刀,裁剪时,刀片作上下往复运动切割布料。直刀规格品种很多,按照其刀刃形状通常有四种,即垂直型、锯牙型、细牙型及波型。垂直型适用裁剪普通细薄材料,是最常用的;锯牙型适用于中厚型材料;细牙型适用于厚重型材料;波形则适用于裁帆布、皮革等产品。

带刀式裁剪机的刀片为环形钢刀片,刀片作单向循环切割运动。一般带刀式裁剪机配有水平空气裁床,裁床上有许多喷嘴,空气由喷嘴喷出,在裁床上形成气垫,使布料容易迅速移动而无错位。带刀式裁剪机配有刀片冷却装置,解决了在裁剪化纤织物和衬布时发生的纤维熔化问题。由于装有速度调整装置,可根据不同布料使用不同速度。

圆刀式裁剪机的刀片为圆盘形钢刀,刀片作旋转切割运动,其重量比直刀式裁剪机要轻,使用更自如,适合于直线裁剪。

(三)特种裁剪设备

特种裁剪设备主要体现了各项高新技术在裁剪技术中的运用,主要有计算机裁剪系统、激光裁剪系统、高压水裁剪系统。

计算机裁剪系统是在裁剪工艺中应用计算机辅助制造的一个主要任务,它由计算机辅助排版与计算机自动裁剪两个方面组成,配合自动铺布设备,几乎可以实现裁剪过程的自动化。此系统能提高裁片质量,几乎可以完全避免手工裁剪造成的误裁,提高了精确度;还能避免人工操作对裁片可能造成的磨损、污迹以及裁片边缘参差不齐的小毛病。计算机裁剪对面料的节省量远远高于最富有经验的排料人员的排料结果,能够帮助企业最大限度利用手中的面料,而不造成无谓浪费。

激光裁剪系统是利用激光器发出的高强度、方向集中的激光束作为切割工具,利用激光束熔融纤维材料实现裁剪作业。激光裁剪系统裁剪精度非常高,适用于裁切各种尼龙布、涤纶布、帆布、防水布、超细纤维无尘布等布料,尤其适合裁切较大尺寸的产品,如体育用品、休闲旅游用品等,也可用于皮革制品、压克力制品的加工等。但是,熔融的过程中易引起面料粘连现象,所以不适宜化纤面料,也不宜切割多层面料。

高压水裁剪系统的原理是利用高度集中的水束,通过高压发生器增压后高速喷射切断面料。特点是切割中不产生热量,对面料无损伤、无粉尘污染,最适宜于裁剪粘合衬、无纺布、化纤料等材料,可裁图形弯曲复杂的裁片。它克服了激光裁剪中难以消除的多层切割粘连的缺点,但是设备较大,投资比较高,而且需浸湿面料,需要进行废水处理。

六、检验设备

服装检测设备有验针器、扫描仪、验布机、面料成分检测机、面料起毛起球测试机、面料燃烧性能测试机、各类面料化学成分含量测试机等。

(一) 验针器

验针器是一种铁磁性金属感应仪器,主要用于检测在生产过程中遗留在产品里面的断针、鞋钉、铁丝、订书钉等含有亚铁成份的物品,适用于服装、鞋帽、手袋、鞋业等产品。

当通过验针器的商品没有被检测到断针等含有铁金属之类的物质时,商品就可以通过验针器通道。如果被检测到上述物质,验针器就会自动报警,并且输送带倒退到放商品的原来位置,检验员根据断针指示灯的位置,能很快找到商品中的断针。

(二) 验布机

验布机是服装行业在生产前,对大批量预加工的布料进行检测的专用设备。验布机在使用时,首先要保证作业的照明充足,由机器连续分段展开面料,操作人员靠目力观察,发现面料的疵点和色差并做出标记,由验布机自动完成记长和卷装整理工作。性能好的自动验布机带有电子检疵装置,由计算机统计分析,可以取代人工,对织物进行分等,并对疵点打上标签。

(三) 面料成分检测机

由于服装产品需要标明其成分,而面料供应商有时候提供的面料成分信息不一定完全准确,所以面料在进厂时需要进行成分检测。通过面料成分检测机,得到面料的准确信息,可以进一步保障生产加工的顺利进行。

(四) 面料燃烧性能测试机

适用于纺织品在规定的实验条件下燃烧时,其损毁面积、损毁长度、燃烧速度的测定。一般在生产具有阻燃性能的特种服装时,需要进行此项测试。

第四节　服装生产的计划

一、生产计划的概念

生产计划是根据企业利润和生产目标而对生产过程以及生产的品种、数量、质量标准、进度等进行科学合理地统筹和安排,确保在规定的交货期内完成生产任务。

生产计划是企业生产技术管理中最重要的内容,是编制其他各项计划的重要依据。生产计划的核心问题是保证企业紧贴市场需求,依据企业的经营计划按品种、质量、数量,按期交货,以满足市场及客户的需求,更好地占领服装市场。

二、生产计划的种类

服装生产计划通常是以计划时间跨度的大小来划分其种类,依据服装生产的特点,可以划分为长期生产计划、年度生产计划、季度生产计划和月度生产计划。

(一)长期生产计划

长期生产计划是一种目标计划,一般是制定3年或5年内的工作计划。很多大型服装企业根据市场的发展趋势都会制定长远规划。长期生产计划类似企业的发展规划,往往具有纲领性和战略性。比如:生产设备更新的计划,引进专业人材的计划,开发国外市场的计划等等。

(二)年度生产计划

年度生产计划是指以一年为时间计算基数的生产计划,是企业年度方针目标中的重要工作,常与其他经济指标一同成为业绩考核的重要依据,也是有关系统编制年鉴的重要数据。

年度计划是长期计划的具体化,是为达到长期计划目标而采取的年度措施,也是组织日常各项活动进行的依据和基础。根据服装产品的特点,年度计划生产产品的季节跨度较大,产品品种的变化会影响工艺装备的应用及工人操作状态。在制订年度生产计划时应注意到期间工人需要衔接和适应生产的变化等因素。

(三)季度生产计划

季度生产计划是指以一个季度为时间计算基数的生产计划,与长期和年度生产计划相比,内容更为明确、具体和稳定。由于服装消费的季节性,使服装生产具有明显的淡旺季,一年四季的生产是不均衡的。季度产品的说销或积压都会影响企业年度经济指标的完成。所以,季度计划是年度计划的分解,也是完成年度计划的基础。

(四)月度生产计划

月度生产计划是指以一个月为时间计算基数的生产计划,也是年度生产计划和季度生产计划的分解。月度生产计划又具有一定的灵活性,一般会依据客户的需求和市场变化做出适应性的调整。月度生产计划是具体执行性的作业计划,它主要解决生产经营活动各环节的协调与衔接,保证生产经营活动全过程的顺利进行和生产经营目标的最终实现。

三、生产计划的制定

(一)生产前准备

根据服装产品的款式、订货要求和批量,制定工艺流程、作业方法和所需加工设备,编写生产任务单和生产工艺说明,并注明生产批号。

(二)制定加工计划

制定加工计划是根据生产加工任务,对各种作业和有关业务的时间做预先的计划安排。要制定从面、辅料入库检验到完成服装产品的整个过程中各个作业细节的计划,安排与生产直接有关的任务计划,最终要保证生产顺利进行,按期交货。

加工计划一般按照时间季度来制定,分为大日程计划、小日程计划、工时计划以及材料计划。

大日程计划是按月或按季度进行的大致的生产日程计划,目的是根据生产任务的先后顺序合理安排各部门、各车间的工时,保证交货期,对必要的材料和对制品以及时间延误考虑一定的保险系数。小日程计划是按日或小时进行具体工作内容的安排,明确各项工作的进行时间,全面掌握生产。工时计划是根据生产任务决定具体的作业量,并与现有生产能力相对照,进行调整。材料计划一方面是根据生产日程计划,预测所需面、辅材料的种类、数量及生产周期等;另一方面,还要进行材料计划的一些日常业务工作,主要包括:面、辅料的库存量与账面相符,确定里料、辅料的最低库存量,既能保证生产加工的顺利进行,又不至于占用过多资金、产生大量库存。

(三) 安排生产日程

在安排生产日程时,通常采用以下两种方法:①前推排程法,以规划当日为起算日期,依据各作业所需的时间,逐步由前向后排定日程的方法。在产品所含零件不复杂的情况下可使用本方法。②后溯排程法,以最后交货期为起算日期,依据各作业所需时间,由最终向前逐步推算各作业开始时间的方法。

(四) 合理分配工作

一个成功的生产计划与管理应做到:产品如期交货,掌握生产进度,有效利用人员与机器产能,制品停滞等待时间短,且生产周期短等。因此,在分配工作时应做到科学合理,按照一定的原则进行。

交货期先后原则:交货时间越紧急的,越应安排在最早时间生产。

重点客户原则:越是重点客户,其订单安排应越受到重视。

产能平衡原则:考虑机器负荷,尽量不出现停工待料的现象。

工艺流程原则:工序越多的产品,出现问题变数越大,越应优先安排。

四、生产计划的实施

服装生产作业计划是企业向车间、班组下达的生产品种、数量、质量指标及生产周期的生产任务书,各车间、班组必须严格按照生产作业计划规定,确定每天的生产指标。

(一) 做好准备工作

为了有计划地组织好生产,使生产有条不紊地进行,首先要做好与生产有关的各项准备工作,其主要内容有技术、材料、设备、人员等四个方面的准备工作。

技术准备是指为批量生产所需要的技术准备工作,其主要内容有样品的试制以及工艺改进意见,生产工艺单、裁剪样板、辅助样板及缝纫过程使用的小样板,组织和明确生产过程的主要和次要流程,制定好产品质量标准及质量检验细则。

材料准备是指为落实生产作业计划所需的,并通过检测为合格的原料和辅料。品种、颜色、数量必须正确齐全,质量必须符合技术标准规定,符合生产技术要求。

设备准备是指用于本生产计划所需要的通用设备和专用设备。设备的选择既要技术上先进,又要经济上合理,要从设备的效率、精度、耐用性、维修性、节能性、配套性、环保性、安全性、灵活性及投资费用等多方面综合分析,统筹考虑做好设备的准备工作。

人员准备是指为了完成本生产计划所需要的人员配备,包括管理人员、工程技术人员以及生产工人。人员配备的比例要与生产实际相适应,结构要合理,防止片面追求高学历、高职称,造成人员的浪费和生产的不同步。

（二）做好产品分析

为了生产工作的顺利开展,在实施生产计划时需要对产品工艺、生产技术、人员结构、生产能力以及品类变化等情况进行分析,掌握大致情形,以便保障作业计划的实施。

产品工艺分析包括工艺难度分析、作业时间分析、作业方法及作业手段的分析。

生产技术分析主要有工艺要求、图纸样板等各项生产技术准备工作的工作质量及工作进度的分析,同时也包括生产管理能力及技术辅导能力等方面的分析。

人员结构分析是指各工种人员的配备结构是否合理,是否按工艺难易程度来配备人员,各工段、工序人员的知识结构、操作能力的配备是否恰到好处。

生产能力分析主要有完成生产计划的能力分析,生产出合格产品的能力分析,突发事件应变能力的分析。

品类变化分析是指弄清因产品变化而打乱原有生产节拍的因素,避免严重影响生产流水线的畅通。在编制作业计划时,要认真分析品类变化的频率及其批量大小对生产的影响。

（三）生产计划的分配和执行

在生产计划分配和执行过程中需要做好如下工作:

把生产计划分派给生产班组,下达至员工,包括生产计划书、工艺文件、工艺卡等文件,对品种略有变化,不需要重新制订工艺文件的产品,也可以依据作业计划,做工艺补充要求即可。合理地使用企业现有人力、物力和财力,使生产流水线的节拍均匀和平衡。尽可能做好产品转化期间的工作衔接,用最短的时间来适应新品种的生产,以缩短生产周期。合理安排员工做各自擅长的工作,使生产流水线能长久地保持平衡。注意生产进程中有可能随时出现的问题,并及时进行疏导和调整,使生产作业能按原计划进行。准确控制各工段和各工序的生产数据,及时汇总和掌控生产进度。

第五节　服装生产的管理

一、生产管理的概念

服装生产管理是在服装生产过程中,对投入生产的人力、物力、财力、信息等各种生产要素进行计划、组织、协调和控制,是与服装生产过程密切相关的各项管理工作的总称。生产管理的地点主要在车间,包括从设计开始,到打样、排料、裁剪、生产、质检、包装、入库的整条生产流水线以及产生的一系列问题,是一项涉及面广的系统性管理工作。

生产管理的内容涉及服装企业在生产加工服装过程中的每一个生产环节,这些工序环环相扣,相互影响,如果没有管理工作或没有完善的管理都会影响到最终成品服装的质量,从而降低效率,增加生产成本。

二、生产管理的内容

（一）准备和组织生产

准备和组织生产是指生产前各项技术工作的准备和组织事项,如服装款式设计、结构设计、工艺设计,服装材料的准备、调整劳工组织、设备的布置等。

(二)制定生产计划

制定生产计划是指对服装生产的计划工作和计划任务的统筹安排,规定在计划期内产品生产的品种、数量、质量、进度等。其内容包括:确定目标、制定策略、确认生产计划、生产进度以及计划的实施、控制和分析等工作。

(三)控制生产进程

控制生产进程是指围绕完成计划任务所进行的管理工作,包括人员和设备管理、监督生产进程、控制产品质量、控制生产成本等。

从满足客户需求和实现企业经营目标看,产品质量、成本和交货期是衡量生产管理成败的三个要素。这三者相互联系、相互制约,在生产管理中要保证实现三者的有机结合,最终实现企业经济效益目标。因此,在生产管理的过程中应该着重加强对产品质量、成本、进度的管理和监督。

三、生产管理的执行

根据生产进程,服装生产管理的执行大致分为三个阶段,即服装生产前的管理、服装生产中的管理和服装生产结束后的管理。每一个环节的管理工作都会影响到在这一环节中获得的相应产品质量的合格率,从而影响到最终服装产品的质量以及企业生产的效率。

(一)生产前的管理

服装生产前的管理工作即产品投入生产前所进行的各项计划、协调与改进工作,主要包括产品设计、工艺设计,材料的检验、测试、预缩及整理,服装材料的耗用预算。

1. 产品设计和制样

产品设计和制样是指款式设计、样板设计和样品制作。这其中每一样工作都要求认真、细致,不得有丝毫差错。比如,样板设计要严格按照设计师绘制的款式图进行,设计好以后的样板要由企业的生产技术部门、产品开发部门中有丰富经验的专业人员进行审核。对于初次试制的样板,应经过单件试制检验,对修正审核后的样板应做好记录,并在样板四周的关键部位加盖样板审核验讫章,任何人不得以任何理由擅自修改。必要时须经主管部门批准,由专职人员负责修订或增补,未经审核通过的样板一律不准交付使用。

2. 材料的检验测试

在服装生产投料前,必须对使用的材料进行数量复核、瑕疵检验、伸缩率测试、色牢度测试、耐热度测试工作,了解材料的相关性能,以便在生产过程中采取相应的工艺手段和技术措施,提高材料的利用率,降低生产成本,避免裁剪后出现无法挽回的质量问题。检验测试后如果发现如缩水率较大的问题,就要进行预缩和整理工作,以保证之后的生产流程顺利进行。

3. 耗材预算与管理

这项工作帮助企业合理使用材料,节约开支及进行成本核算。生产过程中材料的消耗以计划用料为基础,在此之上还要考虑到其他影响材料使用的因素,如自然回缩、缩水率、织疵、段料、残次产品的损耗及特殊面料的正常损耗。针对生产任务中所使用材料的不同,出现的损耗也应不同,但会出现的损耗都应加在计划用料的基础上,才能准确地进行耗用预算。

(二)生产中的管理

服装生产中的管理是指对产品生产过程中涉及的各项工艺流程进行的组织、协调与改进工作,主要包括裁剪、粘合、缝制、熨烫等生产环节。对这些生产环节的工艺流程的管理,可以保证其完成的产品的数量和质量均能符合生产计划的要求。

1. 裁剪工艺管理

　　裁剪工艺管理工作涉及裁剪方案的制定、排料、铺料及裁剪。裁剪工艺是服装投入正式生产的第一步,是服装生产过程中的基础工作,如果裁剪的质量有问题,影响的不只是一两件服装,而是致使整批服装的生产质量及进度受到影响。因此,裁剪工艺流程的管理应严格控制质量,避免出现问题。

2. 粘合工艺管理

　　首先要检验粘合衬的性能,对其进行数量、剥离强度、缩水率、热缩率、耐洗性、渗胶性等方面的检验。只有质量合格的粘合材料粘合出的衣片才会有质量保证;其次,应选择好粘合工艺参数,因为粘合衬、面料、粘合设备都影响粘合工艺参数的设定,所以应在批量生产之前,通过小样试验来确定最佳工艺参数;最后,在粘合完成后还要做好粘合质量的检验,检验粘合后的面料是否起泡起皱、面料表面是否有粘胶渗出、面料粘衬后是否产生变色现象、粘衬后的面料尺寸规格是否发生变化。通过这些检验工作,确保粘合工艺的顺利完成,从而继续生产加工。

3. 缝制工艺管理

　　缝制工艺是服装加工的重要环节,缝制质量的好坏直接影响服装成品的质量。缝制工艺的管理要从生产开始前的检查开始,包括以下内容:

　　生产工艺单的检查,包括对生产的规格尺寸、使用的各种原辅材料、服装各部位缝合形式及布边处理方式等是否正确、合理进行严格检查;缝制标准的检查,包括各部位缝制顺序、采用线迹、缝型的规定,对条对格、对图案的具体规定,特殊缝制要求的规定;缝制设备的检查,包括缝制设备的日常清洁去污、维护保养、工艺参数的调节;成品缝制质量检查,包括服装成品与各部件外观是否美观、符合设计要求,各控制部位尺寸及细部规格是否符合设计要求,要求对位部位是否对称,缝边是否处理正确,缝迹是否美观、牢固等。对于不符合要求的产品应该及时采取相应的措施。

4. 熨烫工艺管理

　　为了保证产品质量,对于熨烫工艺的管理应注意熨烫设备的日常清洁、去污、保养、维修及设备工艺参数的调节。对于熨烫技术应满足以下要求,即熨烫温度适宜,外观平挺;防烫黄、烫焦、变色、变硬、水花、极光、渗胶。

(三) 生产后的管理

　　服装生产完成后,还应经过严格的质量检验及整理包装等工序,保证出厂的服装外观平整挺括、干净整洁、而且没有污渍、线头等影响产品质量的杂物。服装的后整理工作包括有污渍整理、折皱平整、色差辨识、布疵修理、断针检验、产品包装,应仔细做好每一项检验工作,避免任何有损品牌形象的产品进入流通。如在断针检验工序造成疏忽,会致使断针残留在服装中,对消费者的服用安全造成影响,使企业信誉大打折扣。

四、服装产品的质量

　　目前,衡量服装产品品质的标准有四类:一是由国际标准组织(ISO)制订的国际标准;二是各个国家制订的国家标准;三是由各家服装企业制订的企业标准;四是由委托客户提出的客户标准。这些标准之间的差异较大,总体来看,虽不同客户对服装产品的品质有不同要求,但服装产品质量大致上可以通过以下几个方面来衡量。

(一)服用性能方面

服用性能主要指服装材料的性能,包括面料成分、缩水率、色牢度、缸色差、强度、布面疵点、密度等,通过这些因素来衡量服装穿着的舒适性、保暖性、功能性,是否耐磨,是否掉色等。服用性能直接影响到产品品质,是非常重要的衡量因素。

(二)尺寸稳定方面

服装尺寸稳定性也是衡量服装品质的因素。在服装的生产过程中,会有多种因素导致服装造型变形,如拉伸变形、塑性变形、挤压变形、收缩变形、熨烫变形等,这种变形不仅会影响服装的外观,且会影响穿着者的情绪。通过检测以发现其稳定性能的好坏,以此来衡量产品质量是否优良。

(三)使用寿命方面

服装的使用寿命长短直接表明服装的性价比和产品的品质。影响服装寿命长短的因素包括服装材质、结构设计、加工工艺、洗涤保养等。一件服装如果一经洗涤或者熨烫便会掉色或者缩水,无法继续穿着,那么即使价格再便宜也是一种浪费,毫无品质可言。

(四)手感触觉方面

手感触觉主要通过服装材料的刚柔性等因素体现。刚柔性是指织物的抗弯度和柔软度,抗弯度是指织物抵抗其弯曲形状变化的能力。织物刚柔性直接影响服装廓形与合身程度,一般内衣要求具有良好的柔软度,使穿着合体舒适,而外衣则要求具有一定的抗弯度,使形状挺括有形。影响织物刚柔性的因素很多,有纤维的弯曲性能、纱线的结构,还有织物的组织特性及后整理等。服装刚柔性的衡量可以作为辨别服装产品品质优劣的因素之一。

(五)安全环保方面

服装具有保护人体的功能,必须具有一定的安全性。尤其是儿童服装,其安全性更为重要。品质优良的服装从原材料种植、生产加工,到服装后处理的过程中都应该不受污染,不添加任何有毒有害物质,在生产时不使用劣质辅料、染料,并保证缝制牢固。对于童装上的绳带、小零部件的设计、生产,都应该避免因脱落、毛糙而擦伤皮肤等对人体造成任何伤害情况的发生。

服装市场 | 第十二章

第一节　服装市场概述

一、服装市场的概念

（一）广义概念

市场可以从不同的角度来认识。从字面意义来讲,市场是商品交换的领域和场所;从性质来看,市场是商品交换关系的总和。按交易的场所划分,有集市、庙会、物资交流会、贷栈、交易所、店铺、商场、超级市场和批发中心等;按交易的商品范围划分,有商品市场、金融市场、劳动力市场、技术市场、信息市场、产权市场、期货市场、房地产市场等;按交易的区域划分,有农村市场、城市市场、国内市场和世界市场等。市场是商品经济的范畴。凡有社会分工和商品生产的地方,就有市场存在。

（二）狭义概念

狭义的市场是由消费者、经营者、货币、商品和卖场组成的商品销售体系,是消费者最熟悉的市场概念。更进一步说,狭义概念上的服装市场可以从交易场所的角度来理解,即是将服装商品集中在一起,便于购买者与出售者进行买卖的场所,这也是为什么人们常常将各类百货商店、批发部门等地称为市场的原因。

二、服装市场的作用

（一）保障社会生活供给

服装市场是联系服饰产品生产者和需求者之间的纽带。生产者通过市场为自己的产品找到购买者,购买者则通过市场选择并购买自己感兴趣的服饰产品。没有了市场这一桥梁,任何形式的服装都只可能是产品,而无法作为商品进行流通,并保障消费者正常的社会生活供给。良好的服装市场建设能有效地将服装需求与供给对接起来,更好地满足消费者的需求。

（二）丰富流行时尚市场

在市场经济条件下,消费者与生产者的喜好、销售、购买活动大多是通过服饰市场的动态变化表现出来的。服装企业一方面将当季的服饰产品信息传递给市场,另一方面,根据消费者在市场中反馈的需求信息和市场供求情况,调整服装产品的品类、设计卖点和价格等要素,组织生产适销对路的服饰产品。对于消费者来说,一方面从市场上获取最新的流行信息与服装产品,另一方面也将自己的喜好与流行理念传递给市场,为生产经营者提供开发产品的依据。在这样的互动下,流行时尚在市场的信息传导过程中更加丰富。

（三）实现企业资金积累

服装市场也是企业实现资金积累的场所和途径。规模以上企业的资金扩张都必须借助对市场的良好运作来实现。对于资金少的创业者来说,有针对性地从零售店或销售代理开始进入市场也是完成原始资金积累的重要途径。

三、服装市场的特点

（一）多样性特点

服装市场的多样性可以表现在两个方面。针对市场上的产品来说，由于服装产品的类别繁多，随着分工的细致化和设计理念的发展，还会有更多新奇的品类不断出现，直接导致服装市场的多样性。就消费者而言，不同类型的消费者对于服装的喜好和需求有着各自不同的偏好，这也使得服装市场更加多样。

（二）多变性特点

服装市场的多变性特点指的是随着季节、地域、气候、消费需求、消费结构和产业环境的变化，服装市场会随时发生变化和微调。这其中季节的变化是导致服装市场变化的最常见因素，而流行风尚的改变则是引起市场变化的最直接因素。

（三）流行性特点

流行性是服装市场特有的特点之一，相比起其他的市场来说，服饰市场由于受到社会经济变革、科技发展、人们审美情趣变更以及时尚文化的影响，常常会出现层出不穷的倾向性流行热潮，并直接导致服饰产品不断翻新，以满足消费者求新求异、追求时尚、崇尚个性的心理。即使是变化相对较少的职业装市场也常常会受到流行时尚的影响。

第二节　服装市场细分

一、服装市场细分的含义

市场细分是指按照某种标准，根据构成整体市场的不同消费者的需求差异，将市场划分为若干个相类似的消费者群，以此确定企业产品的销售范围和服务对象的过程。

理解"市场细分"概念要把握以下两点：其一，市场细分不是从企业的产品出发来分割市场，而是以消费者需求的个体差异性为客观依据深入划分市场的工作；其二，市场细分是企业目标市场营销的基础，通过市场细分，企业选择与本企业营销策略最相适应，有利于充分利用企业资源、销售潜力最大及获利机会最大的某一个或某几个子市场，作为自己提供产品和服务的目标市场。

二、服装市场细分的原则

（一）可衡量性原则

可衡量性原则是指细分后的各个子市场，其购买力和市场规模大小等特性是可以测定的。对于服装市场来说，如果某些分类市场的规模过大或有着过于细小的量化指标，这就加大了市场衡量与预测的难度，并直接导致企业无法获得实用信息而无法制定和实施相应的营销策略。

（二）可进入性原则

可进入性原则是服装企业在进行消费市场分类的时候，其细分市场要有实际进入的能力，这样才能惠及企业的产品开发计划和营销策略。这一点对于希望开发新市场的品牌来说尤为重要,如果细分后的某个子市场对企业的生产经营有较大的吸引力,但企业现有的人力、物力、财力及技术条件等经营实力还不具备进入该细分市场的条件,则市场细分也就失去了实际意义。

(三)差异性原则

差异性原则是指各个细分市场除了在理论上有着可加以区别的特点外,还应当可以引起消费者的不同反应,并与其相应的产品开发与推广方案也有着不同的反应。例如一个制作牛仔服装的品牌,在进行市场细分时,如果男装市场和男青年市场的消费者对产品的销售反应没有本质的差异,那么这样的细分就不应该继续下去。

三、服装市场细分

(一)按所在地域分类

根据消费市场地域位置和相应特征的不同,可以将全球服装市场分为国内市场与国际市场两大类。国际市场可以分为欧洲市场、美洲市场、非洲市场、澳洲市场、亚洲市场等。根据国家的不同,这一市场的区隔还可以细分下去。国内市场可以由南方市场、北方市场、东部市场、西部市场、中部市场组成,也可以笼统地分为城市市场和农村市场。同样,根据城市的不同,国内市场也可以有更细致的划分。

(二)按销售方式分类

按照销售方式的不同,服装市场可以大致分为零售市场和批发市场两大类。零售市场往往由百货店、专卖店、专业店等形式组成。根据消费者对服装购买需求的变化,服装销售渠道不断扩展,在传统的销售市场基础上产生了网购市场和邮购市场。而近几年来,针对中国服装品牌尾货处理困难的问题又兴起了尾货市场,以及以为了降低开店成本为初衷的社区店形式的服装市场。

(三)按消费群体分类

根据消费群的年龄和性别差异,可以将服装市场分为男装市场、青少年市场、女装市场、少女装市场、童装市场和老年装市场。

(四)按服装商品品种分类

按照服装商品品种划分,服装市场可以细分为西服市场、衬衫市场、夹克衫市场、防寒服市场、羊毛衫市场、牛仔服市场、皮革市场、内衣市场、运动服市场等多个子市场。根据品牌分类的市场形式有利于对生产单一产品的服装品牌进行市场调研与产品策划。

(五)按服装消费层次分类

根据服装产品质量、档次高低以及顾客群消费水平的不同,可以将服装市场分为高档服装市场、中档服装市场和低档服装市场。低档服装市场往往由平价店、低端的批发市场、街边的摊贩等形式组成。中档服装市场占据了服饰市场很大一部分的比例,无论是品牌的含金量还是销售场所的配备都属于中档水平。而高档服装市场虽然所占的比例较小,但由于面向的是高要求、高收入的消费群体,往往是顶级品牌或行业内巨头的云集地,更细致的划分规则还可以将奢侈品市场从高档市场中独立出来。

第三节　服装市场调研

市场调研是指围绕某一特定的营销问题和项目开展的系统地、科学地搜集、整理、分析与研究各种市场信息资料的企业营销活动,它是市场信息系统的重要组成部分。区别于仅仅为客观数据收集和情报汇总的活动而言,调研应当具有分析、判断和研究的功能,是为了实现管理目标而进行的信息收集和数据分析活动。

服装市场调研就是对服装市场展开的调查研究与分析,其主要目的是弄清当前服装市场的情况,找准品牌的投资方向以及产品的生产、设计与销售特点,为品牌的开发提供有力依据,并对品牌寻找市场机会、战略设计和计划制定起到重要的保障作用。

一、市场调研的作用
(一) 了解消费者的真实需求

市场调研是了解消费者真实需求的有效途径。一般情况下,服装企业往往是单方面向消费群提供流行信息与服饰产品的,但目标消费者真正需要和喜好的产品是什么色彩、风格、功能以及搭配方式等信息却很难自动反馈给企业。通过自身店铺和同类其他品牌的销售调研以及消费者问卷的形式,可以直观地了解消费者对于产品的反应及需求,提高顾客的满意度。

(二) 提供市场决策的依据

市场调研可以为企业的市场决策提供最直接有效的依据。相对于仅凭经营者的经验而对市场做出的判断来说,客观的调研结果在很大程度上避免了判断的主观性、盲目性和风险性。这一点对于一个即将推出的新品牌来说尤为重要。品牌的定位和相关的建设方法都需要通过市场调研进行必不可少的前期准备工作。而对于现有服装品牌来说,无论是品牌风格的变化、产品价格的调整、还是店铺形象的换装工程都需要相关部门做好扎实有效的市场调研,为企业随之而来的大笔资金投放做好导向作用。

(三) 掌握竞争对手的信息

市场调研还是掌握竞争对手信息的重要手段。一个品牌在发展还不完善,尤其是尚未成为业内领头羊的时候,通常都会在市场上寻找一个旗鼓相当或者略高于自己的对手作为竞争的目标品牌。通过市场调研,能弄清目标品牌的基本情况,并为赶超对手提供客观的依据。大部分市场业绩良好的服装品牌都会是其他服装品牌悄悄瞄准的目标品牌,前者什么产品好销,销量是多少,后者通过市场调研即可以一目了然。并且据此调整产品结构甚至经营手段,努力使自己的产品得到更大的市场席位。

二、市场调研的内容
(一) 市场环境调研

市场环境调研的目的是为服装企业寻求市场机会或使服装企业掌握外部环境的变化,以为服装企业的营销决策提供依据。根据服装企业经营类型的不同,这一环境的调查可以针对国内外政治形势以及与服装企业息息相关的法规、政策展开,也可以对目标市场的地理特征、经济实力以及社会文化环境进行调研。一般来说市场环境的调研应当是宏观的调研。

（二）竞争对手调研

竞争对手调研的目的是为了了解竞争对手的实力,在制定产品开发计划和市场营销方案时提供极具参考价值的信息。这一调研的内容一般包括有竞争品牌的经营规模、产品品类、设计卖点、产品质量、价格、店铺选址、视觉形象、服务情况等。

（三）消费群体调研

消费群体调研的目的是为了明确消费者的喜好、购买动机和实际需求所展开的信息采集与分析工作。这一调研能够为品牌寻找目标客户、开发产品、进行店铺选址和相关的服务提供针对性的信息。消费群调研可以由很多内容组成,消费群的年龄、性别、文化程度、职业、婚姻情况、家庭情况、个人与家庭收入、生活习惯与方式、消费观念、购买偏好、购买频率等要素都属于消费群调研的内容。

（四）服装产品调研

服装产品调研可以针对本企业的产品进行,也可以对市场上其他品牌的产品进行调研。它主要包括服装产品的质量、性能、色彩、款式、面料、装饰工艺、搭配、包装以及销售情况等元素,服装产品的调研可以帮助企业了解目前品牌产品的研发与销售情况,以及在市场中的地位与档次,有助于提高品牌产品的竞争实力。

（五）品牌销售调查

品牌销售情况调查的目的是为了掌握本品牌或目标品牌的销售业绩状况,以监测、改进当前产品研发、销售模式和服务质量的问题。这一调查主要包括有产品销量、销售渠道情况、宣传推广情况、后续服务情况等。

（六）产业趋势调研

除开以上几种典型的直接针对品牌开发和运营的调研外,还有一种市场调研是从产业现状和发展趋势的角度出发的。这一类的调研一般情况下由国家或地方性的纺织行业机构完成,部分规模较大的领军品牌也会对相关产业的发展做一定的调研。此调研的目的是为了了解、掌握服装产业或子产业的市场规模、特点、供需情况、产业链状况等,以此为服装企业提供宏观的指导。这一类的调研往往需要大量的统计数据支持。

三、市场调研的原则

（一）制定明确的调研目的与对象

市场调研的首要原则是需要明确调研的目的和对象。该调研是为了开发新品牌、新产品获得决策依据还是提高竞争力、改进现有设计或销售模式?是针对消费者、服装产品、销售模式还是服装产业的调研?由于市场调研是一个需要大量人力、物力和时间的活动,在进行调研之前,应当有明确的目的和调研对象,以便缩小范围、集中资源获取有效信息。

（二）费用须有合理的预算与支出

在进行市场调研前,应该制定一个系统、合理的费用预算计划。这对于规模巨大的品牌调研和产业调研来说尤为重要,由于这一类的调研需要对多个地域、多个板块进行信息的搜集和分析,费用支出也是非常庞大的。因此做好合理的人员规划与配比,细化每天、每人所需的调研经费,制定合理的预算是非常有必要的。

（三）调研过程与样本须客观有效

市场调研是否能起到实际作用,最为基本的评判标准之一在于其调研的过程和获得的样本数据是否是真实且符合当前服装市场的特点。某些品牌在委托其他机构进行市场调研,尤其是问卷调研时,难免会出现弄虚作假或者调研样本与品牌实际状况不相符合的状况,这就失去了调研的目的与作用,增加了企业成本的浪费。

（四）调研分析与结果须及时准确

在进行了大量的数据采集之后,相关人员需要对数据和信息进行分析与总结工作。这一分析的结果不仅要准确、真实、符合企业的实际需求,还应当有一个时效性。一般来说,品牌进行的市场调研都是针对当季市场或者是即将开发产品的预测,调研分析时间的过程拉得过长,延误了策划的开始时间往往会对后续工作的开展产生不利影响。

四、市场调研的方法

市场调研可以是对一手资料的收集,也可以是二手资料的收集。一般情况下都是以一手资料的收集为主,辅助以二手资料。调研方法可以大致分为定性调研和定量调研两种,在实际操作的过程中也有可能是定性与定量方法的混合体。在这之下还有很多细分的方法,目前常用的市场调研方法包括有:

（一）定性调研

定性调研意味着调查结果是没有经过量化或定量分析的,无论是数据的采集、分析还是总结工作都有着感性的因素存在,必须经过一定人为的编译后才能确定数据。定性方法的存在是因为相当多的调研工作是无规律的、感性的,不能完全用数据来衡量,例如征询消费者对产品概念的理解时,100 个消费者也许会有 100 个不同的答案。正因为如此,这种非标准化的调研方式常常是为了辨明大的方向和深度信息的挖掘。最常见的定性调研是进行消费者访谈。

（二）定量调研

定量调研往往是调研人员想获取较为精确的信息时采用的方法。无论是数据采集的模式还是访问的问题都应当是事先确定好的,被调研者的数量也是确定的,整个搜集、编辑和分析的过程都遵循已确定的程序执行。

（三）实地调研

实地调研法又称直接调查法,指的是在周密的设计和组织下,由调研人员依照调研方案直接向被调查者收集原始资料的调研方法。这是服装企业和产业内组织最常用的调研方式。由于实地调研要深入到各个商铺或者产业、市场集群内部,往往针对性、实用性和真实性较强,但相对而言也需要更多的人力、时间、经费,对于调研机构的能力要求也非常高,因此不少协会和服装企业会将实地调研的任务委托给专业的调研机构来进行。

（四）跟踪调研

跟踪调研的方式一般是出于两种需求:一是企业本身想得到消费市场对已推出的产品、方案或活动有何种反应,是否达到了预期的效果?并能从中获取改进或提高的相关信息;另一种是为了掌握市场上其他品牌,尤其是目标品牌的相关动态和发展趋势所做的侦测研究。这种类型的调研方式一般不可能只有一次调研的过程,往往是长期、反复的形式。由于跟踪调研的结构性强,往往已经有了明确的目标,只要设定好标准和做好相应的指导,调研人员实施起来相对会比较容易。

（五）文案调研

文案调研法是利用服装企业内部和外部、过去和现在的有关资料,运用统计理论加以汇总分类整理,分析服装市场供求或销售变动情况,通过综合研究、判断来探测其未来的发展趋势。这种调研方法不需要调研人员身临其境,基本属于二手资料调研方法。只需要从大量的文献资料以及网络、电视和新闻媒体中寻找现有的资源,在此基础上进行分析、探索并形成新的认知和研究结果。

(六)问卷调研

问卷调研是迄今为止用于收集第一手资料的最普遍的方式。这种形式的调研主要可以实现四个功能:锁定研究目标并展现与主题相关的必要问题;标准化的问题和选择式的作答能够保证问题环境的一致性;应答气氛良好,便于调研的执行;保留有调研的记录,便于统计与分析。当然,调研是否能够达到预期的目的和要求,与问卷设计水平的高低密不可分。

五、市场调研的流程

市场调研的开展可以分为准备工作、具体实施、数据分析和报告撰写四个大的流程:

(一)准备工作

调研前的准备工作主要指的是制定调研计划。这一计划首先要明确需要解决的问题和对象,这是整个调研过程的首要步骤,也是最重要的部分之一。调研目的和对象应当反映调研者或委托者的真实需求,给出的范围和界定不能过于宽泛或狭窄,否则会影响调研成果的质量。接下来需要制定指导性的方案,这一计划对于资料采样的来源、调研方法、调研工具、调研方案、时间安排和调研经费等问题有着明确合理的安排。

(二)具体实施

在完成了调研计划之后,开始调研的具体实施阶段,也就是信息资料收集的全过程。具体的调研一般由公司内部的市场部或者委托外部专门的调研机构来完成。实施阶段是大量基础数据搜集的重要过程,直接影响到接下来的分析与总结工作,以及之后的决策和规划。为了保障资料的质量和真实性,除了一般的调研人员外,还会有一些督导员进行回访调查,以确定前期的调查是否符合规定的程序,数据的来源是否真实可靠。

(三)数据分析

完成了基础的资料收集之后,接下来是数据和信息的整理、分析与总结工作。根据服装企业需求的不同,采用的整理技术和形式也会有所不同。同时,在信息的分析过程中往往会用到很多统计学的方法,尤其是在分析大量的数据时,例如方差、回归分析等统计方法,以寻找解答和发展趋势特点。

(四)报告撰写

调研的最后一步是调研报告的撰写,这是整个调研结果的最终成果,也是评价调研活动质量的重要文件。报告可以由书面报告和口头报告两种形式组成,一般情况下,只有口头报告的调研是很少的,也不利于资料入库和后期的比照研究工作。书面报告可以根据委托者的需求设定不同的格式,其基本内容包括有调研的问题、调研背景、调研方法和方案、调研结果(一般以表格或统计图的形式展示搜集的数据)、调研结论及相关建议。

第四节　服装市场的选择

对于服装企业来说,无论是生产型企业还是销售型企业,都有一个共同的特点,那就是他们不可能为服装市场上的所有顾客提供全部的服务。这是由消费者自身数量庞大、分布广泛且有着各自不同需求的特点所决定的。因此,想利用企业的优势资源抢占消费群,并在市场中占据一席之地,需要合理的选择适合企业与品牌发展的细分市场,扬长避短,以获得竞争优势。

一、选择市场的原则

(一) 明确市场规模和发展前景

明确目标市场的规模和发展前景是选择市场的首要原则,这也是品牌在进入市场之前必须完成的基本功课。市场规模太小,可以容纳的业者数量过少,那么企业成长发展的可能性会大打折扣,甚至无利可图也是有可能的,这样的市场就没有开发的价值。市场规模过大,变化的因素相对更多,竞争也会白热化,企业是否能够适应市场并占据一席之地也需要反复地推敲。

(二) 权衡现有竞争和潜在威胁

在对市场的规模和发展前景有了初步的了解和预测后,还需要对市场目前的竞争状况做相关的调查,市场是否已经饱和、有多少进驻的品牌,竞争力如何? 市场是否已经进入了价格战、争夺战恶性循环的状态? 这些都是决定竞争者能否轻易进入市场以及今后发展状况的重要影响因素。

(三) 符合企业实力与发展目标

符合企业实力与发展目标是企业选择市场的重要原则,切忌降低标准选择并不符合企业发展道路的市场,也不能因为某些有着一定规模的市场太具吸引力而不顾自身实力勉强进入。在选择市场的时候,企业还应当充分考虑是否具有在该市场上获取成功所必备的技术、资源,以及能够压倒竞争对手、脱颖而出的产品与服务。

(四) 瞄准进入市场的最佳契机

在完成了以上的分析,并选择了相应的目标市场后,企业还需要瞄准进入市场的最佳契机。进入晚了,有可能有了更多发现此商机的品牌进驻市场,损失了商机;进入过早,市场有可能还没有发展的很成熟,企业需要花大量时间进行模式的探索。因此瞄准最佳契机进入市场是非常关键的。

二、选择市场的方法

(一) 率先法

率先法指的是品牌看准商机后领头入驻新兴领域,独立开辟市场。这种办法由于没有可以借鉴的先例,市场规模还未形成,蕴含着巨大的风险。但是成功入驻并有着良好发展的这一类品牌往往能够借势确立新兴产业开拓者和领军品牌的地位。同时,在后来者尚未进入市场之前,率先进入的品牌能够抢占优势资源和销售渠道,获得暂时的市场垄断地位、打下良好的消费者基础并获取高额的利润。即使市场逐渐开始饱和时,这一类的品牌仍然可以凭借早期的利润和基础使自己在较长的时期内保持有力的地位。

(二) 顺应法

顺应法是一种跟随大流的入驻方式。企业后进入市场的因素有很多,比如企业实力单薄、缺乏领先进入市场所必要的人力、物力与财力;或者由于信息传播的障碍,延误了进入市场的机会,当领先者进入市场后才发现其巨大的市场潜力,只好作为后来者迅速跟进,奋力直追。当然后进品牌也会有一定的优势,首先是避免了先行者为开拓市场付出的代价,节省了市场拓展费用。其次,可以清晰地看到竞争对手的产品缺陷和市场运作的不足,为自己品牌的调整提供依据。

(三) 挑战法

挑战法指的是企业在对现有服装市场进行调研、分析后,并不选择跟进领先者进入市场,而是反其道行之,另辟新境。选择这种方式进入的品牌往往需要冷静地分析现有市场特点、需求与自身品牌的资源优势后做出选择。一般情况下,逆向进入的市场存在一定的风险,或者是并不被当时业界所看好的市场。尽管不是第一批进入的品牌,采用挑战法的品牌在风险性上与采用率先法进入的品牌是相同的,当然一旦获得成功,其冒险的回报率也是巨大的。

第五节　服装市场竞争与开拓

服装市场的竞争是任何进入市场的企业都无法避免的状况。迈克尔·波特认为有五种因素决定了一个市场或细分市场的长期内在吸引力,它们分别是:同行业竞争者、潜在的新参加竞争者、替代产品、购买者和供应商。足见竞争对市场推动和发展的重要性。

一、市场结构与市场竞争观念

(一) 竞争的必然性

竞争在服装市场上无处不在。商品经济时代,竞争是必然现象,也是价值规律得以贯彻和实现的条件。服装从业者为了谋取有利的产销条件和实现利益的最大化,必然会在多个方面进行激烈地角逐。随着全球经济一体化的加剧,竞争的范围和对象不断扩展,如我国服装企业不仅需要和国内市场同行之间竞争,还要面对来自国外品牌的强大挑战。

企业间的竞争从信息搜集到销售推广,贯穿了产品研发和销售的全过程。最常见的竞争形式包括有价格竞争、产品竞争、信息竞争、影响竞争、服务竞争、人才竞争等。

(二) 识别竞争者

为了有效地设计和实施品牌战略,企业必须密切地关注竞争品牌的状况,但是复杂的服装市场结构和不断出现的威胁因素使得识别竞争者的工作不再那么简单。品牌在确定目标竞争者的过程中往往会出现三大误区:竞争偏激、竞争不明和竞争近视。

竞争偏激指的是企业将同行的大部分企业当作竞争对手,且将对手当作敌人,不惜采取各种措施将对方搞垮,希望自己永无竞争对手。以这种出发点寻求竞争对手的品牌不仅加重了自身品牌运作的负担,还会破坏服装市场的正常秩序,增加恶性竞争和品牌垄断的可能性。

竞争不明指的是企业过高或过低地估计自身品牌的实力与竞争优势,错误地将对自己正常发展影响不大的品牌列为了竞争对象。这是服装市场上绝大多数走入竞争误区的品牌容易产生的问题。中小品牌将行业巨头看作目标品牌是有助于企业提升的积极想法,但忽略了品牌本身的发展速度与实力差距,不仅加重品牌的压力,最终也有可能是无效、无价值的定位;具有一定实力的服装品牌如果仍停留在发展初期的战略模式,将水平与档次已经远远不如自己的同期竞争者看作目标对手,只可能是停滞不前,阻碍企业的发展。

竞争近视指的是人们往往更注意当前的竞争者,而不注重后来的竞争者,这也直接导致了一些公司的倒闭。这一点对于服装市场来说表现得尤为明显,由于服装市场更新换代的速度快,品牌竞争激烈,企业太关心当前市场上对自身有着直接威胁的可怕品牌,而忽略了潜在竞争对象的发展。事实上,与现有的竞争者相比,一个品牌更可能受到新兴竞争者或新技术的冲击,并且规模强大的这类冲击相对于前一种威胁来说往往是颠覆性的、一次性的,会给品牌带来不可逆转的巨大损失。因此,从长远利益来分析潜在竞争者是企业制定品牌战略的重要标准。

二、服装市场的竞争内容

(一)价格竞争

价格竞争是商品生产者和经营者为了扩大市场销售份额和增加利润而运用价格手段展开的竞争。这是市场竞争中最常见的现象,价格竞争的加剧往往会导致多方企业利益受损,扰乱正常的市场秩序,并妨碍行业发展和技术进步。但价格竞争并非是无限制的,许多国家都会通过"反不正当竞争法"来约束低价倾销的行为,以保证服饰市场的正常运作。

(二)产品竞争

产品竞争是商品生产者和经营者为了立足市场,从竞争中取胜,而对产品的设计、生产和组合实施优化和提升的竞争。一般来说,产品竞争应当是品牌间竞争的根本,产品是否能在市场上立足,内因在于其是否拥有符合消费市场需求的必备条件与含金量。产品竞争中最为明显的三种形式是质量竞争、设计竞争和功能竞争。除开恶意的抄袭和模仿现象,产品竞争是良性的市场竞争,对于推动产业升级和行业发展有着积极的作用。

(三)信息竞争

信息竞争指的是商品生产者和经营者对信息搜集来源、渠道、管理和运用方面展开的竞争。信息竞争是服装市场竞争的重要内容,企业无论是在投资、研发、生产还是销售环节所作的决策都需要依赖大量可靠、高时效性的信息作为依据。控制了信息就是控制了品牌运作和发展的命运。进入网络时代之后,加强信息化建设对服装品牌的意义更加重大。

(四)营销竞争

营销竞争指的是商品生产者和经营者在企业经营管理能力、战略决策能力、销售推广手段上的一系列竞争。如今的服装市场,同类产品的相似程度越来越高,如何让消费者明确品牌产品与竞争对手的不同之处和优势所在,并得到消费者的青睐是营销竞争的关键。

(五)服务竞争

服务竞争是品牌为了满足顾客的需求,提高顾客对产品的满意程度而展开的竞争方式。尽管服装品牌是以服装这一实体产品为最主要的核心优势,但服务作为一种无形的产品已经越来越凸显其对于提升品牌形象和价值的重要性。服务竞争不仅包括销售中的服务形象和策略,还应包括后续的售后服务以及售前的相关工作。

(六) 人才竞争

　　人才竞争指的是商品生产者和经营者为了提高市场竞争力,而在人才选拔、人才培养、人才管理、人才使用、人才激励等方面开展的一系列竞争。人才是品牌巨大的资产,业界也有不少人认为众多的市场竞争形式中,人才的竞争才是最终起作用的因素。人才的范围很广,对于服装企业来说主要由研发人才、设计人才、制版人才、生产人才、管理人才、销售人才组成。

服装营销 | 第十三章

>>>

第一节　服装营销的策划

一、服装营销策划的概念

服装营销即关于服装的市场营销。市场营销的职能是保证客户和消费者成为企业的中心环节,指导企业市场经营决策,找到最适合企业进入的市场细分及适合该细分的供给市场的商品,帮助企业如何发现、创造和交付价值以满足一定目标市场的需求。

服装营销策划指的是为了改变企业现状,借助科学方法与创新思维,辨识未被满足的需要,定义和量度目标市场的规模和利润潜力,分析、研究和创新设计并制定、规划一系列行之有效的方法、策略,使服装销售额达到理想目标,同时获取利润。这个规划的行为和过程就称为服装营销策划。

二、服装营销策划的内容

从管理学的角度看,服装营销策划是统筹和规划服装企业及其各部门进行营销行为的一项具体管理活动,其工作过程可分五步进行:分析营销机会,研究和选择目标市场,设计营销战略,规划营销方案,组织、实行和控制各项营销活动。

在实际工作中,服装营销策划工作要编写完成一份营销计划文件。该文件包含以下内容:

(一) 概要

概要可以使企业决策者对营销计划有一个总的、简单明了的概要了解。通常包括本计划所提出的主要营销目标和建议事项的简短摘要。

(二) 当前营销状况分析

在概要之后,需要对本企业产品当前营销状况作出明确的分析,一般从市场、产品、竞争、分销四个方面加以阐述。可通过报刊、杂志的商情报导,以及市场调研中获得相关信息。

市场状况,主要包括本企业产品涉及哪些细分市场,市场范围扩展状况及各细分市场近几年的销售状况。从中可体现出顾客购买行为的趋势。

产品状况,需要列出近年企业所生产的每款产品的销售额、价格、毛利、净利润、利润率等。从中可显示企业营销状况。例如,某品牌男装近几年毛利是逐年上升,而净利润未能同步增长。通过分析可知毛利上升是由于生产能力的增强,净利润未能同步增长是由于营销成本增大所致。显然,如何使该产品线在销售额和净利润上都有所增长是企业决策者需考虑的问题。

竞争状况,需要掌握主要竞争者及各竞争者的生产规模、市场占有率、生产质量、定价及主要的营销策略等。分析竞争品牌的优势和劣势,从而取长补短。

分销状况,掌握本企业产品主要销售渠道有哪些,如百货商场、专卖店、大型超市等。同时要了解各分销渠道的近期销售情况及发展趋势等。

(三) 机会与威胁的分析

服装企业决策者应对计划进行期间营销环境中所面临的机会因素与威胁因素进行分析。通过对上述分析,可使企业决策者根据自身资源状况,扬长避短,捕捉和创造新的市场营销机会。

机会因素:包括国家近期对服装企业的退税率是否有所提高、国内市场是否还存在细分空间、服装产品的需求是否有所回升、行业内部是否存在品牌兼并的机会等等。

威胁因素:包括国内对服装产品需求处于低谷徘徊,国际金融危机是否会进一步严重影响我国服装行业,劳动力成本上升是否会制约本企业的发展等等。

(四)营销目标的确定

营销目标是营销策划的核心部分,是本策划期内企业要达到的目标,如市场占有率、销售额、利润率等。确定了营销目标,才能有计划地制定相对应的销售策略和方法。

(五)营销策略

为了达到上述营销目标,需要采用的营销策略应在策划中做出简述。市场营销中常用策略包括:目标市场确定、市场定位、挂出新产品、价格策略、分销渠道、广告及促销方式等。

(六)实施方案

实施方案是要把营销策略转化成具体实施方案并列出详细程序表,包括具体任务、开始时间、完成时间、主要负责人、成本费用等。

(七)费用预算

营销策划中还应编制一张预计损益表,在该表中应给出预估的销售额和平均价格、生产成本、分销成本、营销费用等内容。预算一旦被批准,便成为制定计划、采购原材料、安排生产及开展各项营销活动的依据。

(八)策划控制

策划控制即监督策划的执行情况。首先是将营销策划规定的各项目标和预算按季或按月份分解,直至落实到某一生产单位或个人。然后定期检查策划执行的情况,督促未达到预期目标的部门并找出原因,采取措施或调整策划,以确保营销策划的完成。

三、服装营销策划的流程

服装营销策划的流程一般包括六个步骤:分析、目标、战略、战术、预算和控制。

(一)分析

首先要明确所处环境的各种宏观力量(经济、政治、法律、社会、文化、技术)和微观环境(企业、竞争者、分销商和供应商)的构成。企业需要对潜在的优势、劣势、机会、威胁等因素进行分析,即所谓的 SWOT 分析(优势 Strengths、劣势 Weaknesses、机会 Opportunities、威胁 Threats)。这种分析步骤还应包括公司各部门面临的主要问题。

(二)目标

对于情景分析中确认的那些最好的机会,企业要对其进行排序,然后由此出发,定义目标市场、确立目标和完成时间表。企业在设立目标时还要考虑到利益相关者、企业的声誉、技术等有关方面。

(三)战略

战略是宏观上筹划和指导市场营销的框架方案及其要达成的最终目标。任何方案都有可能是多解的,任何目标也都有许多达成途径,战略的任务就是从宏观上选择最有效的实现途径和采用最高效的行动方式来完成目标。

（四）战术

战术是战略的执行者根据战略目标而采取的具体行动细则,因此,战术是战略的充分展开,包括产品、价格、地点、促销和各部门人员的时间表和任务等细节。从一定程度上来说,战术是战略的保证,其要点是强有力的执行力。

（五）预算

预算是指企业在实现未来营销策略中遇到的收入、支出、现金流等各方面的总体计划,以货币的形式表现出来。这里的预算是指企业在制定营销策划以及实施的过程中所需要的经费,它不仅仅是财务计划的预测,还涉及到有计划地巧妙处理。

（六）控制

控制的意义在于管理,即企业在营销策划和实施的过程中,应该设定检查时间和相关措施,及时核查策划执行的进展情况。如果出现了进度滞后,就需要及时更正各种行为来纠正这种局面,确保战略目标的如期实现。

第二节　服装营销的程序

服装企业规模千差万别,从几个人组成的家庭式作坊到上万人的上市公司,它们之间的营销活动和对营销过程的管理有很大区别。小型企业的老板一个人便可做出企业的所有决策,而大型企业做决策的程序要复杂得多,需要众多部门参与。因此,实际上没有一个一成不变的营销模式适用于所有的服装企业。尽管如此,服装营销过程仍有一个基本的模式,它一般包含了四个方面的内容:服装营销环境分析,细分服装市场和选择目标受众,组合服装营销策略,执行服装营销计划。

一、服装营销环境分析

企业外部环境的不确定性对企业的营销活动会产生重大影响。营销环境既可能带来市场机会,也可能带来竞争损害,因此,企业营销活动的首要任务是发现并利用有利的机会,避免不利因素造成的损失。比如,随着国民经济的发展和消费者收入的增加,高档服装的市场机会有可能扩大,低档服装的市场份额有可能受到冲击。因此,对于环境的分析是营销活动中首要的任务。

营销环境体系可以分为若干类,从环境构成的角度来分析企业市场营销环境因素,服装市场营销环境通常包括微观环境和宏观环境。

（一）服装企业微观环境

所谓企业的微观环境,是指对企业的生产经营活动产生直接影响的环境因素的总称。构成企业微观环境的主要因素包括企业内部环境、合作者、竞争者、顾客等,它们与企业形成协作或合作、竞争、服务、监督的关系,其中企业内部环境、企业营销合作者、竞争者被称为最密切的环境。

1. 企业内部环境

企业内部环境是指企业内部对市场营销产生影响的决策部门和职能部门,如财务部门、采购部门、研究与开发部门、生产部门等,它们的职能和业务范围不同,对企业市场营销活动所起的作用也有所不同。企业营销部门确定营销目标必须接受决策部门的制约,营销目标要从属于企业发展的总目标;而产品的研究与开发部门则常常直接参与或共同策划市场营销活动。企业内部的环境因素合理配置、各部门之间的科学分工及相互协作,是企业顺利实现营销决策及其执行的根本保证。

2. 企业营销合作者

企业营销合作者即形成服装产业链的各个主要环节,主要包括供应商、中间商、服务商等,他们对营销活动都起着重要的辅助作用。由于社会分工的结果,任何企业都需要通过与其他企业的协作或合作,才能完成生产经营活动,从而实现企业的各项营销目标。

3. 竞争者

竞争者是指企业开展营销时遇到的同行中的对立力量。企业开展市场营销不可避免地要面临激烈的市场竞争,因此对于竞争者的重视和分析也是十分重要的。

4. 顾客

顾客是企业产品的实际购买者和使用者,是企业营销活动的对象,顾客的需求是企业生产经营活动的出发点,满足顾客需求是企业营销活动的中心任务。研究和分析顾客的需求特点和购买行为,是控制和利用企业微观环境的重要内容。

5. 公众

公众是指对企业的营销活动具有实际影响和潜在利益的群体,如政府机构、宣传媒介、群众团体、社区居民等,这些人群构成了企业的“公众”。搞好公众关系是企业树立和保持良好形象的重要保证。

(二)服装企业宏观环境

所谓企业的宏观环境,是指那些影响程度波及各行各业,对各类企业具有共同作用的环境因素的总称。构成企业宏观环境的主要因素包括政治法律环境、人口环境、经济环境、科学技术环境、自然环境、社会文化环境等。这些因素是企业本身无法控制的,它既可以给企业造就营销机会,又可以带来威胁。企业只有适应宏观环境的变化,采取相应的营销对策,才能保证营销活动顺利进行,以实现预期的经营目标。

1. 政治法律环境

政治和法律环境是企业经营必须考虑的两个重要因素。国际政治变化的动向和政府的宏观产业政策都会对包括服装行业在内的各行各业的发展产生影响。我国在从计划经济转向市场经济的过程中,政府起着巨大的推动作用,如何用好政策、用活政策,是值得每个服装企业思考的问题。随着我国改革开放和经济发展,法律制度也越来越完善,企业必须在法律许可的范围内开展营销活动。

2. 人口环境

服装营销受到人口因素的强烈影响。一方面因为年龄、性别、教育程度、职业等不同的消费者对服装有着不同需求。另一方面因为有一定数量的人口,才能形成有吸引力的市场规模,这也是许多国际服装品牌看好我国市场的原因所在。人口环境因素的变化是缓慢发生且可以事先预测的,包括人口数量、年龄结构、性别结构、体型分布、地域分布、受教育程度、职业背景、民族特征、宗教信仰等因素。如果不给予关注,当变化影响到企业发展时会造成不可估计的损失。

3. 经济环境

经济环境对服装营销的影响在很大程度上比人口环境更为重要。服装的市场需求会受经济全球化、本地经济水平、消费者收支模式等因素的影响。经济全球化使得服装在设计、加工、销售的过程中也变的日益全球化,高级时装品牌和国际性的大公司借助其实力和品牌优势,进行着全球扩张和经营。本地经济的高速发展为服装市场带来了新的机遇,追求高品质、时尚化的服装成为主流,这些地区的服装消费在需求总量上存在很大的增长空间。

消费者收支模式与经济发展水平直接相关,消费者收入的多少影响其支出的多少,决定着消费者的购买力水平和支付能力,进一步影响着消费需求的层次和结构。这是制定营销策划的依据。

4. 科学技术环境

现代社会生活中科学技术无处不在,随着计算机和网络技术的快速发展,服装业开始进入信息和知识经济时代。新型纤维和纺织技术的进步,给人类带来了更舒适的纤维和面料,缝制技术的不断改进,提高了生产效率。因此,科技的不断创新和发展,对服装业和服装企业来说,既是机遇,也面临着挑战。

5. 自然环境

服装业和市场需求受自然环境的影响。其中,自然资源的稀缺、气候和季节性因素对服装企业的营销活动影响最大。服装的原材料——纤维、皮革以及其他材料都来自于自然界,包括羊毛、棉花、蚕丝等可再生资源,石油、煤炭、黄金等不可再生资源和空气、太阳能、风力等恒定资源。自然资源的价格上涨也会影响服装企业的生产成本。

气候和季节是两个相互关联的因素。全球气候的变暖不仅是世界各国关注的"热门"话题,也是以经营季节性产品为主的服装企业关注的问题,如羽绒服、皮衣经营企业。天气的变化会直接影响市场供求关系的变化,变化既有商机,但也可能构成威胁。此外,气候条件不同的地区,即使人口和经济水平接近,但服装市场的规模也会有很大差异。

6. 社会文化环境

社会与文化对营销活动的影响是一个涉及范围很广的课题。如语言、教育、宗教、审美观念、价值观念、风俗习惯、道德与禁忌、社会阶层、生活方式、闲暇时间、亚文化群体、两性的角色和地位等等,每一个因素都对服装的经营和消费产生不同程度的影响。其中,审美观念是社会文化重要的组成部分。不同国家或地区,由于文化的差异,审美观念也有所不同。同时,人们的审美观念也处于动态变化之中,这也需要营销人员加以关注,并随着人们审美观念的变化,推出适应这种变化的产品。另外,风俗习惯是人们在长期的共同生活中自发形成的行为模式,主要有衣食住行的物品种类、式样和使用方式以及婚丧嫁娶、节日盛典、人情往来的礼仪等。风俗习惯是人们物质生活条件的反映,不同文化有着不同的风俗习惯,对企业的营销活动会产生一定的影响。比如在我国每逢春节来临,许多服装品牌都会推出红色系的产品,这和中国的传统习俗有关。

二、细分服装市场和选择目标受众
(一) 市场细分的涵义

所谓市场细分,是指企业按照某种标准,根据构成整体市场的不同消费者的需求差异,将他们划分为若干个相类似的消费群,以此确定企业产品的销售范围和服务对象的过程。市场细分实质上是企业辨别具有不同消费需求的顾客群并加以分类,从而实现对总体市场的深入区分的过程。

(二) 市场细分的作用

通过市场细分来寻找、发现适合企业营销目标的市场是现代营销过程的重要步骤。服装涉及广泛的产品种类,而且面对着广阔的市场。由于消费者年龄、性别、所处地理位置、收入和心理需求等的差异,对服装的需求也千差万别。因此,任何一家企业都不可能很好地满足所有顾客群的不同需要。通过市场细分,找出那些具有共同需求特征的细分市场,企业再根据自身的任务和目标、资源和特长、竞争状况等决定进入哪个细分市场,即选择目标市场。

实行市场细分,对于企业认识市场、满足消费者的需求,实现经营目标都有重要的作用。第一,市场细分有利于企业把握市场现状和规律,从而提高在市场竞争中的主动性。第二、市场细分促进企业调整产品结构,为增强产品市场应变力作好准备。第三、市场细分有利于企业合理配置资源,提高经济效益。

(三) 市场细分的步骤

企业在市场调查与预测的基础上,分析研究消费者对某类产品的需求状况及其变化趋势,拟定出适合企业的经营目标,确定适当的经营目标,以恰当的方式,择时进入经过评估后的目标市场。市场细分的过程通常可分为六个步骤:第一步是确定经营目标,第二步是选择细分标准,第三步是初步细分市场,第四步是分析筛选目标,第五步是评估细分结果,第六步是进入目标市场。

三、组合服装营销策略

在细分市场和选择目标受众的基础上,这个阶段的工作是按照企业的品牌理念、商品形象、目标定位,对销售渠道、促销策略、终端视觉陈列和展示方面的问题做出决策。主要工作是研究服装流行趋势、服装产品定位、服装品类结构、品牌传播计划、品牌延伸设想、产品定价方法以及促销活动策略等。

四、执行服装营销计划

营销过程最终要求将营销组合的各个方面整合起来,以实现企业的目标,这是营销过程最重要的一项工作。这就要求企业必须制定可行的营销规划,组织、协调、执行营销活动,并及时评估和控制营销活动的绩效。

第三节　服装营销的战略

一、市场定位战略

企业实施准确的市场定位策略,既能为自己的产品进入目标市场打开销路,又能为不断进行市场拓展奠定基础。

（一）市场定位及其作用

市场定位，就是企业在目标市场中确定自己产品的理想形象，从而确定它在消费者心目中的市场位置。企业产品的特色和形象一般包括实物和心理两个方面，主要包括产品性能、产品质量、经济实力、服务、信誉、社会角色等。

市场定位是企业进入目标市场、进行营销策略组合的必经途径，其作用主要表现在以下几个方面：第一，市场定位策略的运用有利于提高企业的竞争力，避免盲目竞争；第二，准确地进行市场定位，能使企业掌握一定的市场营销主动权，减缓市场压力，降低市场风险；第三，市场定位对于企业引导消费和促进销售都有积极的作用。

（二）服装市场定位策略

市场定位的实质是实行市场目标的差别化。根据服装行业的特点，服装企业在运用服装市场定位策略的过程中，要防止"过宽差别化"定位和"过窄差别化"定位两种倾向。所谓"过宽差别化"定位，就是企业的市场定位没有突出自己产品、服务和形象的差异性，与其他同类产品的界限模糊，使得企业在消费者心目中无法形成清晰、鲜明的印象。"过窄差别化"定位则相反，企业为了过分突出差别性，把销售范围或服务对象规划得比较小，虽然对提高部分消费者忠诚度有一定意义，但会导致市场层面缺乏应有的辐射作用，不利于市场的拓展，甚至会失去一批消费者。为此，企业确定它在目标市场中的位置时，可以采取以下几种策略：

1. 比附定位策略

比附定位是企业将自己的产品比拟为名牌来进行定位。例如国内的一家服装公司把自己设计生产的时装同 ZARA 联系在一起向市场推介，声称"做中国的 ZARA"，其实就是采取了比附定位策略。

2. 产品性能定位策略

产品性能定位实际是企业以自己设计生产的产品的某一性能特点作为"卖点"以吸引消费者的市场定位方法，例如，"××内衣——抗寒保暖"、"××孕妇装——抗辐射产品"等。以产品性能特点进行初次定位，对消费者会有较大的吸引力，其市场定位成功率比较高。

3. 同类分界定位策略

面临同类产品的竞争，企业着重宣传自己产品的某一特色，与竞争者划清界限，以争取更多的消费者。例如，某些品牌羽绒服在广告宣传或使用说明中强调产品具有"轻薄"、"抗紫外线"等特点，实际上就是采用与同类分界定位策略，谋取引起消费者对产品该种特性的长期关注。

4. 质价对比定位策略

在市场定位时，企业把产品质量高与价格低的反差突出出来，以吸引消费者的关注，这种做法就是以高性价比的特质来缩小消费者的选择范围的做法，在选择面宽的服装市场很有效果。

二、产品组合战略

（一）产品组合的含义

服装企业的产品组合是指企业生产或销售的全部产品结构，实质上是一个企业所经营的全部产品线的有机组合方式。产品线是指具有相似使用功能，但款式、色彩、面料或规格型号不同的一组相关产品,一般以相对独立的主题或系列的方式表现出来。习惯上,产品组合就是一家服装企业在某个销售季节推出的一盘完整货品。

(二)产品组合策略的类型

产品组合策略是指企业根据营销目标及资源、技术条件,对产品进行的最优组合来确定经营范围、规范的策略。产品组合策略有以下几种类型:

1. 多系列多产品型

多系列多产品型是指面向任何消费者提供一切所需求的产品。这一策略类型客观上要求企业必须拥有较充足的资源条件。一般来说,只有实力雄厚的大企业才能做得到多系列全面型产品组合策略的正常运用。

2. 少系列多产品型

少系列多产品型是指企业根据自己的特长,集中经营有限的或单一的产品系列。其特点是产品开发成本较低,资金占用较少,市场比较集中,容易集中力量去占领,适合中小型企业采用。

3. 多系列少产品型

多系列少产品型是为初级市场提供尽可能多的风格化产品选择。一个系列即代表着一种风格,其特点是消费者选择面比较宽泛,容易满足他们对不同风格尝试的需要,尽快扩大市场影响。

4. 少系列少产品型

少系列少产品型是指企业集中经营某一类产品,并将其产品销售给各类消费者。其特点是产品开发因系列单一而变得专业,生产技术接近,专业化程度和生产效率高,比较适合专业性较强的服装集散市场。

5. 特殊产品开发型

特殊产品开发型是指企业根据自己的特长,专门开发某些具有特别优势或核心技术的特殊产品。由于产品具有的某种特殊性,其所能开拓的市场也比较有限,但竞争威胁性也相对较小。

(三)服装产品组合策略的运用

1. 扩大产品组合策略

扩大产品组合策略是指扩展产品组合的广度和深度,增加产品线之间的相关性,包括企业在同一产品线中增加产品品类,实行系列化经营。例如:某品牌服装企业专门生产经营女性服装产品,另外该企业还生产经营在消费上具有连带性的扩展产品,如女性皮包、腰带、太阳镜、帽子、围巾等服饰搭配品。

2. 缩减产品组合策略

缩减产品组合策略是指企业通过减少现有产品品类和产品线,实行单项或高度专业化经营协作的策略。这一策略一般适用于市场需求量大或市场畅销的名牌产品以及专用性强的产品,便于生产企业集中资源与技术,扩大产品生产规模,减少资金和营销费用。但经营风险较大,一旦产品销售不畅或没有订单,企业将损失惨重。

3. 改进现有产品策略

改进现有产品策略是指企业不增加全新产品,只是从现有的产品组合中有选择性地改进已有产品。企业运用这种策略能够节约投资,且风险较小,在一定条件下比发展全新产品更为有利。

4．产品线延伸策略

产品线延伸策略是指企业将原有产品的全部或部分改变市场定位，以形成新的产品市场定位格局的策略。分为向上延伸、向下延伸和双向延伸三种情况。

向上延伸即是在一种产品线内增加高档高价产品。高档次名牌服装产品的高附加值强烈地吸引了众多服装企业，驱使许多企业选择向上延伸的产品组合策略。但企业只有具备先进技术条件和配套设备，并有相应的市场拓展实力，才能实现这一目标。

向下延伸是指在产品线中增加廉价产品项目，充分利用名牌服装产品的知名度，吸引那些"求名"心切而购买力较低，甚至盲目追逐品牌的消费者。产品线向下延伸策略如运用不当则容易损害原有名牌的市场形象，服装企业应慎重选择。

双向延伸即是企业同时实施向上和向下延伸策略，使企业产品在市场的阵容扩大。

三、服装价格战略

服装企业制造服装产品的根本目的是为了盈利，在不影响产品形象的前提下，合理降低成本，使产品具有价格优势，在价格大战中立于不败之地，是每个品牌服装公司的工作重点。

（一）服装商品的价格构成

用一个最简单的算式表示：价格 ＝ 成本 ＋ 利润。

服装产品的价格主要由两个部分构成，一个部分是构成服装产品的全部成本，包括直接成本和间接成本，其中，直接成本是企业实行简便定价策略的依据。另一个部分是由销售带来的利润，包括毛利润和净利润。在商场看到的服装商品的定价是集中了生产商、供应商和分销商等多方利益的价格。

产品价格是服装商品企划中非常重要的部分，价格过高，则销售有限；价格偏低，则利润淡薄。产品利润最大化是每一个企业的经营宗旨，必须要制定最为合理的、符合企业实际情况和品牌形象的产品销售价格。

（二）定价的原则和方法

1．定价原则

服装公司一般采取以下定价原则：以成本定价，以利润指标定价，以品牌知名度定价。也可以在品牌企划中的品牌服装价格带范围内，根据款式、商场、费用、季节等情况的不同而灵活掌握。

2．定价方法

定价 ＝ 产品成本 ＋ 税收 ＋ 标准利润 ＋ 知名指数 ＋ 产品流行指数 ＋ 季节指数 ＋ 地区物价指数

其中，产品成本和税收可以通过统计精确地计算出来。标准利润可以设定一个常数。后面的内容不能具体量化，根据每个品牌每个款式的具体情况而定。知名指数是指品牌的知名度；产品流行指数是指产品的可卖性；季节指数是指产品上柜时间与季末的长短；地区指数是指产品销售地区的生活水平。

为了定价操作的方便起见，服装公司的销售部门通常将产品的定价简单处理为：直接成本×系数。这里的系数将上述几个指数笼统地包括在内。

低档服装（以批发市场为主要销售渠道的服装）：直接成本×2

中档服装(以普通商场为主要销售渠道的服装):直接成本 ×3～5

高档服装(以高级商场为主要销售渠道的服装):直接成本 ×5～8(一些顶级品牌的定价可达直接成本 ×15 倍以上)

(三)服装商品的定价策略

1. 本体型产品的定价策略

本体型产品的定价策略是指对于只提供产品的本体使用价值和基本利益的产品进行的定价。这类产品只保证产品的基本功能和用途,而不讲究包装、品牌等因素的服装,通常运用低价或平价方法,可使消费者感到经济实惠。企业除弥补生产成本或进货销售费用外,只赚微小利润,以求薄利多销。

2. 品牌型产品的定价策略

品牌型产品的定价策略是指针对已经形成一定知名度的产品进行的定价。创名牌是企业常用的策略之一,一旦创名牌成功,品牌、商标就构成一项无形资产,给企业带来丰厚利润。名牌效应使企业在市场上的地位、收益不断提高。值得注意的是,有形产品的定价必须是产品内外品质的忠实反映。

3. 附加型产品的定价策略

附加型产品的定价策略是指针对具有明显的品牌附加价值或配套产品的产品进行的定价。附加型产品反映为某种形式的品牌保证,增加消费者使用上的方便,能减少消费者的购买风险,在奢侈品品牌中较为常见。这部分新增加的成本因其具体内容的不同,增加的价格也会有所不同。

(四)服装商品的价格调整

1. 地理型价格调整

地理型价格调整即服装企业如何根据全国或世界各地的顾客情况调整其产品的价格。就服装企业而言,地理或地域定价主要应考虑的因素是各地区消费者经济收入、文化背景和社会心理。服装企业并非制定单一的价格,而是建立一个价格结构。在经营过程中要对原始定价进行修订,建立起一种对不同产品、不同地区的价格结构,以反映地区需求和成本变化情况等,这就需要作相应的价格调整和变更。

2. 折扣型价格调整

在服装销售中,最常见的是季节性折扣。季节性折扣是价格折扣中的一种,主要功用是使服装企业得以维持稳定的销售收入。价格折让的实惠除了给最终消费者外,服装企业还给中间商以折扣,这种折扣叫贸易折扣。贸易折扣由服装生产企业向履行了某种功能,如推销、库存和帐务记载的分销渠道成员所提供。企业向不同分销渠道成员提供的贸易折扣可以不同,如给大百货公司的折扣与给特约经销户的折扣就不一样。

3. 促销型价格调整

某些情况下,服装企业临时将他们的产品价格定得低于价目表的价格,有时甚至低于成本,用的就是促销定价。当今促销活动中还存在一种销售技巧,叫心理性促销,即人为地将服装价格标高,然后大幅度地减价出售。但是,这种方法很容易破坏企业形象,不利于对服装品牌形象的建设。

4. 组合型价格调整

当某一服装产品要成为产品组合的一部分定价时,对该服装的定价逻辑就必须加以修正。

在这种情况下,服装企业要寻找一组在整个产品组合方面所获最大利润的价格体系。如在同类服装的定价上拉开层次:390 元、480 元、560 元。有了这三个价格点,就会使消费者产生联想。等待价格调整的新产品最好能向某类价格靠拢,以求整体效果。

四、服装分销战略

服装市场的需求变化使得服装产品的销售方式不断更新。在服装产品流通过程中,服装企业既充分运用传统分销形式的特色和优势,来适应和满足服装消费者对企业销售服务提出的要求,又不断进行新的销售渠道的创新,以补充和完善现有的销售形式,丰富和发展销售渠道策略。

(一)店铺零售策略

零售是指经营者直接向最终消费者销售商品和提供服务的商业活动,从事零售业务的经营者就是零售商。由于最终消费者众多,因而零售的形式也是多种多样的,但从规模上基本可以分为两类,即小型零售商和大型零售商。从零售形式来划分,服装零售策略分为店铺零售和非店铺零售两大类。

服装店铺零售主要有以下几种形式:

1. 百货商场

百货商场是零售商业中的重要组成部分,是规模较大的零售实体。特点是经营的产品线多,品种丰富,基本包括男装、女装、童装,休闲装、运动装等,陈列整齐,环境整洁优雅。

2. 专卖店

专卖店是专门经营某类产品或相关联的几类产品的零售形式,如童装专卖店、内衣专卖店。专卖店经营的产品线较窄,但品种花色较多,规格比较齐全,有利于顾客自由选择。

3. 连锁店

连锁店是由多家出售同类商品的零售商组成的一种规模较大的联合经营组织。其经营特点是由中心组织统一向生产者选购商品,以扩大订购批量,获得最大的价格优惠,采取薄利多销方式吸引顾客;参与连锁经营的各商店统一经营相同品种的商品,提供相同质量的服务,实行经营方式的专业化、标准化和统一化,以提高规模经营效益。服装连锁经营一般是针对低档价位的流行服饰。

(二)非店铺零售

在现代市场营销中,服装消费者购买服装,并非全部都是从商店中选购的。除了店铺零售形式外,还有许多非店铺零售形式存在。非店铺零售指不借助商店特有的场所和环境,通过直接推销、电话营销、自动售货、目录零售即邮购零售等途径出售商品和提供服务的零售形式。相对于店铺零售,非店铺零售的最大特点是自由灵活,不受营业空间、时间限制;商品信息覆盖面广,便于顾客选择;设施较简单,管理费用低。服装企业目前选择的非店铺零售策略主要包括:

1. 目录零售

目录零售是指服装零售商定期向顾客提供所出售服装产品的目录及图片,并按款式、色彩、质量进行编号,提供产品售价。消费者根据需要通过电话、传真或寄信等方式订购商品,零售商按消费者提供的信息将商品邮递给购买者的一种零售方式。

2. 电视购物

电视购物是指服装零售商利用电视将不同款式的服装及服饰品向观众展示,具有很强的直观性。随着科技水平的提高和信息技术的发达,电视购物因其直观便捷的特性将会成为消费者乐意接受的零售方式。

3.网络购物

网络购物是指服装零售商利用互联网向网民消费者提供服装产品的零售形式。一般通过互联网检索网络零售店铺及其商品信息,并通过电子订购单发出购物请求,通过网上银行付款后厂商再以邮寄或快递的方式发货上门。

(三)服装批发策略

批发是指经营者不改变商品性质,通过交易和转移一定数量的某种商品,达到再销售目的的业务活动。从事产品批发业务的经营者就是批发商。批发商处于商品流通的开始阶段和中间阶段,它从生产者手中购进商品供零售商转卖而不直接服务于最终消费者。批发商按经销商品的种类不同,可分为一般批发商(如百货批发商)和专业批发商(如服装批发商、电器批发商等)。我国目前从事服装批发业务的企业或者组织主要包括专业批发商、批零兼营店、专业批发市场三种形式。

五、服装促销战略

现代市场营销不仅要求企业发展适销对路的产品,制定有吸引力的产品价格,使顾客易于取得他们所需要的产品,而且要求企业善于与其目标顾客沟通,开展促销活动。

(一)促销的概念和作用

促销就是营销者向消费者传递有关本企业及产品的各种信息或吸引消费者购买其产品,以达到扩大销售的目的。企业所从事的这种市场营销活动叫做"促销"。

促销活动的起因来自两个方面,一方面,生产者不可能完全清楚谁需要什么商品,何地需要,何时需要,消费者能够接受什么样的价格等;另一方面,广大消费者也会因为没有合适的产品选择而苦恼。这种在客观上存在着的生产者与消费者之间的信息沟通错位等矛盾,造成了商品与销售的错位,所以企业必须通过沟通活动,利用广告、宣传报导、人员推销等促销手段,把生产、产品等信息传递给消费者和用户,以增进其了解、信赖并购买本企业产品,达到扩大销售的目的。

促销手段一般有广告宣传、人员推销、营业推广和常用促销。企业可根据市场地位、产品品类等实际情况及各种可变因素,选择一种促销手段或多种促销手段的组合。

(二)广告促销策略

广告促销是进行商品销售中最常用和最普遍的销售方式之一,因其视觉、听觉等的全面性和促进销售的有效性,使广告促销成为首要的促销方式。广告的作用主要表现在:传递信息和沟通供需,创造需求和促进消费,促进竞争和开拓市场。广告有助于企业树立良好的市场形象,提高企业市场占有率,促进企业间竞争。

1.服装广告的特点

服装企业的独立实体相对规模较小的特点决定了服装广告花费占整个广告业的比重是比较小的。另外,由于服装批量小、品种多,流行周期短,变化快的特点,不同种类的产品其广告投入是不一样的。

服装广告常用三种形式,一是直接用真人进行艺术性表演的服装展示,这是促进服装销售有效的活动广告。二是多采用相对较廉价的相关杂志,既可取得较好的印刷效果,又可保证固定的读者群。三是采用费用较高的电视等荧屏媒体,能产生更大范围的影响,给人更全面、更直观的效果。

2. 广告内容的确定

在确定广告内容前,广告制作者应详尽搜集有关广告商品的功能、用途、性质等资料,要了解其在实际中的使用方法和主要细分市场分布状况,并从使用者角度来审视广告所表达的内容。对于竞争商品,更需全面掌握有关竞争商品或竞争企业的有关情况,如竞争商品的市场占有率和信用程度,其广告采用的表现方式、设计构想、媒体形式及展示时间等。

服装广告的内容大致有以下几类:一是宣传产品性能、用途、特点等信息;二是传递产品质量、技术服务等信息;三是传递品牌文化、价值理念等信息。广告内容的确定大致要经历三个阶段:首先是搜集信息,创作人员通过与顾客、中间商、营销专家或竞争对手的交谈,从中搜集素材产生灵感;其次,对搜集到的各种信息进行评估与选择,从中确定讨人欢喜、独具特色和令人信服的最佳信息;最后,确定广告内容的表达方式,通过语言、色彩、画面、音乐等元素共同突出主题,达到宣传产品和吸引顾客的目的。

(三) 人员推销策略

人员推销是指由销售人员以谈话等方式直接向用户推销产品和提供各种服务,便于寻找和发现顾客,打开销路,扩大市场,以实现企业的营销目标。对于服装商品来说,人员推销的主要执行者是营业员和导购员。

1. 人员推销的特点

人员推销具有很大的灵活性和适应性。由于顾客构成情况十分复杂,需求也难以统一,销售人员可先对潜在的顾客作必要的调研工作,从而根据实际情况有针对性地采取有效的经营手段和方法,以促使顾客产生购买行为。

人员推销可以直接收集市场信息。营业员等在进行人员推销时,能够在第一时间里接触到顾客的各种反馈信息,同时也能兼顾竞争对手的市场信息。这些对企业经营十分重要的信息必须迅速反馈给企业,以利于他们对有关问题及时作出调整。

2. 人员推销的方法

成功的推销在于推销员的观点、技巧是否与顾客的购买风格相吻合,因此,人员推销一般采用销售导向法和顾客导向法。

销售导向法是指在顾客不想或不太想购买产品时,通过销售人员施加的某种影响,使顾客产生购买欲望或购买行为。例如,通过销售人员巧妙地介绍和投其所好的言行,使顾客改变了原来的想法,转而产生某种购买欲望。采用此法可用"高压式"推销技巧来训练销售人员,这类技巧包括如何"夸大"企业产品的特点,指出竞争对手弱点,在洽谈时提供适当让步致使当场获得订单。

顾客导向法是指通过训练,使推销员具有识别顾客需要的能力并能有效解决客户问题的方法。采用此法的前提是在广大顾客中存在着构成企业营销机会的潜在需求,只要推销员将顾客的长远利益放在心上,那推销员终将被其顾客所接受。

(四) 营业推广策略

营业推广是鼓励或促进商品交易的双方达成一定的成交额或营业额的一系列活动总称。在许多经济发达国家里,营业推广是包括生产商、中间商以及一些非盈利组织经常运用的一种促销措施。

1. 营业推广的特点

营业推广有以下几个特点:一是直接鼓励用户购买,如采用免费赠送样品、减价推广、有奖销售、现场表演等手段吸引顾客购买产品;二是鼓励中间商扩大销售,取得中间商的支持配合,如让利以鼓励中间商增加进货,给予一定的推销奖金或补贴利息以扩大中间商销售;三是鼓励推销员努力推销,如把奖金和推销业绩直接挂钩。

运用营业推广手段的优点在于能够迅速刺激需求,它给消费者提供了一个特殊的购买机会,能够唤起用户的广泛注意,对于希望买到便宜商品的消费者尤其具有吸引力。缺点是容易使消费者感到卖主急于出售,甚至会使顾客怀疑产品的质量、价格或品牌,进而有可能降低产品或企业的美誉度。

2. 营业推广的方法

根据服装行业特点,其营业推广常用时装表演、服装展销会、服装陈列等几种方法。

时装表演是指通过模特儿的表演,形象地展示服装的面料、款式、色彩,反映流行的趋势,同时展示服装设计师的创造力。但时装表演组织复杂,准备时间长,对表演的环境有一定的要求,因此成本较高。

服装展销会是指服装企业通过展销会展示本企业产品,可让顾客全面了解本企业产品,并可通过与客户的洽谈,直接促成产品交易。

服装陈列是指企业通常在一些品牌专卖店或百货商场专柜对其服装的陈列效果进行独具特色的精心设计,以吸引消费者,激发消费者的购买欲望。

有奖折让销售的短期效果明显,能够刺激消费者购买行为,加快企业产品销售甚至顺利地销售积压库存产品。此方式特别适合推销换季服装。

(五) 常用促销策略

正常情况下的促销是在货品首期销售达到公司的期望值以后,为了促进货品流通和回笼资金而采取的销售策略,促销的实质是让利销售。在商场里,促销是按期进行的,既可以参加商场的集体促销,也可以在征得商场同意后单独进行。常用促销策略一般有以下几种:

1. 实物促销

实物促销是指在保持商品原来售价不变的前提下,以赠送其他商品的形式吸引顾客购买。具体表现为买一送几、搭配销售等形式。

2. 货币促销

货币促销是指降低商品原来的售价,将差价直接让利给顾客的促销方式。具体表现为折扣销售。举行货币促销的关键是让顾客知道原价与现价的真实差距和让利的原因,不能玩价格游戏。

3. 荣誉促销

荣誉促销是指给某些顾客在消费时拥有某种形式的特权,吸引这部分顾客成为长期客户。具体表现为会员制、贵宾卡等形式。一般来说,荣誉促销是经常性的、长时间的,某品牌参加商场面对普通消费者的促销活动时,荣誉顾客应该拥有更大的优惠。

4. 折扣递减促销

折扣递减促销是购物的单价随着购物数量或总价的增加而递减,多买多扣,是货币促销的另一种形式。例如,买一件9折、两件8折,三件6折等,以此来吸引顾客。

5. 有奖销售

有奖销售是指当顾客买满一定数额的商品后,可以享受让利优惠。具体表现为抵用券、抽奖或者领取奖品等形式。

6. 特卖促销

特卖促销是指临近季末或者库存的商品以极低的价格进行销售。通常情况下,特卖价格低于产品的成本价,以此吸引消费者购买。

第四节　服装营销的结构

企业的营销组织是实现企业的营销目标及实施营销计划的保证,是面向市场和顾客的职能部门,是企业内部联结其他职能部门使整个企业经营一体化的核心。

一、传统市场营销组织

(一)直线制

直线制是一种最简单的组织形式。它的特点为工作任务是单一直线传递,下级只接受其上级的命令。我国小型服装企业或乡镇服装企业常采用这种市场营销组织的形式。这种组织机构形式的优点是机构简单、权力集中、命令统一、决策迅速。缺点是对企业决策者的业务水平要求较高,如产品结构复杂,势必顾此失彼,难于应付。

(二)职能制

职能制是按分工负责的原则组成的一种营销组织形式,见图13-1。在营销经理领导下,设立多个营销职能部门,各营销职能部门由营销经理负责协调。

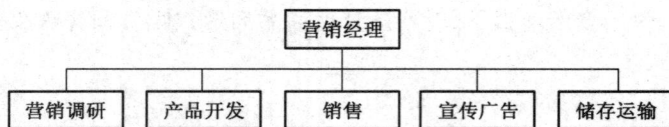

```
                    营销经理
   ┌─────────┬─────────┬─────────┬─────────┐
 营销调研   产品开发    销售    宣传广告   储存运输
```

图13-1　职能制营销组织形式

这种营销组织形式的优点是能够提高管理专业化程度,使之与市场营销相适应。缺点是随着产品的增多和市场的扩大,由于没有人对某项产品或某个市场专门负责,有些产品和市场很容易被忽略。

此外还有一种由直线制发展起来的,以适应生产规模较大、生产技术较复杂、市场营销业务繁多的直线职能制。它的特点是直线领导授予某些营销职能部门以一定程度的决策权和协调权。

二、现代市场营销组织

（一）产品管理型结构

这是一种矩阵式结构，是企业为适应产品生产经营多样化，为开展产品管理的需要而建立的纵向业务关系和横向业务关系相交织的矩阵式结构。

纵向业务关系是指业务指导的层级关系明晰的有关职能部门组合，它们之间是一种串联关系。横向业务关系是指业务需要得到同级部门支持的有关职能部门组合，它们之间是一种并联关系。这两种业务关系形成矩阵，由产品经理全面负责某一产品的规划、开发、研究、供销等全过程的营销活动。这种营销组织形式的优点是即使不太重要的产品也不会被忽略。此外，能及时反映该产品在市场上出现的问题，同时，它也是培训年轻管理人员的最佳场所，这是因为产品经理需和几乎所有其他经营职能部门进行沟通。缺点是易形成各自为政，不易协调，销售费用增加。这种营销组织形式的结构如图 13-2 所示。

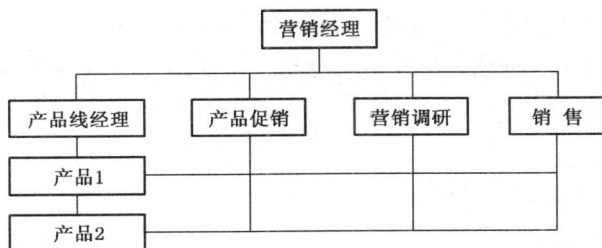

图 13-2　产品管理型组织形式

（二）市场管理型结构

如图 13-3 所示，由一名市场主管经理管理若干名细分市场经理。同产品管理型结构相似，

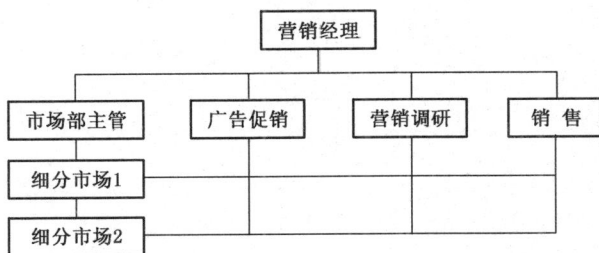

图 13-3　市场管理型组织形式

细分市场经理开展工作所需要的功能性服务也由其他职能部门提供。细分市场经理的任务是负责制定主管市场的长期计划和年度计划，分析主管市场的动向；确定企业该向市场提供的产品；根据主管市场特点，协助广告促销部门制定宣传广告、促销计划；协助营销调研部门搞好市场调研工作，采集并反馈主管市场的有关信息等。

简而言之，这种营销组织是以各主要目标市场为中心而建立的与各营销职能部门相联系的一种组织结构。这种组织结构的最大优点是可以针对不同细分市场及不同顾客群体的需要开展市场营销活动。缺点类同于产品管理型,也有可能造成个别产品被忽略。

(三) 产品—市场管理型组织结构

这是一种体现产品管理型与市场管理型结构的有机组合与发展的矩阵式结构。它针对产品经理对各种高度分工化、高度分散市场不熟悉的弱点,而市场经理又对其所负责的各类产品难以掌握的不足,通过把两者有机地组合起来,以使经营能够适应市场的激烈竞争和企业规模扩大的需要。

在这种组织结构中,产品经理负责制定各自主管产品的销售计划与盈利计划,包括展开主管产品的促销活动以改善主管产品的盈利状况,以及开拓主管产品的细分市场等。市场经理则负责开发有盈利前景的市场去推销企业的产品,必须具有预测市场需求的长远眼光,把工作重点放在培育适应自己主管市场需要的产品,而不仅仅是推销在自己主管市场上现有的企业产品。

这种组织结构形式的优点是既保证了每一现有产品不被忽略,又能够针对不同细分市场及不同顾客群体开展市场营销活动。它的缺点是费用大,容易产生矛盾与冲突,权力和责任难以落实。只有对那些甚为重要的产品和市场才值得采用这种组织结构形式。图 13-4 为某一服装企业的产品—市场管理型组织结构示意图。

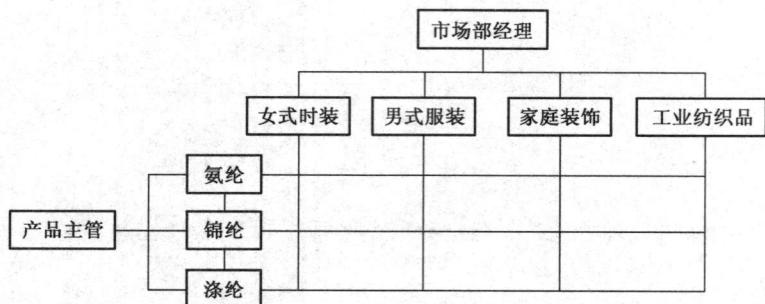

图 13-4　服装企业的产品—市场管理型组织形式

第一节　服装品牌概述

一、服装品牌的含义

（一）品牌的内涵与来源

在了解服装品牌之前，首先来看看品牌这一名词的来源与内涵。品牌在英文中为"Brand"，这一词汇来源于古挪威语"brandr"，意思为"烧灼"。该词汇产生的原始用意在于区分不同生产者的产品（包括劳务）。早期的人们用烙印的方式来标记各自的家畜，而发展到后来，这种烙印逐渐演变为各种标记，古代的手工艺人就是通过在他们的作品上打上某种标记来便于顾客识别产品的来源。从词源来看，品牌的基本含义是声明一种特殊的权益或资产。

人们印象中的品牌往往就是企业给自己产品规定的一种商业名称。事实上，品牌一词既有广义上的定义也有其狭义的理解。广义来看，品牌是指以产品或服务为基础、以关系为核心的、理性估价的功能性价值和感性估价的情感性价值的集合体。它不仅仅是一种符号和产权，而是一种综合的象征。有关狭义品牌概念的众多阐释中，美国著名营销学者菲利普·科特勒对其的表述最为著名，他认为："品牌是一种名称、名词、标记、符号或设计，或是它们的组合运用，其目的是借以辨别某个销售者或某群销售者的产品或劳务，并使之同竞争对手的产品和劳务区别开来。"

（二）服装品牌的定义

服装品牌是指狭义上的服装商标，是区别服装商品归属的、经过工商登记注册的商业性标志。它是一个具有认知意义而非物质状态的产品符号。从广义上说，服装品牌是以服装产品为载体的品牌形式，其运作方式必须符合服装产品的特点。

二、服装品牌的周期

服装品牌的周期一般针对的是服装产品的市场寿命而不是使用寿命。服装产品投放入市场是一个生命周期的开始，被市场最终淘汰是一个生命周期的完结。产品的生命周期可以分为导入期、成长期、成熟期、品牌持续期和衰退期几个阶段。

（一）品牌诞生期

服装品牌的诞生期指的是品牌由酝酿企划到首期产品完成为止的阶段。由于这是资本大量投入的阶段，因此也有人将诞生期称为投入期。处于这一时期的新品牌，其产品由于刚面向市场，顾客对产品还不了解，销售量增长往往比较缓慢。为了开拓市场，品牌需要大量的资金进行生产、宣传和促销。一般来说，投入资金越大的项目，竞争对手越少，其风险几率也会相应降低。但从服装产业看来，多数品牌在建立之初，投入资金都不太多，由于收回投资的周期较长，某些竞争力不强的品牌几乎没有什么利润，甚至会出现亏损的现象。

（二）品牌成长期

服装品牌的成长期指的是品牌产品开始实现销售，逐渐收回投资成本，再到进一步扩展规模为止的阶段。在新产品试销取得成功之后，前期的广告宣传使得顾客对产品产生兴趣，消费市场逐步扩大，产品进入大批量生产阶段。对于品牌服装来说，产品的毛利润较高，一些企业会快速成长，在连续几个流行季中，只要有几个品种投准了方向，就能在较短的时间内收回投资。

品牌逐步收回投资后,只要产品对路,运作得当,服装企业的发展会比较迅速。通常,为了扩大市场份额,做大企业底盘,投资者会将初期投资赢得的利润作为再投资,继续扩大资本金,因此成长期的后半阶段应当是资本扩大再生产期。当然对于那些进军新生领域的服装品牌来说,由于有利可图,会有不少竞争者纷纷出现,市场上也会开始出现同质化的趋势。

(三) 品牌成熟期

品牌的成熟期是品牌资本达到最佳投入产出比的时期,此时达到企业人均创利最大值和市场最大容忍程度。处于成长期的品牌虽然有了快速的发展,但多数企业的管理还比较简单,开始进入成熟期时,作为基本建设的企业规模将放慢扩张的速度,前面投资的资产折旧行将完成,积压产品得到有效控制,利润额就会上升,企业运作进入最佳状态。如果服装企业遇到良好的市场机遇,再加上有效的企业管理,就能较快进入鼎盛期。相应的,品牌达到鼎盛期时,也是市场需求趋向饱和的一个阶段,很多同类产品已经进入市场,经过不断的发展壮大,同样也有可能达到他们的鼎盛期,此时的竞争加剧。

(四) 品牌持续期

品牌持续期指的是由利润产出和市场份额占有的稳定阶段进入波动徘徊阶段。品牌的持续期也是资本运作出现颓势的时期。由于企业规模和市场规模不断扩大,原先因销售良好而掩盖的企业内部隐患开始暴露出来,管理系统和运作环节的滞缓,以及社会环境的改变等等原因会遏制企业上升的势头,产品销售开始增长缓慢甚至直转而下。如果这些问题得不到根本性解决,企业的发展将面临很大困难。

(五) 品牌衰退期

品牌的衰退期指的是由投入产出连续负增长到企业停止运转为止的阶段,这也是资本运作进入恶性循环的资本坏死期。品牌衰落的迹象首先由企业内部开始,技术革新和产品开发能力低下、管理系统混乱、缺乏企业文化等是品牌因失去强有力的产品支持而走向衰落期的主要原因。没有度过持续期难关的企业,必然会趋于衰落。进入衰败期后,市场上的产品逐步被新品牌、新产品取代,品牌的销售额和利润急剧下降,无利可图并连续出现负增长。

以上是品牌从诞生到衰落的一个大致过程。实际市场中,每个品牌的生命周期曲线是有差异的,并非所有品牌都会完全遵循这样的路线发展。有些品牌会因为运作不正常而中途夭折,而有些在持续期陷入难关的品牌也有可能因为外部资源或自身因素的改变而扭转局势,重返鼎盛期。品牌的整个市场存活期根据企业运作情况和社会大环境变化而长短不一,尤其是服装品牌,由于它本身就拥有流行因素和季节因素,其运作难度比一般商品品牌要大得多,能经受住市场考验而长期生存的品牌不多,服装品牌的市场淘汰率比其他品牌的市场淘汰率高,生命周期较短。

第二节　服装品牌的分类

一、服装品牌分类综述

服装品牌按照不同的划分标准,会有各种各样的分类方式。目前最典型和主流的分类包括以下几种:按照主次进行分类,以风格分类,以性别年龄分类,以价格分类,以品种分类,以销售方式分类,以企业类型分类,以推介方式分类等。准确、科学的分类能帮助企业和品牌进行合理定位,同时也有助于消费者识别品牌特征。

二、服装品牌具体分类

(一)按照主次分类

以主次进行分类的标准并非是将众多归属不同的品牌拿到一起进行比较,而是针对同一个公司或集团的品牌进行的。当你在市场上经过一番调研后,很快会发现不少品牌,尤其是国际大牌,往往拥有一个或者多个名字不同的"姐妹品牌"。以主次分类品牌就是指出现在一个公司或集团内,根据投资比例、设计定位而将所属品牌划分成主要品牌和次要品牌。细分起来,以这种标准进行分类的品牌可以有两种形式:一种是出现在规模宏大的综合性集团内,姊妹品牌经营的产品可以从属于与自己完全不同的领域,最为典型的例证当属 LVMH 集团与 PPR 集团,旗下囊括了时装、皮革、葡萄酒、化妆品、香水、珠宝、钟表等几十个奢侈品品牌;而另一种形式虽然也出现在同一个公司或集团内,但其经营范围相对前者来说小得多,主要集中于服饰领域内,例如 Adidas、Hugo Boss、Alexander McQueen 等。(图 14-1)

图 14-1 Boss 集团旗下的品牌按照目标消费者年龄段以及需求的不同,可以分为 Boss 与 Hugo Boss 两大类,Hugo Boss 系列的目标消费者相对年轻、时尚,而在 Boss 旗下还有着四大品牌线:专营优雅商务装的 BOSS Black,提供时尚休闲装的 BOSS Orange,针对运动市场尤其是高尔夫市场推出的 BOSS Green,以及提供顶级面料、优良手工以及奢华时尚的 BOSS Selection 系列

　　在这一标准下的主线品牌(又称主牌、一线品牌),是企业推出的主要品牌,在产品的完整性、投资额等方面都居于企业的重要位置。一般来说,一个企业只拥有一个主线品牌。而副线品牌(又称副牌、二线品牌),是企业推出的与主牌有关联的次要品牌,在产品的完整性、投资额等方面都逊色于主线品牌。一个企业可以拥有多个副线品牌。当然这种差异随着跨界合作潮流的兴起也越来越不明显,副牌虽然不是企业的主要品牌,但由于受到高标准定位以及合作品牌的声望等因素影响,无论是在产品的丰富度、设计亮点还是价格上,某些二线品牌都可以与主牌相媲美。(图14-2)

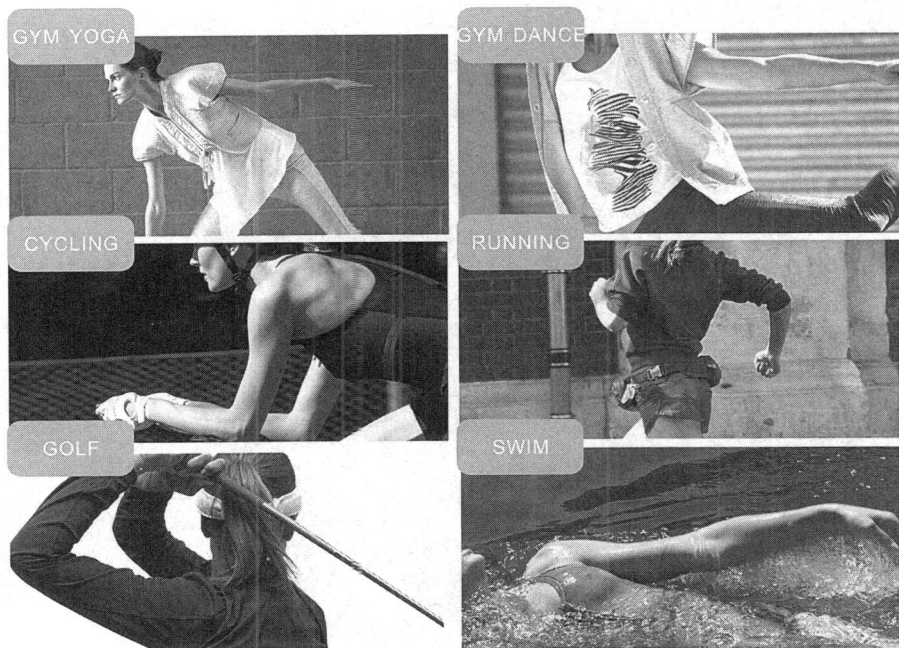

图14-2　Adidas与英国设计师品牌Stella McCartney合作推出Adidas by Stella McCartney女性运动时装系列,可以细分为跑步、自行车、游泳、网球、高尔夫、瑜伽、舞蹈等多个品类,产品价格往往比Adidas的主线产品还要昂贵

(二)按照风格分类

1. 休闲风格品牌(Casual Style)

　　以便装感为主要产品线路的品牌类型即是休闲风格品牌,这是服装市场上有着最大消费需求的品牌风格,其组成的产品类别也多种多样。面大量广的休闲品牌常常男女服装兼营,产品放在同一个卖场内销售。(图14-3)

2. 运动风格品牌(Sport Style)

　　不局限于赛事专用的、具有运动趣味和相关功能的品牌类型。这一类品牌的产品穿着面广、设计轻松活力,强调舒适性与功能性。Nike,Reebok,Adidas,Puma等品牌都是典型的运动风格品牌。(图14-4)

图 14-3　休闲风格品牌的产品构成广泛

图 14-4　德国运动风格品牌 Puma

3. 前卫风格品牌(Avant-Garde Style)

　　前卫风格品牌往往注重对时尚创意的自由尝试和实验,无论是在服饰产品的设计还是视觉形象、营销手段的构思上都力求表达新奇的概念,给人以强烈的视觉冲击。该类品牌的产品强调个性和特色,其打破传统和经典的设计具有超前的时尚意识。(图 14-5)

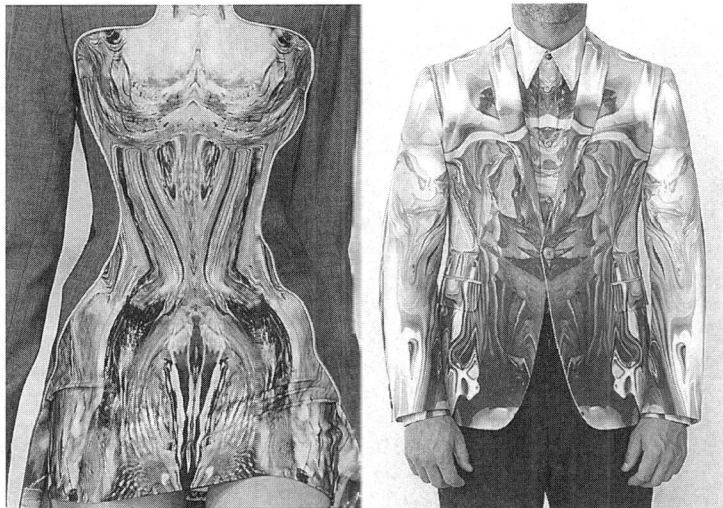

图 14-5　以前卫的艺术风格风靡世界的 Alexander McQueen 品牌,其 2010 年春夏产品打造了一个科技感的人工自然状态

4. 浪漫风格品牌 (Romantic Style)

主营浪漫风格的品牌常常与女性化的感觉分不开,无论是男装还是女装都会给人以罗曼蒂克、梦幻、优雅、甜美以及轻盈的印象。

5. 乡村风格品牌 (Country Style)

乡村风格品牌同时也可称田园风格品牌,这是一类具有回归自然设计理念的品牌类型。产品设计清新、随意,追求返璞归真、轻松、恬淡的情趣。

6. 民族风格品牌 (Folklore Style)

民族风格品牌具有强烈的地域特色。该类品牌强调民族元素与现代设计元素的衔接,通过一定的装饰手法反映区域性的文化特色与传统。通常情况下,民族风格品牌的服装色彩浓艳、装饰纹样丰富且配饰搭配充满地域特色。当然,现在的民族风格品牌并不局限于某一个地区,其设计元素融合了多个民族的特色,既能展现地域文化又充满时尚气息。(图 14-6)

图 14-6　充满东方情节的 Vivienne Tam 品牌

7. 商务风格品牌 (Business Style)

商务风格品牌是以商务性工作场合为穿着环境、具有商务人士着装特征的品牌类型。在我国,商务风格品牌大都被称为正装品牌,现在商务休闲品牌也划分到这一类别中。此类品牌的产品介于正装与休闲装之间,多为职场人士参加会议、上班以及出席各类商务活动的着装。(图 14-7)

图 14-7 享誉国际的意大利品牌 Ermenegildo Zegna 以其国际化的商务风格、
顶级的创新面料与工艺制作受到男士们的钟爱

8. 中性风格品牌 (Monoclinous Style)

中性风格品牌强调淡化男女性别的差异,产品多为无显著性别特征的、男女皆适用的服饰。
这种风格从 20 世纪 80 年代开始兴起并逐渐风靡全球。(图 14-8)

图 14-8 Calvin Klein 和 Jil Sander 是中性风格的典型代表

（三）按照性别年龄分类

当前市场上,以性别和年龄为标准,可以将服装品牌划分为男装品牌、女装品牌、童装品牌和老年装品牌四大类。这其中女装品牌是服装品牌总数中所占比例最高的类别,男装品牌和童装品牌虽然在数量上不如女装品牌多,但其稳定的消费群以及相对高昂的价格令其在服装市场上有着举足轻重的地位。相较起来,目前的老年装品牌无论是在数量、受众群还是设计感与影响力上都较弱。

在这四大类别的总格局下,还可以根据目标消费者年龄的不同进行细分。例如男装品牌中可以划分出青年装品牌,而女装品牌中可以衍生出少女装品牌。这其中,童装品牌是细分最为明确的,可以由婴儿装品牌、幼儿装品牌和少儿装品牌组成,这是由于儿童的身体发育状况随着年龄的变化差异非常明显,因此对儿童成长的不同阶段进行细分并针对每个阶段的特征为其设计服装是非常有必要的。(图14-9)

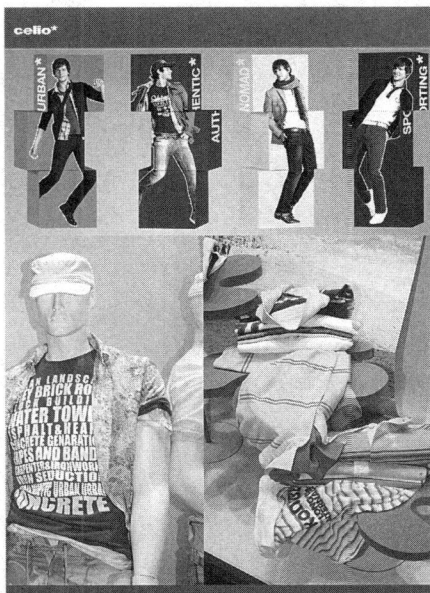

图14-9　法国品牌 celio 是一个主要面向年轻时尚族群的潮牌,产品色彩亮丽大胆,充满活力,旗下根据出席场所的不同划分为俱乐部等系列

（四）按照价格分类

从产品价格的高低出发,服装品牌可以分成高端、中端和低端三种类别。如果再细分下去,高端品牌中还可以独立出奢侈品品牌,当然定义一个品牌是否是奢侈品品牌不仅仅是从价格角度衡量的,它还与生活方式、稀有程度等多种因素有关,故在此并不作深入讨论。通常情况下,服装品牌的档次代表了其产品的品质,产品品质需要投入产品的成本支持,成本与价格有直接联系,因此,品牌的档次往往以产品的价格区分。这类品牌主要有:

1. 高端品牌

高端品牌是产品构成要素以高标准组合的品牌。此类品牌有着完善的文化体系,尤为注重高端品牌形象的建设与推广。产品由于采用顶级面料与精湛的工艺而使得制作成本抬高,售价昂贵,一般在高档商场里设置形象一流的专卖柜,或开设专卖店、店中店等。产品强调独特性,是引导流行产生的主力军。(图14-10)

2. 中端品牌

中端品牌是产品构成要素以一般标准组合的品牌。该类品牌的数量占据了服装市场的主体,有着广大的消费群。品牌形象较为完整,产品的制作成本一般,在面料和工艺的选择上往往考虑到成本问题而会降低标准,但比较强调流行要素,通过适中的价格与紧跟流行的设计点吸引客户,是服装市场的主流品牌。(图14-11)

图 14-10 Louis Vuitton 为当今国际高级奢侈品品牌的代表

图 14-11 Zara 等快速服装品牌是中端品牌的典型案例,每季推出的产品都紧跟时尚潮流

3. 低端品牌

低端品牌是产品构成要素以低标准组合的品牌。此类品牌的文化与形象不够完整,没什么知名度,产品制作成本低,面料和工艺往往比较粗糙,以低廉的价格吸引客户群。通常在低档商场内设专柜或被商场集中后分类销售。(图 14-12)

图14-12　大卖场中甩卖的品牌以及超市中的部分品牌多为低端品牌

第三节　服装品牌文化与定位

一、品牌文化概述
(一) 品牌文化界定

在对品牌文化进行界定前,我们有必要弄清楚文化到底是什么以及它有着什么样的特点。

文化一词在历史上有着很多解释,美国文化人类学家A·L·克罗伯和K·科拉克洪曾在《文化:一个概念定义的考评》中,分析考察了100多种有关文化的定义。很难想象,源于拉丁语"culrura"的文化一词,其最初的释义也非常的广泛,有着好几种不同的理解,例如耕作、居住、练习、敬神等等,但无论是哪一种阐释都与我们现在所理解的文化有着一定的差距。仅从狭义上看,它就包含了语言、知识、信仰、艺术、道德、习俗等一系列意识形态内的精神产品,是一个复合的整体。在现代,文化通常指人类社会的全部活动方式,它包括一个特定的社会或民族所特有的一切内因的和外显的行为、行为方式、行为的产物以及观念和态度。作为一种历史现象和社会现象,文化具有超自然性、地域性、传承性以及可变性。

作为文化概念中很小的一个分支,品牌文化同样具有以上的特征。它是一个品牌所代表的利益认知、情感属性,文化传统和个性形象等价值观念的总和。消费者印象中的品牌文化往往会具体到品牌的产品、服务,能够与同类竞争者的产品或服务区别开来的名称、商标、象征性符号以及典型设计等等。

与品牌文化很容易混淆的一个概念是企业文化,企业文化是一个企业价值观念和行为方式的总和。企业文化代表了企业员工的价值观。从受众群体来讲,企业文化是对内的,直接面向企业的员工。而品牌文化是对外的,面向的是消费者。品牌文化必须借助大众文化和消费者的心理特征,才能形成自己的文化群体。从范畴上讲,品牌文化应当是从属于企业文化的,没有深厚的企业文化,就不可能有优秀的品牌文化。企业文化和品牌文化同时也是相辅相成的,优秀的企业文化能够提升品牌的美誉度与价值,而品牌文化又对企业文化有着补充和外化的作用。

(二) 品牌文化的重要性

1. 品牌文化是企业的核心竞争力

品牌是企业生存、发展的核心,而品牌文化作为企业的文化背景资源优势,也是企业的核心竞争力。品牌文化既是产品形象的基础,也代表了消费者对品牌的认知和理解。只有代表品牌的文化和产品被消费者熟知、认同并接纳了,企业的品牌才能树立起来,企业的产品才会有市场。重视品牌的文化含量,提升品牌的文化底蕴,就是增加企业的无形资产。

2. 品牌文化是获得消费者忠诚度的纽带

我们常常在广告中发现,知名品牌往往提倡的是分享品牌文化。Cabana 集团的主要战略家劳伦斯・维森特在《传奇品牌》一书中,认为成功品牌的秘诀在于“蕴含的社会、文化价值和存在的价值(existential values)构成了消费者纽带的基础。”由此看来,品牌文化的成功塑造是获得消费者认可和认同的重要途径。顾客在购买产品时,往往会期望他还能得到什么附加价值,这些价值可以是形象、气质,可以是气派、内涵、身份,可以是创意创新,还可以是被关注、被重视的一份满足。而品牌文化所做的正是为消费者提供这些独一无二、可接受以及令人信服的购买理由,是获得消费者忠诚度的纽带。

3. 品牌文化是品牌成长的加速器

品牌文化还是品牌成长的加速器。随着市场经济的推进和信息技术发展步伐的加快,产品同质化现象已经成为制约品牌发展的一大难题。面对大同小异的产品和竞争激烈的市场,企业必须努力寻找能够使自己的产品产生差异化的特定方法,以赢得竞争优势,加速品牌的成长。优秀的品牌文化作为企业实施差异化的一种策略,能够有效地凸显品牌的个性与特色,迅速在同质化竞争中开辟新境,增强品牌的竞争力。对于某些品牌来说,有着深厚内涵和独具个性的品牌文化不仅是成长的加速器,还能成为品牌长盛不衰的秘籍。

二、品牌文化的组成要素

(一) 文化的组成要素

根据美国社会学家戴维・彼普诺在《社会学》一书中对文化构成要素的阐述,文化是由三个主要元素组成的:①符号、意义和价值观,这些都是用来解释现实和确定好与坏、正确与错误的标准;②规范标准,或者对在一个特定的社会中人们应该怎样思维、感觉和行动的解释;③物质文化,实际和艺术的人造物体,它反映了非物质文化的意义。

(二) 品牌文化的组成要素

对以产品为基础的品牌文化而言,它涉及了商品在生产与经营的过程中所蕴含的相对稳定的品牌特征与精神,以及在这一过程中所营造出的品牌氛围。与文化的构成体系一样,它同样有着由符号、价值观和规范标准构成的一个系统,这个系统包括了品牌定位、经营方略、店面装饰、品牌代言及推广等一系列内容。

　　总体来说,品牌文化可以分为外显和内涵两个方面。外显的品牌文化是能够直接展示给消费者的,例如产品、名称、标志、包装、色彩等等,这些都是看得见摸得着的要素;内涵要素则是指蕴藏在品牌中的独特的利益认知、感情属性、文化传统和个性形象等。

三、服装品牌定位概述

(一)服装品牌定位的概念

　　品牌定位是指对产品属性、消费对象、销售手段和品牌形象等内容的确定和划分,寻找和构筑适合品牌生存的时间和空间。这里的时间是指产品体系切入市场的时机,是品牌诞生的机会因素;空间是指产品体系切入市场的地区,是品牌推广的区域因素。

　　品牌定位的表现特征是:运用大量真实有效的数据、图表对市场调研的结果进行量化和理性分析,根据拟定的目标品牌风格,推断出在一个特定条件下,一个即将推出或将要调整的品牌应该采取的战略和战术。

(二)服装品牌定位的重要性

1. 品牌定位准确与否直接关系到品牌命运

　　品牌定位理论是市场经济的必然产物。市场竞争的主体不再是产品竞争,而是品牌竞争。企业如果要想扩大市场地盘,稳定市场地位,延伸产品生命周期,获得较好的经济利益,就必须注重"品牌定位"及其定位的准确性。有些企业并没有将品牌定位的重要性提到这个认识高度,因此,不愿也不善于在此花很大的精力和财力,仅在有一个初步的设想以后就仓促上马,造成以后的被动局面将花数倍的精力和财力调整,并且,极有可能会延误商机,导致投资失败。

　　品牌定位是品牌发展的方向和准则。虽然一个品牌的风格可以在品牌实际运作过程中,根据市场需求关系做些变化,但是,这种变化应该在一个有限的范围内进行,品牌风格经常发生左右摇摆现象是运作品牌服装的大忌。因此,一旦确定了品牌的风格,就要在一定的时间内相对稳定,如果运作过程中产生了问题,只能做出局部调整或细节完善,不能随意地进行根本性的变化。

2. 品牌定位报告决定投资总额和使用比例

　　品牌定位报告也是品牌运作的可行性分析。要实现一个品牌定位报告的既定目标就必需要配套合适的投入,这一资金投入的依据就是品牌定位报告。从经营的角度来看,企业经营什么产品或者为谁服务都不是最主要的,企业经营的根本目的是盈利,而盈利的保证是资金的合理流动与分配。品牌定位报告是企业行为的纲领性文件,决定了品牌运作的走向,带有预言性的品牌定位报告使得大量资金注染了一定的押宝色彩,因此,品牌定位报告具有决定投资行为的命悬一线的关键作用,绝对不可掉以轻心。

　　品牌的实际运作是根据品牌定位报告进行的,虽然投资总额多比较便于品牌的运作,但是,投资并不是越多越好。与目标相比,投资过大会造成资金闲置或费用失控,造成资金浪费;投资过小则资金不足,造成资金短缺、周转不灵。国内有许多不管是何种性质的公司,都遇到投资额不及时到位或到位不足等情况。

(三)服装品牌定位的原则

　　品牌定位是确定品牌在一段时间里所呈现的综合形象的工作。虽然一个品牌的综合定位可以有所变化,但是,它在一定时间里具有相对的稳定性,其艰难性并不是工作量的繁重或工作程序上的复杂,而是体现在确定品牌走向的责任上。通常,品牌定位由企业管理者牵头,市场部、营销部或企划部负责,设计师参与其间的工作,是企业各相关部门通力协商的结果。在进行品牌定位时需要注意两个原则:

1. 秉持细化、针对化的合理定位

我们往往能看到不少服装品牌在进行宣传的时候会打出"中国服装文化的引导者",或"中国××装的先锋"等旗号,将自己同中国服装等同起来,但是服装文化却又是一个非常宽广抽象的概念。类似于这种的宽泛的品牌文化等于没有文化,真正能够深入人心的品牌文化从来就是以少见多,以小见大,在细节中成就品牌的形象。

2. 结合消费者文化为定位出发点

由于品牌文化在本质上来说是一种消费者文化,企业在进行品牌定位的时候,应当充分考虑消费者的需求和实际情况。一般情况下,消费者是不会深入了解企业的理念是什么以及产品是如何设计、生产出来的,他们所关心的是企业最终能够给他们提供什么样的产品,是否能够满足他们的消费需求。因此在制定品牌的文化、产品以及销售定位时,除了品牌自身的特性设定外,还要充分考虑消费群的需求和承受范围,以具有特色的实际的服装产品来吸引和稳定目标消费顾客。

四、品牌定位的具体内容

(一) 对目标消费者进行定位

消费对象也称目标消费群、目标市场,是指品牌所瞄准的准购买者。对目标消费群的定位是品牌定位中不可缺少的板块,细分消费群体能够为品牌推广指出明确的方向。传统的消费者定位工作,主要是针对目标消费群的性别、年龄、职业、收入、地区以及民族等基本信息作出划分的。现在这一定位的范围有了更多的扩展,诸如顾客的爱好、性格、生活方式甚至外貌等其他社会属性也同样纳入了品牌定位需要考虑的内容。

(二) 对产品进行定位

对产品的定位包括有几个大的方向:产品的风格定位、产品的品类定位、产品的设计定位以及产品的价格定位。

产品风格是一个品牌独有的设计理念和流行趣味。在风格的界定和分类上,目前已经有了相当一批约定俗成的主流风格和支流风格,这些约定俗成的称呼能够让绝大多数的从业人员达成共识,避免因为认知偏差而造成运作上的失误。但定位者也可以根据自己的习惯对风格进行命名,甚至是创造一个全新的风格。通常情况下一个品牌只有一种风格。

品类定位是指要确定品牌主打产品和辅助产品的比例关系以及产品的搭配组合方式,以打造一个丰富完整的产品形象。

在对产品风格进行定位后,往往还需要决定惯用的、表现这种风格理念的元素与设计模式。这些设计元素主要由色彩、面料、造型特点以及功能四个方面组成,定位明确的品牌一般都会有比较固定的设计倾向。

产品的价格是企划中非常重要的部分。价格过高,则销量有限;价格偏低,则利润单薄。产品利润最大化是每一个企业的经营宗旨,必须要制定最为合理的、符合企业实际情况和品牌形象的产品销售价格。在进行价格定位时,需要有两个部分的考量:一个部分是构成服装产品的全部成本,包括直接成本和间接成本;另一个部分是由销售带来的净利润和利润率两部分。由于品牌服装包含了无形资产的因素,其定价与普通服装有较大区别,与原材料成本没有绝对的对等关系。

(三)对品牌发展进行定位

对品牌发展的定位由两个方面组成:品牌差异性定位和品牌目标定位。

差异定位是指在现有品牌中,通过比较与研究,寻找本品牌与市场上其他产品之间可能存在的根本上的不同点,利用设计方法中的结合法,树立差异化理念,开发差异化产品及服务,体现出差异化竞争的特点。差异化的品牌定位是服装品牌立足市场的根本。

品牌目标定位是指品牌发展的方向。投资品牌服装是一个将投资效益主要放在中远期的投资行为,品牌目标定位分别要求对近期、中期和远期都有一个目标定位,便于把握服装方向。就运作实践意义而言,近期目标的确定更为现实。

(四)对品牌形象进行定位

品牌形象的塑造有很多评判的标准,一般来说,包括有宣传形象、卖场形象和服务形象。优秀的形象塑造与品牌视觉系统的定位密切相关。这种运用系统的、统一的视觉符号系统,对外传达品牌的经营理念与情报信息,是品牌形象系统中最具有传播力和感染力的要素。营业员的服务形象是品牌形象不可分割的一部分,包括营业员的外貌、衣着、语言和服务内容等。品牌的销售形象包含在销售环境中,要达到在一个有限的销售空间内给消费者留下既过目不忘又诱发购买欲望的效果,是非常重要的问题。

(五)对品牌销售进行定位

销售定位分为销售场所(即产品通路)定位和销售手段定位。

销售场所是直接影响销售量的主要因素之一。并非商场的档次越高,产品的销售越好,产品档次与商场档次的吻合才是保证某类产品的销售额实现最大化的主要因素。此外,除了要选择与产品风格一致的商场档次,还要对商场的所在地区、所在路段、经营方式、专柜楼层、专柜方位等作通盘考虑。

销售手段分为正常销售、促进销售和处理库存三种方式,每一种方式都有相应的操作细则,制定的具体销售手段各不相同。

服装流行 | 第十五章

第一节 服装流行概述

一、服装流行的概念与特征
（一）服装流行的相关界定

要了解什么是服装的流行，必须先对流行的概念进行界定。在社会生活领域，流行是一定时期内某种事物迅速传播、盛极一时的社会现象或广为流传的生活方式。这种短时期、大范围的传播体现了社会成员对这一事物的崇尚和追求。从行为模式上说，流行是个别现象通过社会人群的模仿心理而形成流动传播的一种社会现象；从意识形态上说，流行是在生活文化领域里、一段时间内占有主导地位的审美趣味。（图15-1）

图15-1 流行的现象广泛存在于各个领域

服装流行是指以服装为对象的、在一定时期、一定地域或某一群体中广为传播的流行现象，主要包括服装的款式、色彩、质料、图案、工艺装饰以及穿着方式等方面的流行，反映了特定历史时期和地区的人们对服装的审美需求。服装的流行浓缩了地域在一段时期内特有的服装审美倾向和服装文化的面貌，并体现着这一历史时期内，服装的产生、发展和衰亡的整个过程。（图15-2）

（二）服装流行的特征

流行存在于社会生活的各个领域，但无论是物的流行还是行为的流行，都有着以下几点共通之处。①选择性。流行的内容具有选择性，并非所有的事物或行为方式都可以成为流行，同样流行也不会局限于某一种事物或行为，而有可能是一系列的集合。当然，每个元素的流行度

图15-2　60年代是青年风貌与次文化大行其道的年代,而阿波罗计划更是引发了人们对于太空探索的狂热。在这种背景下,嬉皮和太空风格的服装应运而生,风靡整个60年代

是有所差异的。②短时性。流行是一个时期盛行的事物或行为,而非长期甚至永久的。③循环性。一般来说,一个时期的潮流,隔一段时间又会重新流行,但循环的周期因不同事物、不同背景而异。④关联性。不仅流行的产生受到其他因素的影响,流行的发生也有可能在多个领域同时进行,并相互影响。

尽管流行的现象可以在艺术、设计、文化等多个领域出现,但服装的流行却是最广泛、最敏锐的。一般来说,服装的流行有以下几个特征:

1. 渐变性

服装的流行经过的是从个别接受到部分接受再到全面流行的过程,并非突然产生或消亡。流行之所以能够产生在于其本质是一种社会性的行为。一般来说,潮流服装最早出现时是相对超前的,并且只出现在极少数具有潜在影响的场合和对潮流非常敏感的人群身上。

2. 周期性

服装的流行具有周期性,但是周期交替的频率和延续时间并不固定。任何一种服装的流行都会经过兴起、普及、盛行、衰退和消亡这五个阶段,并呈现出螺旋式的周期变化。服装流行的这种周期性变化常常与产品的生命周期联系起来,即将一个周期划分为投入期、成长期、成熟期和衰退期。投入期一般是服装刚刚进入市场的阶段,产品的价位高,原创性强,但往往无法确定是否能够被消费者所接受。进入到增长期,服装开始逐渐引起人们的关注,仿制品也开始以不同的价格大量出现。发展到成熟期,服装受欢迎的程度达到顶峰,消费者购买和跟风的现象最为明显。接下来当服装不再被人们喜欢或者人们逐渐厌倦时,品牌和厂商开始关注新的服装色彩或样式,原有的服装元素逐渐淡出流行直到消亡。一般来说,服装的生命周期长,流行周期也较长;生命周期短,流行周期也较短。

3. 关联性

服装的流行往往会受到政治、经济、文化等多种因素的影响,世界经济的繁荣与衰退、战争的爆发、某部电影或电视剧的盛行等等,都会成为新一季服装色彩和样式设计的依据。我们可以发现,越来越多的趋势手册都不仅仅局限于一部手稿的制作,他们会花费很多的经历去采集社会上各个层面的新闻与动态,并从中找到最有可能对下一季服装产业产生直接影响的灵感来源,尤其是已经出现在其他设计领域的产品。这种关联性不仅仅是指其他因素会左右服装的流行,服装的变化同样可以引发相关领域的潮流革命。

二、服装流行的意义

(一) 人文思潮的反映

作为一种审美意向的趋势,服装流行现象反映的是不同文化水准、社会心理与经济条件等综合作用下所造成的人们服饰审美态度的共性特征和个性化差异。从心理上分析,流行是人们对"新事物"的构想与追求,并最终落实到实践上的一种过程。当然这种新事物并不一定是从未产生的,也有可能是对以往的一种回溯。在这个过程中,并非所有的"新事物"都是符合人们价值诉求和审美观念的,经过筛选的流行因子必定是充分符合当时政治、经济、人文状况的产物。无论是什么历史时期,在世界的什么角落,都会出现服装流行的现象。这些现象有可能与同时期的世界趋向是一致的,也有可能是超前或滞后的,通过对每个时期潮流服装的探索,我们可以对相应时期的社会人文特色有更加深刻的了解。(图15-3)

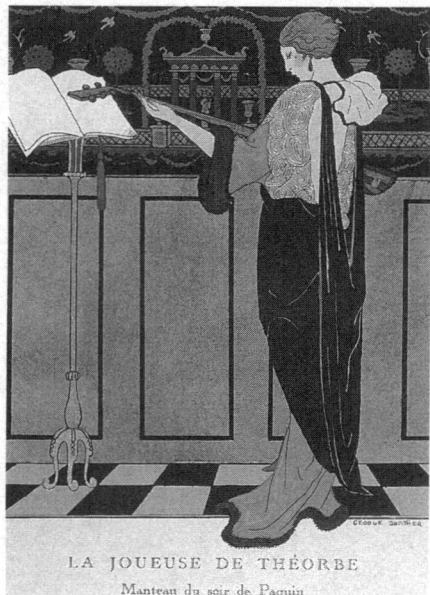

图15-3　20 世纪初东方文化在欧美大陆盛行,此时的服装正反映了这一特色

(二) 商业价值的蕴含

服装流行现象带来的又一重大意义是能不断地促进服装商业的繁荣。任何一次服装流行现象在进入衰败期之前,都担当着日益吸引消费者目光的重任,新的潮流的兴起势必带动服装商业的短暂繁荣,为产业创造无限的商机。试想,无论是多么经典传统的品牌,如果放弃了时代性和流行因子,即使有着精湛的做工和悠久的历史,也无法满足不断向前发展的消费群的需求。比起大牌引领潮流来说,中小牌跟风潮流的现象对于流行浪潮的推动往往有着更重要的作用,同时也能够为其品牌带来巨大的商业价值。ZARA, GAP, H & M 这一类快速时尚品牌就是最为典型的例子,诚如 Businessworld 杂志对其的描述一样,作为"灵活的跟风者",高效的供应链系统使得他们能将流行更替频繁的挑战变成品牌的优势。(图15-4)

(三) 社会认同的需要

每一个人都在社会中处于一定的位置并扮演着多种角色,同时还从属于或者说希望从属于某一社会群体。服装作为一种非语言信息的沟通符号,在划分社会群体上有着重要的作用。服

图 15-4　Zara 品牌以灵敏的供应链系统闻名服装界。消费者需要什么样的流行样式就制造什么样的产品。同时每个季节推出的时装往往只供应有限的数量，卖完了也不补货，通过这种"制造短缺"的方式为企业带来稳定的消费群和巨大的商机

装流行的跟风现象同样是人们社会认同需求的表现之一，尽管不少消费者是在"不要落伍"的从众心理支配下被迫参与并推动了流行时尚发展的整个过程。这种跟风现象在过去主要是自上而下的顺序，贵族阶层的服饰是中下层群体争相模仿的对象；发展到现在，跟风现象开始多元化发展，大牌设计师、明星、政要，任何一个对时尚有着敏锐观察力的个体都有可能是他人模仿的对象，当然模仿与赶超流行的速度也在飞速发展。此时，更独特的流行元素成为拉开社会认同差距的关键。

第二节　服装流行的产生

人们往往能够在多个领域发现相似的流行卖点，这些流行元素是在何种背景下产生并大规模推广的？在本节中探讨的就是有关服装流行产生的相关因素和过程。

一、影响服装流行的因素
（一）自然因素

影响和导致服装流行的自然因素可以分为地域因素、环境因素、气候因素。地区间服饰样貌的差异与各自地域自然环境的差异密不可分，地区地理环境的便捷与否也直接影响了当地人群对于服装流行的响应度和敏感度。一般来说，交通便捷、信息发达的地区比较容易成为流行的发源地，而交通信息相对封闭落后的地区往往只能被动地接受潮流。气候也是诱发新兴流行

元素出现的重要因素,例如全球气温的持续上升促使面料产业进一步升级,轻质、超薄、透气的功能性面料越来越成为服饰产品的主流。气候现象不仅带来服饰样貌上的变化,还令流行产业的结构发生改变。以往的流行发布往往只有春夏和秋冬两季,现在为了配合变化更快的天气现象,满足消费者的需求,许多品牌都推出了早春和早秋的系列。同地域因素一样,如果一个地区的气候条件越是优越、宜人,该地区的人群对服装流行的亲和力和接受力就更大,而饱受气候制约的地区往往在流行信息的传播上会有着更多的限制和排斥。

(二)社会因素

社会因素相比起自然因素来说,范围更广,影响方式也更为复杂。这些因素主要包括有:政治环境、战争与和平、经济程度、科技发展、文化繁荣、艺术氛围、宗教信仰、风俗民情、偶像影响和生活方式等等。这些因素还可以进一步划分为偶发性流行影响因素和自然式流行影响因素。自然式流行是一个缓慢的循序渐进的过程,而偶发性流行往往是由于外界的突然变化导致的流行现象。相对于自然式流行来说,偶发性流行产生时的爆发力强、流行时间相对较短并且与外因变化的时间段联系紧密。这一类的变化包括有战争的爆发、政局变革、经济状况的大波动等。当然科技和艺术领域的重大突破有时也会带动服装样貌质的突破。这些领域的重大变化对服装审美影响非常广泛,往往能够在特定时期内迅速改变人们的审美态度。

(三)心理因素

心理因素主要由审美因素和从众心理组成。对美的追求不仅是贯穿服饰发展历史长河的主线,也是流行时尚不断前行的基本动力。不同地域、不同年龄层的人群对审美的要求和标准不可能一样,流行受众群体的多样性造就了流行时尚无限的生命力。而从众心理也从一个侧面促进了流行市场的繁荣。从众心理往往与引导式的流行密不可分,引导式流行指得是利用广告宣传、舆论向导、偶像效应等方式引导人们推崇购买而产生的流行现象。把服装品牌通过借助媒体和网络等工具对消费者进行集中宣传,使得消费者在不自觉中受到引导。这其中偶像效应对流行的产生尤为明显,通过对偶像着装的选择性模仿,来寻求心理上的满足。引导式的方法对服装流行有着一定的积极作用,能够刺激新样式的产生和消费,加速服装流行的进程。

二、导致流行产生的原因

(一)服装演变规律的作用

通常情况下,服装流行是一种循序渐进的过程,而不是突变或革命的过程,引起服装流行突变的因素往往是战争、自然灾害和社会变革等重大事件。从客观因素来讲,服装的各种元素在流动的过程中互相协调、互相交流甚至是互相排斥,进而产生新的元素,并在新一轮的交流中逐步演变为流行并淘汰现有的流行。这种交流不断地交替出现,形成了承前启后式的服装流行现象。从主观因素来讲,自然式的流行是人们对流行已久的服装色彩或样式产生了厌倦而逐步抛弃现有流行因素、寻找新事物的过程。

(二)地域经济文化差异

差异是交流产生的原因,每个国家、每个地区的经济发展是不平衡的,文化差异更为鲜明。国际社会的发展正趋于国际大同化,越来越频繁、越便利的国际间的来往促成了国际经济和文化交流,国家与国家、民族与民族的差异促成因交流而带来的流行。

(三)生产科学技术发展

现代社会的人们似乎更赞同人生的根本目的是为了得到更高质量的生活。高品质的服装是人们高水平生活的不可缺少的重要部分。科学技术水平的高度发展和制造业的无所不能,不仅带动了流行产业所依赖的信息产业的飞速发展,激发了服装设计师的奇异幻想,也为流行产业生产高质量的服装提供了可靠的技术保证。

三、服装流行的相关理论

(一)从众论

催化流行现象扩散的重要原因之一是消费者普遍拥有的从众心理。从众心理是指人们具有被其所在社会阶层认同的需要,满足其对社会归属感的心理需求。从众就是求得社会的承认,过分怪异的、与其社会阶层格格不入的服装会连同它的穿着者一起被这个阶层抛弃。服装的流行与流传是自愿的、自由的和可选择的,比如一国的军队制服因为不具备自由扩散的可行性而很难成为他国军队制服的流行对象。因此,只有当服装产品具有被人们普遍认同的共性,才能得以大面积推广。当然,人们也可以借助被另外一个社会阶层认同的服装而进入该社会阶层,这是服装具有的扮演社会角色的功能所发挥的作用。

(二)创新论

人类社会之所以不断进步,是因为人们始终不满足自己的现状。人类这种追求进步的"喜新厌旧"心理,成为社会发展的原动力。人们对于服装的要求也不例外,从一定意义上说,"新"代表着时尚和流行,符合人们的爱美心理。

(三)认同论

不满足现状的人们,总是企图自己能进入更高一级的社会层次,所谓"水往低处流,人往高处走"。每个社会层次都有一定的行为规范和集团认知标志。要挤身另一个社会层次,就必须得到该社会层次的认同,必须有与该社会层次一致的行为规范和认知标志。而服装正是社会层次认知的主要内容之一。

第三节 服装流行信息

一、流行信息的来源与获取

流行信息是通过哪些途径被人们所熟知的?

对于我们身处的这个信息爆炸的年代来说,流行信息的获取是非常容易的事情,尤其是web2.0 时代的到来,使得信息流动的速度和广度有了质的飞跃。但是在这之前,时尚预测业是非常神秘的,信息对于各个竞争者来说是至关重要的机密。即使是在 20 世纪初,这一状况仍然没有改变。20 世纪 30 年代,在巴黎开设工作室的美国设计师 Mainbocher 首开先例,向参观其作品的人征收大约 350 美元的保证金。这个价格是惊人的,但即使这样,仍然吸引了一批又一批的美国厂商去参观,因为信息的获得渠道实在是太少了。

对比起这一情况来看,现在获取服饰流行信息的机会举不胜数。你可以选择第一时间到时尚发布地观看顶级设计师的发布会,可以实地了解潮流服饰店里展出的商品,还可以到各大展会搜集来自色彩、纱线和面料的各种信息。而现在,随着在线时尚预测与资讯类网站的崛起以及时尚博客文化的盛行,所有的这些资讯你甚至可以足不出门就能够在网上轻松获取。总结起来,流行信息的获取可以从实地调研和对二手信息的开发两方面着手:

(一)实地调研

实地调研是获得流行信息的最直接途径,它可以分为市场信息调研和消费者调研两大部分。

(二)二手信息获取

流行信息还可以通过二手渠道获取,这些信息渠道包括有各大品牌的发布会,各种纱线、面料和服装博览会,时尚类的杂志,服装市场、百货店、专卖店,相关的影视文化和媒体传播渠道。而最为便捷和丰富的二手渠道来自互联网,如今各大品牌和博览会都建有完善的官方系统,在对其他品牌进行调研之前,往往可以通过互联网进行大致的了解。

二、服装流行信息的组成结构

(一)色彩流行信息

准确的捕捉、预测流行色的动向,对于服装的研发尤其重要。许多消费者在挑选服装时都将对服装的色彩印象和好恶作为购买的第一动因。目前,国际国内都有专门的流行色研究机构,每年都会发布最新的流行色信息以作为企业研发的依据和指导。

(二)面料流行信息

面料的流行主要体现在面料的成分、质地、织造方式、手感以及新技术所赋予面料的功能上。流行的面料应当是新颖的或具备新功能、新理念的,市场上从未见过的面料往往有很大的流行空间。

(三)图案流行信息

图案是服装设计中非常活跃的元素,从图案的题材、形式、色彩、制作上来看,其丰富性甚至超过服装,因此,大型品牌服装公司对每季图案的使用都非常重视,甚至开发独家使用的图案。

(四)款式流行信息

在实用服装全部领域,该出现的款式差不多都已出现过了,所不同的仅仅是在细微部分的变化。因此,要在实用服装上进行大的款式突破而又要被消费者接受,是相当不易之事。款式的流行,更多的是在已有的传统的款式内寻找与当今流行口味一致的款式。当然,细节的变化、材料的选择和色彩、图案等设计元素的转换,仍将创造出崭新的产品。

(五)辅料流行信息

辅料是扶持服装的绿叶,隐藏在面料后面的辅料主要强调的是其功能,而表露在面料外面的辅料则具有相当的外观要求,是不可忽略的流行设计元素。

(六)结构流行信息

结构即样板,俗称板型,是设计从图形变成实物的桥梁。结构的细微处理,可以体现出流行的特征。一个好的服装结构有两层含义,一是合理性,即该结构的尺寸配比、线条处理都比较科学,穿着舒适。二是流行性,即该结构的廓型具有当前流行样板的特点。时代文化的特征会反映在服装结构上,或紧身或宽松,跟随社会时尚而变化。

(七)工艺流行信息

工艺保证了产品的加工品质。工艺也有流行与落伍之分,加工服装并不是一个将衣片简单拼合的过程,而是一个如何将衣片的合成变得更为美观、合理的过程。工艺改革的亮点往往是一些品牌津津乐道的资本,也是深谙品牌服装之道的高品位消费者选购服装的要点。

(八) 搭配流行信息

搭配是指服装与服装、服装与饰品之间的穿着搭配方式。同样的服装,穿着或搭配的方式不同,其外观效果也不会相同。因此,服装穿法或如何搭配,也会成为令人关注的流行的内容。

第四节　服装流行的预测

流行预测是指对今后一段时间的流行现象做出有根据的预见性评价。在服装产业内,流行预测是由专门的流行预测机构、品牌服装企业内的企划部门和流行分析家等发布的。

一、服装流行预测概况
(一) 决定服装流行的机构

对于绝大多数的消费者来说,设计师掌握着服装流行的话语权。尽管最终热销产品的桂冠是通过消费者的购买行为鉴定的,但可供选择的服装早在进入市场之初,就深深打上了设计师流行理念的烙印。对于时尚品牌来说,专业的流行预测机构对潮流时尚的产生有着推波助澜的作用,他们从色彩和纱线的各种展销会开始,就将自己对未来时尚的规划一步步推广给各个服饰企业,进而影响到流行产品的设计与大规模生产。随着个性化时代和网络时代的蓬勃发展,流行产生的神秘面纱正逐步被揭开,流行的话语权也不再局限于少数人和少数机构的手中。人们不仅有了更多的途径去了解各地的服饰信息,对于时尚的选择与创造也有了更独特、更多元化的理解。

发展到现在,服装的流行不可能是由单独的某个人或者某个机构决定的,设计师、专业预测机构、零售商以及消费者的价值观和生活形态之间的互动关系才是造就季节流行顺利开展的温床。这里,主要为大家列举一部分专业的时尚预测与发布机构。(表15-1)

表15-1　专业时尚预测与发布机构

预测机构	国　家	建立时间	预 测 内 容
Pantone, Inc	美国	1963	专门开发和研究色彩的权威机构,也是色彩系统和领先技术的供应商。通过持续研究色彩与人的行为、情感等方面的联系,为专业人士提供色彩潮流资讯与解读。
国际流行色委员会	国际性组织	1963	最初是由法国、瑞士、日本等国在巴黎成立的国际性组织。是国际色彩趋势研究的领导机构,也是当前影响世界服装与纺织面料流行色彩的最权威机构。每年召开两次色彩专家会议,提前24个月制定并推出春夏季与秋冬季男、女装四组国际流行色卡,并提出流行色主题的色彩灵感与情调。会议制定的流行色趋势通过各个成员国的刊物对外进行发表。

（续　表）

预测机构	国　家	建立时间	预　测　内　容
Promostyl	法国	1966	流行分析和咨询公司。每季发布15部趋势手稿,分别为:设计风格趋势、色彩、材质与印花、女装、毛织、内衣、沙滩泳装、男装、内衣、沙滩泳装、婴幼儿装、童装、青少年装、运动和街头时尚、配饰等。
Carlin International 卡林国际	法国	1937	时尚趋势研发与整体性企划顾问公司。每季发布14部趋势手稿,分别为:色彩、灵感、面料、图案、内衣、沙滩装、童装、个人装、运动装、都市装、休闲装、男装、女装等。
Peclers 贝可莱尔	法国	1970	国际时尚与咨询公司。每季出版19本趋势报告书,包括有灵感、色彩、面料、图案、女装、男装、针织装、童装等等。
Nelly Rodi 娜丽罗荻	法国	1985	时尚潮流设计事务所,同时帮助品牌创立和重新配置策略。每季推出产品趋势指南手册、色彩手册、面料手册以及印花手册等。
WGSN Worth Global Style Net	英国	1998	在线时尚预测和潮流趋势分析服务提供商。专门为时装及时尚产业提供网上资讯收集、趋势分析以及新闻服务。包括全球时装秀场图片及评析、时尚都市的商店橱窗展示图片、行业新闻评论以及由业界权威人士提供的色彩、面料、样式等方面的最新趋势分析和预测等。
Style.com	美国	—	康泰纳仕旗下的独立资讯类网站,提供美食、时装和旅游资讯服务,同时进行纸版杂志的销售。
Stylesight	美国	2003	时尚资讯的信息平台。为零售商和设计师展示时尚设计、潮流分析、预测报导、营销和服装生产等各领域的第一手信息,并根据产业时间线,提供简明的潮流预测与报导。
Australian Wool Innovation 澳大利亚羊毛发展公司	澳大利亚	2001	为全球羊毛产业提供品质证明技术、产品和服务的非营利性公司。基于帮助业界更好地及时掌握市场信息和流行趋势,每年两季对流行色彩和羊毛产品趋势作出预测。
Cotton Incorporated 美国棉花公司	美国	1970	从事研究和市场调研的非营利性公司。不仅提供棉纺市场的供需信息,帮助提升棉花工艺技术,同时每年分两季对流行色彩和服装以及家用纺织品的面料趋势作出预测。

（二）服装流行预测的历史

在了解如何制定并发布未来潮流的整体流程之前,探寻一下流行预测的发展历程是非常有益的。

尽管无法与整个服装产业的发展相媲美,流行预测在国外仍可谓有着悠久的历史。其最早的预测需求可以追溯到1825年,英国的制造商人在美国进行参观时,深受当时轻型羊毛混纺织物用于外衣的启发,英国商人们意识到这种织物的市场潜力,将其引入到国内,开始进行大量的生产,并引起了风靡。到了1828年,法国一本名为 La Bella Assemblee 的杂志开始在刊物上展示他们认为即将会受到欢迎的服装样式,这便是最早的流行预测的萌芽。随着社会生产的不断细化以及制造、染整技术和成衣行业的迅速发展,服装预测的需求也越来越大,杂志刊物的简要说明已经越来越无法满足快速发展的服装业的需要。这时便产生了专业性、导向性的服装协会和机构,以为新一季服饰产品的开发指明方向,例如流行色协会,托比顾问协会以及时尚流行概念集团等等。当然,色彩印刷技术的发展也使得时尚杂志更为普及,从而进一步推广了流行时尚。

战后,享乐主义的兴起、芭比娃娃的诞生使得时髦和流行的概念有了进一步的延展,引发和接受潮流的族群向着多元化、多年龄层次的方向发展。(图 15-5)而快速时尚的风靡和越来越多的展会商贸活动促使着更多的趋势预测机构介入进来,为企业提供准确的前瞻性指导,这一时期的咨询机构有国际趋势预测机构 Promostyl、Carlin、Peclers,以及流行趋势预测联合会等等。资讯公司的蓬勃发展和相互之间的激烈竞争促进了预测业的快速发展。现在,方便、快捷的进出口贸易使得服装成为一种全球性的文化现象,时装生产也因此成为国际化的竞争,当今的流行趋势预测通过在全球范围内销售其趋势预测概念,为广大需求流行元素信息的商家提供有效信息,并以此吸引更广泛的消费群体。同时,信息技术的发达使得流行预测的服务更加的便捷、多元和丰富,WGSN、Stylesight 等在线资讯机构的建立为趋势产业的发展提供了更多的可能。

图 15-5　战后青年文化的风靡使得引发时尚潮流的不再是具有绝对经济实力的中年人群而属于摩登前卫的年轻族群

　　相比起国外流行预测产业来说,我国服装流行趋势研究的起步较晚,从建国到现在,只有二十多年的历史。1982 年 2 月 15 日,中国流行色协会的前身“中国丝绸流行色协会”在上海正式成立,1983 年代表中国加入了国际流行色委员会。这一重要事件标志着我国正式成立了流行预测的专业机构,是我国服装流行趋势研究的一个里程碑。纵观其发展的历程,可以分为萌芽、发展、市场化和成熟四个阶段,而在这四个阶段中我国流行趋势的发布也主要是以色彩和纱线的预测为主。虽然产业起步的时间很晚,但是信息科技的助力和全球化共融的大趋势使得我国流行预测工作者与其他国家的产业预测者一样能够在最快时间内获得世界范围内的时尚资讯,为产业的快速发展提供了有力的条件。

二、服装流行预测的方法与步骤

（一）流行预测方法

　　服装流行预测作为预测学的一个细小的分支,同样受到其方法论的影响。从预测方法的性质来看,流行预测可以由定性预测和定量预测组成。

　　定性预测可以理解为人们通常所说的专家法,是一种基于经验和不完全研究基础上的感性预测方法。在预测学上定性预测实际上不仅仅只有专家法还有特而菲法。欧洲的流行趋势行业之所以如此的神秘,原因就在于这些潮流动向都是特定的专家们根据自己多年对服装产业的理解和敏感度主观臆断得出的。这一现象导致的直接结果就是主流预测方向往往集中于业界几大流行预测机构手中,其他机构既不了解其内部运作的方式,更无从挑战他们的权威性。在服装界,更有"制造流行"一说,不少人认为某些流行预测机构为了达到自身的目的,对流行趋势作"方向性引导"。尽管定性流行预测的准确性常常受到质疑,专家法仍然是预测流程中采用最多的方法,当然作为预测信息的应用者和接收者来说,也应当客观理性地看待预测结果,不必完全轻信。

　　除开定性流行预测,定量预测的方法是近年来才逐步兴起的。这一方法以缜密的调研和数据统计作为基础,强调逻辑上的规律性和数理性。美国和日本是流行信息定量预测的先锋,非常重视流行趋势开发前市场调研和消费者调研的工作,并从采集到的详实数据中分析服饰信息的变化趋势。这种形式的预测方法往往花费的时间长,对数字信息的运算能力有着一定的要求,同时也不能保证预测的准确性。考虑到服装从业者的专业状况以及对于短周期的流行市场来说,这种方法并不是非常合适的,通常是作为长期的学术研究对其进行探索,以发现其中的规律性。

（二）流行预测步骤

　　一般来说,流行预测首先是从一系列的产业环境和各领域发展趋势的调研开始的,通过对流行背景的资料收集,预测机构可以找到这些资料与服装发展之间的微妙关系,并为制定服装流行的主题提供背景支持。在确定了流行主题后,需要进一步对支撑主题的服装风格、面料、设计要点、搭配方式等元素进行更为细节化的分析和研究。接下来进入的是手稿绘制、资料编排的报告制作阶段。最后通过网络、发布会、趋势手册的销售等渠道进行流行趋势的发布。

第五节　服装流行与市场

一、服装流行市场

（一）流行的全球性和地域性

　　流行的现象按照其扩散的规模来看,可以分为地区性流行、全国性流行以及全球性流行。

　　流行市场既广泛又有着一定的局限。一方面,全球化进程的不断深化,民族互融趋势的势不可挡以及现代信息产业技术的突飞猛进使得服装流行信息得以在世界多个角落同时展开。国际性服饰语言的统一确保了流行信息顺利传播、应用以及被接受的可能性。而另一方面,各个地区特定的地域文化和人文背景又增加了流行信息在各地运用的差异性,甚至某些流行元素在某地很风靡,而在另外一个地方却会受到来自宗教、信仰、风俗民情等地域化的限定。对于特别具有民族和地域风格的服装时尚来说,即使获得了走向世界的机会,也极有可能只是某一个或几个季节的潮流。

（二）世界时尚中心的崛起

时尚中心,或者说是时尚之都,指的是在世界时装领域有着重要影响力的地区。任何一个时尚中心的崛起都与繁荣的时尚市场以及强大的传媒产业密不可分。作为世界流行时尚的发起地和传播地,时尚之都往往云集了大批顶尖设计师、模特、摄影师等与时尚产业相关的人士。通过传媒的宣传、举办发布会和博览会等一系列体系化的活动,流行从时尚聚集地向外辐射,最终影响到整个世界服饰市场。

全球有多少地区可以称得上是时装之都？位于美国加州的"全球语言监测机构"每年都会对这一课题进行追踪。观察其"2009 年各大洲区最能引领时尚的都市"名单,我们发现老牌时尚中心的地位有了明显的变化,意大利赶超纽约成为新的新媒体服装的霸主,而其他地区也出现了越来越多有着极大影响力的都市并与老牌时尚中心抗衡。（表 15-2）

表 15-2　2009 世界各大洲区的时尚都市

区　　域	最引领时尚的都市
欧洲	米兰、巴黎、罗马、伦敦、巴塞罗那、柏林、马德里、斯德哥尔摩、哥本哈根、阿姆斯特丹、法兰克福
中欧和东欧	莫斯科、克拉科夫、布拉格
北美	纽约、洛杉矶、拉斯维加斯、迈阿密、达拉斯、亚特兰大、多伦多、蒙特利尔
拉丁美洲	圣地亚哥、布宜诺斯艾利斯、里约热内卢、圣保罗、墨西哥城
亚洲和环太平洋地区	香港、东京、上海、新加坡、曼谷
大洋洲	悉尼、墨尔本
印度	孟买、新德里
中东和非洲	迪拜、约翰内斯堡、开普敦

这里主要对四个老牌时尚中心:巴黎、米兰、伦敦和纽约进行简要介绍。

1. 巴黎——高级时装的发祥地

巴黎是世界公认的时尚之都,也是历史最悠久的时尚中心之一,那里不仅聚集着世界第一流的设计师、鞋帽商、精品店,还生活着最有情调的消费群体。对于时尚界来说,巴黎时尚之都的定义不仅仅是普通概念上的时尚的都市,而是世界时尚的首都。其地位的初步确立始于 19 世纪末 20 世纪初期,而这一地位持续了将近有大半个世纪。直到现在,巴黎在高级时装的设计、制作与流行推广上仍有着绝对的话语权,Chanel, Christian Dior, Yves Saint Laurent, Cristobal Balenciaga, Karl Largefield 等在时尚界有着举足轻重地位的顶尖设计师为巴黎时装的繁荣奠定了基础。华贵、优雅和对艺术气息的强调是巴黎时尚的基础,也是推动其不断前行的动力。

2. 米兰——不断创新面料科技的成衣帝国

在成为时尚之都之前,米兰尤为盛名的是手工制造业和纤维工业。在米兰之前,罗马是意大利的时尚中心,同时也对当时的世界流行时尚有着重大的影响。成衣时装业的崛起为米兰迈向时尚之都提供了有力的条件。借助领先的面料工艺与科技,米兰为世界提供的是不同于巴黎的艺术时装,Giorgio Armani，Gianfranco Ferre，Valentino Garavani，Miuccia Prada，Ermenegildo Zegna 等品牌让意大利时尚传播到世界各地。2009 年,米兰更是超越了纽约,成为新媒体服装的霸主。

3. 伦敦——男装时尚和创意先锋的圣地

伦敦同样是作为欧洲以及世界时尚中心的象征性符号出现的。伦敦向来是男士时尚的圣地,尽管印象中伦敦的男装往往是保守而传统的。萨维尔大道上提供的绅士男装以及 Burburry 品牌象征性的风衣都给人们留下了传统、实用、制作精良的美誉。但同时,伦敦也是创意时尚的基地,孕育了一大批活跃在时尚最前线的先锋派设计师,包括有 Mary Quant，Vivienne Westwood，John Galliano 以及 Alexander McQueen 等等。

4. 纽约——流行时尚的汇聚地与购物天堂

纽约跻身为世界时尚中心之一,是以第二次世界大战为契机的。同时,美国经济领跑全球的背景也是美国设计理念和流行时尚引起世界关注的重要原因。美国时尚向来以尊崇自由、休闲化和简约感为特色,Donna Karen，Marc Jacobs，Calvin Klein，Ralph Lauren，Michael Kors 等美国本土设计师都是美国时尚的代表。纽约更让世人称道的是购物的天堂,繁荣的时尚市场环境以及资本、技术、信息、人才的集约化高度发展为纽约流行时尚产业的打造奠定了坚实的基础。

二、流行服饰的流通与传播

(一)流行服饰的流通场所

典型的流行服饰的流通场所包括有百货店、专卖店、专业店、个性化小店、展销会、大型超市以及网络店铺等。

百货店是最为基本的服饰流通场所。百货店早在 19 世纪末就已出现,一些企业主注意到越来越多的人开始具有时装意识,不少女士甚至愿意拿自己的工资去添置新装,精明的商人遂建造了大型的购物中心以方便人们选购服装和其他产品。早期,百货店的出现为大众提供了走进时尚和流行的机会。如今,百货店以众多集中的服装品牌、优雅方便的环境等优势吸引着消费者,Bloomingdale，Marks & Spencer，Saks，Harrods，Lafayette 等百货商场至今也是欧美最受欢迎的服装购买场所。

专卖店和专业店是另外两大流行服饰的流通场所,尤其是专卖店,凭借着独特的销售形式、统一的店面陈设、专业的服务等优势越来越成为服饰流通场所的主要场所。一般来说,专卖店中只有一个品牌的服装或相关时尚产品。而专业店指的是经营某一大类商品为主,并且具备有丰富专业知识的销售人员和提供适当售后服务的零售业态。(图 15-6)

大型的展销会是服装流行传播的起始点之一。一般来说这一类的展销会往往是品牌发布新流行产品的平台,多数起到展示和宣传的作用,但不少展销会上的品牌也会提供零售的机会。

个性化的小店往往是高级定制、街头时尚等独特、个性服装的流通场所。

相对于以上的流通场所来说,超市的服装由于价格相对低廉、层次较低,多数是平价时尚的流通场所。对于某些超市来说,所贩卖的服装往往并不具备流行要点。

JOYCE

图 15-6　香港的 JOYCE 是典型的专业店代表，店内代理的品牌主要有 Jil sander、Anna sui、Balenciaga、Comme des Garcons、Etro、Marni、Junya Watanabe、Martin Margiela、Pleats Please、Viktor & Rolf、Y's、Fendi Homme、Neil Barrett 等等

（二）流行服饰的传播途径

流行服饰的信息可以通过多种渠道进行传播。

对于专业的流行机构来说，每年两季的趋势手册发布和相关的宣讲会是最主要的传播途径。具有一定知名度的服装品牌可以通过发布新品发布会的形式进行新一季度流行服装的展示。对于消费者来说，通过购买层出不穷的时尚类杂志、观看热门的影视剧、参加各类名流盛典以及其他大众传媒方式都可以随时了解到丰富、及时、不断更新的服饰流行信息。

参 考 文 献

[1] 李当岐.服装学概论[M].北京:高等教育出版社,2008.

[2] 周蔚,徐克谦.人类文化启示录[M].上海:学林出版社,1999.

[3] 胡守海.设计概论[M].合肥:合肥工业大学出版社,2006.

[4] 李毓强.总体工程学概论[M].北京:化学工业出版社,2004.

[5] 周启澄,屠恒贤,程文红.纺织科技史导论[M].上海:东华大学出版社,2004.

[6] 许宁宁.管理科学概览[M].西安:陕西人民教育出版社,1998.

[7] 叶孟理,李锐.人文科学概论[M].南京:南京大学出版社,2002.

[8] 黄国松.时装设计款式手册[M].上海:上海科学技术出版社,1990.

[9] 郑巨欣.世界服装史[M].杭州:浙江摄影出版社,2007.

[10] 张竞琼,蔡毅.中外服装史对览[M].上海:中国纺织大学出版社,2000.

[11] 包昌法.服装学概论[M].北京:中国纺织出版社,1998.

[12] 叶立诚.中西服装史[M].北京:中国纺织出版社,2002.

[13] 金易,夏芒.实用美学:技术美学[M].长春:吉林大学出版社,2005.

[14] 曹晖.基于西方视觉艺术的视觉形式考察[M].北京:人民出版社,2009.

[15] 田自秉.工艺美术概论[M].北京:知识出版社,1991.

[16] 孙寿山.服装美学:穿着艺术与科学[M].2版.上海:上海科学技术出版社,2000.

[17] 欧阳周,陶琪.服装美学[M].长沙:中南工业大学出版社,2000.

[18] 何林军.西方象征美学源流论[M].长沙:湖南师范大学出版社,2008.

[19] 李泽厚,汝信,徐恒醇.美学百科全书[M].北京:社会科学文献出版社,1990.

[20] 金泰钧.服装设计手册[M].上海:上海文化出版社,1990.

[21] 李好定.服装设计实务[M].北京:中国纺织出版社,2007.

[22] 丁杏子,杜炜.服装美术设计基础[M].北京:高等教育出版社,2005.

[23] 余强.服装设计概论[M].重庆:西南师范大学出版社,2002.

[24] 刘瑞璞.男装语言与国际惯例——礼服[M].北京:中国纺织出版社,2002.

[25] 米宝山,靳明.工业设计[M].石家庄:河北美术出版社,2001.

[26] 刘元风.服装设计教程[M].杭州:中国美术学院出版社,2002.

[27] 尚笑梅,舒平,杜赟.服装设计:造型与元素[M].北京:中国纺织出版社,2008.

[28] 刘兴邦,吕航.服装设计表现[M].上海:上海交通大学出版社,2006.

[29] 成皋鹏,时昱.时装设计平面展示[M].北京:中国纺织出版社,2008.

[30] 刘薇.皮革服装设计与制作[M].北京:中国轻工业出版社,2000.

[31] 陈莹.服装设计师手册[M].北京:中国纺织出版社,2008.

[32] 王革辉.服装材料学[M].北京:中国纺织出版社,2006.

［33］吴微微.服装材料学·基础篇［M］.北京:中国纺织出版社,2009.

［34］陈继红,肖军.服装面辅料及服饰［M］.上海:东华大学出版社,2003.

［35］张玲.图解服装概论［M］.北京:中国纺织出版社,2005.

［36］王志良.纺织品商品学(修订本)［M］.北京:中国人民大学出版社,1996.

［37］于湖生.服装面料及其服用功能［M］.北京:中国纺织出版社,2003.

［38］程时远,陈正国.胶黏剂生产与应用手册［M］.北京:化学工业出版社,2003.

［39］杨静.服装材料学［M］.2 版.北京:高等教育出版社,1997.

［40］邓美珍,周利群等.现代服装面料再造设计［M］.2 版.长沙:湖南人民出版社,2003.

［41］刘晓刚,李峻,曹霄洁.品牌服装设计［M］.2 版.上海:东华大学出版社,2007.

［42］周帆.当代服装服饰营销图表大全［M］.广州:广东经济出版社,2003.

［43］余建春,方勇.服装市场调查与预测［M］.北京:中国纺织出版社,2002.

［44］刘小红,刘东,刘学军.服装市场营销［M］.3 版.北京:中国纺织出版社,2008.

［45］孙军.营销管理学［M］.北京:中国铁道出版社,2002.

［46］张明立.市场调查与预测［M］.哈尔滨:哈尔滨工业大学出版社,2003.

［47］居长志.市场调研［M］.南京:东南大学出版社,2004.

［48］陆军,周安柱,梅清豪.市场调研［M］.北京:电子工业出版社,2007.

［49］惠碧仙,王军旗.市场营销:基本理论与案例分析［M］.北京:中国人民大学出版社,2009.

［50］陈明森.市场进入退出与企业竞争战略［M］.北京:中国经济出版社,2001.

［51］贾绍华,阎旺贤.企业与市场竞争［M］.海口:海南出版社,1995.

［52］赵平,姜蕾,李娟娟,糜莉琼.服装品牌资产研究［M］.北京:中国纺织出版社,2008.

［53］黄静,王文超.品牌管理［M］.武汉:武汉大学出版社,2008.

［54］丁桂兰.品牌管理［M］.武汉:华中科技大学出版社,2008.

［55］郭洪.品牌营销学［M］.成都:西南财经大学出版社,2006.

［56］余鑫炎.品牌战略与决策［M］.大连:东北财经大学出版社,2002.

［57］阎耀军.社会预测学基本原理［M］.北京:社会科学文献出版社,2005.

［58］徐青青.服装设计构成［M］.北京:中国轻工业出版社,2001.

［59］陈彬.服装设计［M］.上海:上海科学技术出版社,2003.

［60］王跃,沈冬霞.服装制造企业规范化管理操作范本［M］.北京:人民邮电出版社,2007.

［61］赵健.资本的力量［M］.北京:中国纺织出版社,2006.

［62］赵平.服装营销学［M］.北京:中国纺织出版社,2005.

［63］姜怀.服装企业营销管理［M］.北京:中国纺织出版社,2001.

［64］吴卫刚,刘少恒,段丽霞.服装企业营销实务［M］.北京:中国纺织出版社,2003.

［65］刘小红,刘东,陈学军,索理,著.服装市场营销［M］.北京.中国纺织出版社,2008.

［66］王金泉.纺织服装营销学［M］.北京:中国纺织出版社,2006.

［67］陈伟民,温平则.服饰营销学［M］.北京:中国轻工业出版社,2004.

［68］刘晓刚.服装设计实务［M］.上海:东华大学出版社,2008.

［69］赵平.服饰品牌商品企划［M］.北京:中国纺织出版社,2005.

［70］马大力.服装商品企划实务［M］.北京:中国纺织出版社,2008.

[71] 汪永太,李萍.商品学概论[M].大连:东北财经大学出版社,2002.

[72] 刘小红.服装市场营销[M].北京:中国纺织出版社,1998.

[73] 李宗德.服装洗熨染补实用技巧[M].北京:中国轻工业出版社,1999.

[74] 张文斌.服装工艺学[M].北京:中国纺织出版社,2005.

[75] 童晓晖.服装生产工艺学[M].上海:东华大学出版社,2008.

[76] 冯翼,方雪娟.服装工艺设计[M].北京:中国纺织出版社,1999.

[77] 孙兆全.服装工艺[M].北京:高等教育出版社,2002.

[78] 鲍卫君,张芬芬,黄志青.服装现代制作工艺[M].杭州:浙江大学出版社,2005.

[79] 王淮,朱铁黎.服装结构设计[M].北京:兵器工业出版社,1993.

[80] 周丽娅,周少华.服装结构设计[M].北京:中国纺织出版社,2002.

[81] 张文斌.服装结构设计[M].北京:中国纺织出版社,2006.

[82] 王翀.服装结构设计制图[M].沈阳:辽宁科学技术出版社,2004.

[83] 邵小华.服装结构制图[M].北京:电子科技大学出版社,2009.

[84] 陈雁,陈超.服装生产设备手册[M].南京:江苏科学技术出版社,2007.

[85] 冯翼,冯以玫.服装生产管理与质量控制[M].北京:中国纺织出版社,2000.

[86] 冷绍玉.服装熨烫工程[M].北京:中国标准出版社,1997.

[87] 姜蕾,傅月清.服装生产管理[M].北京:高等教育出版社,2002.

[88] 宋哲.服装机械[M].北京:中国纺织出版社,2000.

[89] 石志勇,李先国.服装生产管理[M].北京:化学工业出版社,2009.

[90] 吴卫刚.服装企业管理[M].北京:中国纺织出版社,2000.

[91] 王金泉.纺织服装营销学[M].北京:中国纺织出版社,2006.

[92] 陈伟民,温平则.服饰营销学[M].北京:中国轻工业出版社,2004.

[93] 罗德礼.服装市场营销[M].北京:中国纺织出版社,2002.

[94] 保罗·芝兰斯基,玛丽·帕特·费希尔.色彩概论[M].文沛,译.上海:上海人民美术出版社,2004.

[95] 安德鲁·塔克,塔米辛·金斯伟尔.时装[M].童未央,戴联斌,译.北京:生活读书新知三联书店,2002.

[96] 特蕾西·黛安,汤姆·卡斯迪.色彩预测与服装流行[M].李莉婷,欧阳琦,沈飞,邓涵予,译.北京:中国纺织出版社,2007.

[97] Alison Lurie,李长青.解读服装[M].北京:中国纺织出版社,2000.

[98] 阿尔文·C·伯恩斯,罗纳德·F·布什.营销调研[M].梅清豪,周安柱,译.北京:中国人民大学出版社,2007.

[99] 菲利普·科特勒,凯文·莱恩·凯勒.营销管理[M].梅清豪,译.欧阳明,校.上海:上海人民出版社,2006.

[100] Rita Perna.流行预测[M].李宏伟,王倩梅,洪瑞璘,译.上海:东华大学出版社,2000.

[101] 萧浩辉.决策科学辞典[M].北京:人民出版社,1995.

[102] 吴山.中国工艺美术大辞典[M].南京:江苏美术出版社,1999.

[103] 雷伟.服装百科辞典[M].北京:学苑出版社,1989.

［104］何盛明.财经大辞典·上卷［M］.北京:中国财政经济出版社,1990.

［105］刘树成主编.现代经济词典［M］.南京:凤凰出版社,江苏人民出版社,2005.

［106］张乃仁.设计辞典［M］.北京:北京理工大学出版社,2002.

［107］李鹏程.当代西方文化研究新词典［M］.长春:吉林人民出版社,2003.

［108］刘树成.现代经济辞典［M］.南京:凤凰出版社,江苏人民出版社,2005.

［109］刘佩弦,常冠吾.马克思主义与当代辞典［M］.北京:中国人民大学出版社,1988.

［110］王仲纯.中国大百科全书轻工卷［M］.北京:中国大百科全书出版社,2004.

［111］张清源.现代汉语知识辞典［M］.成都:四川人民出版社,1990.

［112］刘诗白,邹广严.新世纪企业家百科全书·第1卷［M］.北京:中国言实出版社,2000.

［113］王书方.信息科学与信息产业［J］.高校图书馆工作,1998,(1).

［114］吴钢.论教育学的终结［J］.教育研究,1995,(7):19-24.

［115］钱颖一.理解现代经济学［J］.财经科学,2002,(S1).

［116］陈莹.发散性思维方式与服装设计［J］.装饰,2003,(6):9-10.

［117］吴蒙,李霞.品牌文化探究［J］.商场现代化,2008,(7):314.

［118］张翔.服装流行的向心性［J］.现代艺术与设计,2004,(9):10.

［119］朱伟明,刘云华,李萍.基于流行周期的服装价格策略分析［J］.丝绸,2006,(10).

［120］李川.论服装流行的发生与传播［J］.国外丝绸,2004,(1):32-34.

［121］张莉.服装流行的内核、边际与市场预测［J］.武汉科技学院学报,2001,14(1):32-37.

［122］Michael Krauss. The Web Is Taking Your Customers for Itself［J］. Marketing News, June 8, 1998:8.

参 考 网 站

http：//www. arts. org. cn

http：//www. modeaparis. com

http：//www. absoluteastronomy. com

http：//zh. wikipedia. org

http：//www. stylesight. com

http：//www. languagemonitor. com

http：//www. baidu. com

http：//www. topshop. com

后　记

　　"学"指关于研究对象的有系统的知识,顾名思义,"服装学"是关于服装的系统知识,是关于服装学的概括性论述。在我国高等教育中,服装学涉及服装设计与工程和设计艺术学两个二级学科,其下设有服装设计与工程专业和服装艺术设计专业(部分院校还设有更为细分的专业方向)。按照高校教学的一般规律,这些专业在正式进入专业学习之前,通常都会有一门导论性课程,它是对某一学科的系统知识进行一个提纲携领般的简短论述,使学生在较短的时间内对该学科有一个相对全面而深度有限的大致了解。作为此类课程的教材,某一学科的导论是针对该学科进行的一般性知识提炼,它可以起到认识学科性质、知晓学科范围、梳理发展历程、看清知识结构、掌握相关概念、懂得基本方法、熟悉主要过程、洞察发展方向等作用。通过对导论性课程的学习,有利于学生在全面了解学科知识的前提下,发现自己的兴趣所在,确定专业的研究方向,为进一步深入后续专业课程的学习,做好必要的知识内涵补充与专业研究深化的准备。

　　因此,本课程可称为"服装学导论",或称"服装学概论",既可以作为本专业必修的前导课程,是本专业各专业课程的对接平台;也可以作为外专业选修的兴趣课程,是外专业了解本专业的窗口。无论是服装设计与工程专业,还是服装艺术设计专业,它都是普遍适用的基础性理论课程。

　　虽然服装学在我国高等教育领域的起步较晚,但是,在强劲发展的我国服装产业支持下,服装学已经发展成为一门体系相对成熟的学科。近年来,作为全面介绍服装学主要框架的理论课程,类似《服装学概论》教材已经出版了多个版本,它们均以服装为主线,围绕着服装的历史、审美、设计、生产和营销等多个方面,展开较为全面的知识性论述,其基本结构大致相同,在服装专业基础教育方面做出了应有的贡献。随着时代变革的加快和服装产业的进步,人们认识事物的角度和解决问题的工具也出现了相应变化,尤其是我国服装产业取得了世人瞩目的成就,今天的服装产业在运作特征、思维观念和经营方法等方面都与30年前不可同日而语,比如,服装的品牌理念、信息技术、网络销售等在服装运作中的重要性与日俱增等等。因此,无论是教学内容,还是教学理念,或是教学手段,服装专业教学都应该做出符合服装产业进步的改革,需要有不断的更新和拓展,达到让学生了解专业构成和理解专业概况的目的。

　　出于上述背景情况和教学目的,本教材从服装简史、服装演化、服装审美、服装企业、服装商品、服装设计、服装材料、服装结构、服装工艺、服装生产、服装营销、服装市场、服装品牌、服装流行等十多个方面出发,扩大了以往服装学概论的领域,从这些方面的基本概念、基本原理、主要表现、主要类型或主要方法为重点介绍内容,以平实简练的文字,浅显易懂地将构成服装学框架的各个主要部分进行概括性论述,让初次接触本专业的学生对服装及其相关事物有一个初步的系统的了解,为随之而来的专业学习奠定良好的专业知识基础。其中,第一、第二、第三、第四、第七、第八、第十三、第十四、第十五章由顾雯起稿,第五、第六、第九、第十、第十一、第十二章由杨蓉媚起稿。

作　者